U0312529

信息化与政府管理创新丛书

融入互联网
打造政府网站
升级版

中国政府网站互联网影响力
评 | 估 | 报 | 告

Effectiveness Assessment Report of China's
Government Websites on the Internet

（2013）

总 主 编／杜 平
执行主编／于施洋

社会科学文献出版社
SOCIAL SCIENCES ACADEMIC PRESS (CHINA)

中国政府网站互联网影响力
评估工作组

组　长：于施洋

副组长：张勇进　杨道玲

编写组成员：（按姓氏笔画排列）

王金祥　王建冬　王晓群　王璟璇　刘合翔

吴　茜　何　鑫　张　宁　陈　杰　赵　敏

班月超　曹　攀　童楠楠　魏书莉

总主编简介

　　杜平，研究员，国家信息中心常务副主任兼国家电子政务外网管理中心常务副主任。兼任中国信息协会副会长、中国信息协会电子政务专业委员会会长，以及中国可持续发展研究会常务理事、中国地理学会理事、中国区域经济学会常务理事。主要负责和参与有关区域经济发展、国土开发、生态与环境保护、可持续发展、西部大开发等领域的国家规划制定、国家战略研究和相关政策制定以及国家发改委干部教育培训和引进国外智力等方面的管理工作。先后主持过"中国环境与计划综合决策机制研究综合报告"、"'十五'期间我国地区经济协调发展战略研究"、"跨世纪我国可持续发展战略研究"等国家部委级课题数十项。主编《中国电子政务十年（2002～2012）》、《西部大开发战略决策若干问题》等多部学术性著作。

执行主编简介

　　于施洋，博士，副研究员，国家信息中心信息化研究部副主任，兼中国信息协会电子政务专业委员会常务副会长、国家信息中心网络政府研究中心副主任、国家行政学院电子政务专家委员会副秘书长。主要从事电子政务与政府管理创新、信息化发展战略研究。主持国家和省部级课题30余项，参与过多项国家级电子政务相关规划和政策出台的研究工作。在国内外核心期刊上发表论文近40篇，出版专著《电子政务绩效管理》，担任《中国电子政务发展报告》（2004~2012系列）副主编、《中国电子政务十年（2002~2012）》副主编。

信息化与政府管理创新丛书
总　　序

　　信息化是当今世界发展的大趋势，是推动经济社会变革的重要力量。进入 21 世纪以来，全球信息化进程明显加速，信息化已进入与经济社会各领域广泛渗透、深入融合的发展阶段。特别是 2008 年金融危机之后，为寻求新的经济增长点，缓解能源与生态压力，提高人类生活水平，各主要经济体都把解决问题的思路集中到信息化领域，云计算、物联网、移动互联网、大数据、智慧城市等新的技术变革与应用浪潮风起云涌，其对经济和社会发展的影响正在不断凸显。我们也必须加快步伐，紧随时代潮流，大力推进信息化与经济社会各领域的深度融合，充分利用信息技术提升我们的治国理政能力。

　　加快政府信息化建设、大力推行电子政务是党中央、国务院根据世界科技发展趋势和我国发展需要做出的重大战略决策。2002 年，中央办公厅和国务院办公厅联合转发了《国家信息化领导小组关于我国电子政务建设指导意见》（中办发〔2002〕17 号），决定把电子政务建设作为信息化工作的重点，通过"政府先行"带动国民经济和社会发展信息化，掀开了我国全面、快速发展电子政务的帷幕。实践证明，党中央、国务院的战略决策是高瞻远瞩的。十年来，在党中央、国务院的正确领导下，在各部门和地方的共同努力下，我国电子政务建设稳步推进，网络基础设施、业务应用系统、政务信息资源、政府网站、信息安全保障、法规制度标准、管理体制与人才队伍等领域都取得了较大进展，有效提升了政府的经济调节、市场监管、社会管理和公共服务能力，成为提升党的执政能力、深化行政体制改革和建设服务型政府不可或缺的有效手段。

　　当前和今后一段时期，是我国全面建成小康社会的关键时期，是深化改革开放、加快转变经济发展方式的攻坚时期，也是我国政府信息化深入发展的重要阶段。《国民经济和社会发展第十二个五年规划纲要》明确提出了全面提高信息化水平的要求。党的十八大报告首次将"信息化水平大幅提升"明确为我国全面建成小康社会的目标之一，作出了"坚持走中国特色新型工业化、信息化、城镇化、农业现代化道路，促进工业化、信息化、城镇化、农业现代化同步发展"的重要部署，这充分说明，在我国进入全面建成小康社会的决定性阶段，党中央对信息化高度重视。我们有理由相信，作为国家信息化工作重要组成部分的电子政务也将迎来新的发展契机。

当前，随着经济发展方式转变和政府行政体制改革的不断深化，社会管理方式创新、网络条件下的公民参与和监督对政府管理提出了新的更高要求。面对新时期的新任务，党政机关各部门对利用信息化手段转变政府职能，提升政府服务和管理效能，推动社会管理和公共服务创新的需求更为迫切。为促进信息化与政府管理创新的深度融合，传播和共享政府信息化建设的最新理念、模式与方法，由国家信息中心常务副主任杜平同志牵头，组织国家信息中心网络政府研究中心、中国信息协会电子政务专委会研究人员计划在未来几年内，以"信息化与政府管理创新"为主题，围绕电子政务战略规划、电子政务顶层设计、电子政务绩效管理、政府网站建设、互联网治理、政府信息技术应用等领域，出版系列著作。丛书的作者们长期耕耘于信息化和公共管理理论研究和实践工作的第一线，对信息化和政府管理有较为深入的理解和研究，丛书是他们辛勤劳动的结晶。相信丛书的出版，对于深化各地各部门信息化应用、推进政府管理和服务创新，具有很好的参考价值。

汪玉凯

2013 年 9 月

目 录
CONTENTS

第二部分　评估结果与数据分析

第三部分　年度百词与热点事件分析

第四部分　提升政府网站互联网影响力的建议

概　述

　　新一届中央政府指出，政府信息公开工作要"升级"，让群众"看得到"、"听得懂"、"信得过"、"能监督"，把人民群众的期待融入政府的决策和工作当中，把政策"交给"人民群众。这种将政府工作置于阳光之下，积极为人民群众答疑解惑的做法，是人民政府密切联系人民群众、转变政风的内在要求，是建设现代政府、提高政府公信力和保障公众知情权、参与权、监督权的重要举措，充分体现出中央政府大力推进政府信息公开的信心、决心和勇气，也是转变政府职能的体现。

　　政府信息公开工作的"升级"，要求政府网站加强和改进基本职能，从"知晓"式被动发布向"回应式"主动公开转变，从"单向式"互动表达向"融入式"参与决策转变，从"形式化"在线服务向"实质性"网上独立办事转变。十多年来，我国政府网站一直承担发布政务信息、提供在线服务、与公众互动交流的基本职能，现已成为各级政府部门在互联网上提高行政服务效能和提升政府公信力的重要平台和窗口。新形势下，随着互联网信息传播方式的深刻变革和中国特色信息社会的逐步形成，互联网上信息交互和传播的格局悄然发生变化，社会公众对政府工作知情、参与和监督意识不断加强，对各级行政机关依法公开政府信息、及时回应公众关切提出了更高要求，因此，"升级"政府信息公开工作，就需要各级政府网站快速准确把握社会热点话题，主动倾听群众意见、呼声和诉求，创新社会关切回应方式，稳步加强政策制定和执行过程中的良性互动，快速提高政府网站的吸引力和影响力。在经济社会转型的重要阶段，政府网站工作的顺利"升级"，不仅有利于实现经济社会政策透明和权力运行透明，增强市场信心，稳定市场预期，而且对提高政府公信力、社会凝聚力和政治向心力，打造现代政府，实现伟大"中国梦"也具有重大的现实意义。

互联网的飞速发展要求各级政府在利用政府网站推进政府信息公开方面"疾进快跑"，新一届政府在这些方面勇于尝试、创新。无论是经济社会大势判断、产业升级新政说明等重大决策，还是市场热点、公众质疑等社会热点话题，新一届政府都能敏锐捕捉社会脉搏，准确了解民情民意，敢于及时对人民群众"说真话"、"交实底"。在创新回应方式方面，各级政府网站开始尝试群众意见征求、政策内容解读、出面发声澄清、领导在线访谈、政风行风评议、搜索引擎和社交媒体用户主动推送等方式，并收到了较好的效果。

为从总体上把握我国政府网站在政府信息公开方面的发展态势，总结政府信息公开工作的"升级"经验，中国信息协会电子政务专业委员会与国家信息中心网络政府研究中心以第三方的视角从互联网影响力的维度对全国地市级以上重要政府网站在互联网上的年度表现情况进行综合性评估。2013年报告的主题是"融入互联网，打造政府网站升级版"，旨在通过这份报告引导政府网站走出去，全面融入互联网大生态，促进政府信息公开工作的全面升级。报告编写组通过采集分析政府网站在回应网民关注热点话题和宣传解读政府重要工作内容方面的客观数据来评估政府网站在群众是否"看得到"、"听得懂"、"信得过"等方面的实际影响力。报告评估指标的选择与政府部门业务工作和区域经济文化地理特性基本无关，相对独立，基本上能反映出不同类型的政府部门和不同地区的政府在互联网影响力方面的特征。报告结论所依据的数据均源自互联网上公开采集的与政府网站有关的技术数据，数据采集、计算和评估方法面向社会公开。本报告为研究性报告，仅代表报告编写组观点，不代表任何官方机构的结论，也不作为评比表彰的依据，各级政府网站管理部门可根据实际情况参考使用报告评估结果。

2013年中国政府网站互联网影响力评估报告选择了全国556家政府网站作为评估对象，具体包括70家中央部门门户网站、34家省级政府门户网站、15家副省级政府门户网站、437家地市级政府门户网站。在

2012 年 6 月～2013 年 9 月期间对这些网站进行评估数据采集。在采集大量评估指标数据的基础上，对中国政府网站互联网影响力进行了综合评估，在将全部政府网站得分统一换算为百分制的基础上，撰成《中国政府网站互联网影响力评估报告（2013）》。本报告包括各级政府网站互联网影响力分析，政府网站年度百词互联网影响力案例分析，网民关注的年度热点事件政府网站互联网影响力案例分析等。全部政府网站的最终评估得分均采用百分制，具有横向可比性。

编写组根据评估指标进一步提出了评价政府网站互联网影响力水平的 8 个等级，分别是：极弱（0～20 分）、很弱（20～40 分）、较弱（40～50 分）、中等偏弱（50～60 分）、中等偏强（60～70 分）、有效转强（70～80 分）、强度升级（80～90 分）、强有力（90～100 分）。

2013 年中国政府网站互联网影响力评估的主要结论如下：

第一，从政府网站互联网影响力的阶段划分看，我国政府网站互联网影响力总指数为 50.90（满分 100），政府网站互联网影响力总体上处于中等偏弱的水平，说明我国政府网站的互联网影响力提升空间巨大。值得关注的是，总计有 14 个政府网站互联网影响力水平达到"有效转强"阶段，包括外交部、商务部、上海市、重庆市、北京市、成都市、深圳市、襄阳市、烟台市、晋城市、中山市、张家界市、宿迁市、梅州市。在全部评估的政府门户网站中，得分最高的前五位分别是成都市、上海市、外交部、襄阳市、烟台市，成都以 75.97 分居首位。这些政府门户网站的互联网影响力在全国处于领先地位，具有重要的引导和示范作用。

第二，从不同类别政府网站互联网影响力表现看，副省级政府网站的互联网影响力指数得分最高，达 56.35，省级政府网站为 53.64，中央部门网站为 48.25，地市级政府网站为 45.36。不同区域政府网站互联网影响力水平差异明显，中东部沿海地区省份的政府网站互联网影响力指数得分较高，西部地区省份政府网站互联网影响力发展水平还有较大的提升空间。就网站个体而言，政府网站互联网影响力与行政层级高低、属地网民数多少等并无直接因果联系，地级市政府网站的互联网影响力可以高过省会城市、省门户，甚至中央部门网站。一些政府网站的互联网影响力尽管总体水平不高，但是提高互联网影响力的方向明确，工作重点突出，单项指标仍然可以进入前列。

第三，从年度重点、热点事件中政府网站的实际表现看，本报告以100个涵盖政府主要工作类别的年度工作热词和15个网民关注的年度热点事件为例，对全国政府网站互联网影响力表现进行全面评估。评估发现，政府网站在"养老保险"、"出入境"、"计划生育"、"食品安全"、"知识产权"、"生产许可证"、"事业单位"、"铁道部"、"国土资源"、"医疗保险"等方面的互联网影响力表现较好，但在其他政府年度热点工作和网民高度关注的热点话题上影响力表现不尽如人意。

第四，从未来提升政府网站互联网影响力的方向看，为充分发挥全国政府网站互联网影响力，实现政府信息公开工作的快速"升级"，建议国家有关政府信息公开和政府网站管理部门与有关互联网管理部门相互配合，组织推进"中国政府网站互联网影响力提升工程"，尽快完善政府网站在互联网发展和管理中的功能定位，将政府网上信息资源视为提升政府网上公信力、树立政府正面形象、传播互联网正能量、回应社会热点难点问题的重要战略性资源来看待，加强组织领导和统筹协调，积极运用新技术、新方法，通过制度创新、机制保障、工程实施，充分挖掘政府网站互联网影响力的巨大潜力，大力发挥政府网上信息资源在互联网正面信息引导和工作难点问题应对中的重要作用，争取用两到三年的时间从根本上改变社会公众对政府网站的负面印象，通过快速提升政府网站的吸引力来增强公众信心、凝聚改革共识、促进社会和谐、提高政府公信力、打造良好的经济社会转型升级软环境。

第一部分
评估工作说明

一 评估背景、目标和范围

（一）评估背景

信息社会，随着互联网技术的深入广泛应用和网上信息的爆炸性增长，人们面对的信息越来越纷繁复杂。政府网站承载了海量权威信息，提供了诸多政府网上公共服务，但面对互联网独特的信息传播特性以及微博、论坛、搜索引擎等媒介的出现，政府权威信息和服务无论是在网络覆盖面还是在传播力度方面均显不足，特别是在应对突发事件和舆论引导方面，还无法充分发挥政府网上信息正面引导作用，网站在宣传主旋律、传播正能量、构建服务型政府方面还不能充分发挥应有作用。当前提升政府网站在互联网上的影响力成为网站建设需要重点考虑的问题。为更好引导各级政府网站主动出击，指导网站管理部门借助多种传播手段扩大网站影响力，中国信息协会电子政务专业委员会与国家信息中心网络政府研究中心联合启动了 2013 年全国政府网站互联网影响力评估工作。

1. 互联网时代政府网站作用日益重要

截至 2013 年 6 月底，我国网民规模达到 5.91 亿，互联网普及率达到 44.1%[①]。互联网的开放自由以及丰富的信息资源，使得越来越多的人习

[①] 中国互联网络信息中心，第 32 次中国互联网络发展状况统计报告 ［R/OL］. http://tech. hexun. com/2013/cnnic32/，2013 – 09 – 02。

惯选择在互联网上表达诉求和观点，通过互联网获取各类信息和服务。随着搜索引擎、微博和微信的普遍应用及移动终端用户的快速增长，网民获取信息的渠道和手段越来越多样化，每个网民既是互联网信息的浏览者，也是网上信息的生产者和传播者，加之互联网信息传播具有传播速度快、影响范围广、信息质量参差不齐等特征，网民又对各种谣言、负面信息缺乏理性辨识力，使得政府在互联网舆情引导、突发事件应对过程中处于被动甚至是失控状态，为政府社会管理和公共服务带来诸多困扰。政府网站是政府在互联网上建立的沟通社情民意的重要渠道，承载了海量政府权威、正面、可控的信息，在树立政府形象、宣传大政方针、引导社会舆论等方面具有天然优势。但由于政府网站与各类互联网传播平台结合不够紧密，尚未充分"融入互联网"，造成政府网站信息资源的互联网影响力不能充分发挥。面对当前政府互联网信息传播的被动局面，充分发挥政府网站信息的正面引导作用，确保其在与负面信息、有害信息、敌对信息竞争中占据主导优势，成为当下政府争夺互联网信息传播主导权的有效途径。同时，经过十多年的发展，我国各级政府网站逐步整合了各类政务服务资源，成为政府服务社会公众的重要平台。随着互联网的迅速普及，将来网络化服务必将成为越来越受欢迎的服务形式，因此，依托政府网站努力让政府公共服务惠及更多公众，就成为构建服务型政府的重要内容。互联网时代，政府网站的作用与地位日益重要，亟须尽快凸显网站发展成效，更好发挥网站在互联网时代的影响力。

2. 互联网影响力成为政府网站成效发挥的新标杆

影响力是指一事物对其他客观事物所发生作用的力度。政府网站互联网影响力是指网站为达到更佳的政府形象树立、广泛的政策宣传、有效的舆论引导、便捷的服务供给，面向互联网主流用户群体传递信息和服务从而满足公众需求、提升公众认知的能力。当前，面对互联网独特的信息传播特性以及微博、论坛、搜索引擎等网络应用的出现，政府网站互联网影响力不增反减。一是政府网站信息对搜索引擎用户不可见、不易见。当前，我国网民中搜索引擎普及率为 79.6%，超过 90% 的成年网民在互联网上查找信息时会首选使用搜索引擎，搜索已经成为公众获取信息的代名词，而中央部门、省、市级政府网站信息能够在搜索引擎上被公众查找到的比例总体上不足 10%，政府海量权威信息对搜索用户而言基本处于不可见状态。二是政府网站信息对社会化媒体影响力度不够。当前微博、论坛等社会化媒体已经成为舆论和突发事件传播、讨论的主要途径，但政府网站还未有效实现与这些媒介的互动，政府权威信息在这些媒体的发声还不够响亮。三是政府网站信息在互联网传播中的受众面有待提高。网民互联网接入越来越呈现移动化、智能化的特点，但绝大多数政府网站都还没有针对移动终端用户提供有针对性的在线服务。面对互联网用户的无国界与多语言，网站信息由于语种版本局限而大大缩小了用户覆盖面和国际影响力。综上所述，政府权威信息和服务不能及时有效地传递给公众、与公众亲密接触，使得政府网上信息对公众认知、倾向、意见、态度、行为等方面的影响被无形削弱。政府网站互联网影响力不足成为当前制约网站效力发挥的主要瓶颈。

3. 互联网影响力是政府网站绩效评估的新领域

绩效评估是引导政府网站发展的重要手段。过去十年，我国政府网站绩效评估重点关注信息内容的数量和合规性、网站功能完整性等，为促进政府网站建设发挥了重要促进作用。但是，当前网民查找、传播信息的规律和习惯已经发生根本性变化，而政府网站信息和服务的供给多是采取"坐等"的方式，被动等待网民来到网站查看信息、获取服务。现行的评估体系很难引导网站充分利用其他媒体和渠道扩大互联网影响力，这类评估在引导网站健全功能、做好服务的同时，也极容易使网站成为互联网中一个个孤立的个体。目前，已有国内外学者和研究机构开始关注网站互联网影响力评估工作，主要从网站信息被链接情况、网站流量、网站信息搜索引擎可见度三个方面考察网站互联网影响力。在搜索引擎、微博、论坛等新兴媒介应用不断普及，移动互联网飞速发展的大背景下，美国在评估各政府机构在数字化环境下的服务绩效时，已经将手机服务的便捷性、搜索引擎的可见度以及利用社会媒体传递服务的能力作为重要考核标准①。互联网影响力评估已经成为互联网飞速发展时代，政府网站绩效评估的新领域，能够有效引导政府网站主动出击，借助多种传播手段和媒介，将信息更及时传递给公众，将服务更便捷推送给公众，真正展现各级政府网站建设成效。

（二）评估目标

此次全国政府网站互联网影响力评估工作，预期实现如下目标：

（1）全面评估全国政府网站互联网影响力的发展水平，为领导科学决策提供依据；

（2）紧扣互联网信息传播特征以及政府网站的定位，形成一套切合实际的评估指标体系，以及行之有效的评估方式和方法；

（3）探索建立政府网站互联网影响力的长效评估机制，引导网站管理和服务向更深层次、更高水平发展；

（4）深入分析全国政府网站互联网影响力的发展现状及存在问题，为各级政府网站进一步提升网站互联网影响力提供可行性改进意见和建议，切实提高全国政府网站的建设水平和服务质量。

（三）评估范围

此次评估对象包括国务院"三定"方案确定的中央部门网站70家、省级政府门户网站34家、副省级政府门户网站15家、地市级政府门户网站437家。具体如下。

1. 中央部门

中央部门网站主要选取国务院组成部门和相关隶属机构的网站，共70家。此次评估并未考察人大、政协、高检、高法等系统的网站，也不

---

① Howto. gov. Digital Metrics for Federal Agencies. ［EB/OL］http：//www.howto.gov/web-content/digital-metrics，2013-09-02.

包含新华社门户网站（新华网）和中央人民政府门户网站。

此次考察的主要中央部门网站如表 1 – 1 所示。

表 1 – 1　本报告选取的中央部门网站名单

分类	中央部门
国务院组成部门 (24)	外交部、国防部、国家发改委、教育部、科技部、工业和信息化部、国家民委、公安部、监察部、民政部、司法部、财政部、人力资源和社会保障部、国土资源部、环境保护部、住房城乡建设部、交通运输部、水利部、农业部、商务部、文化部、卫生和计划生育委员会、人民银行、审计署
国务院直属特设机构 (1)	国有资产监督管理委员会
国务院直属机构 (15)	质检总局、国家统计局、工商总局、国家知识产权局、国家林业局、海关总署、新闻出版广电总局、体育总局、安全监管总局、税务总局、国家旅游局、预防腐败局、国务院参事室、国管局、国家宗教局
国务院直属事业单位 (12)	中科院、中国地震局、中国气象局、保监会、银监会、证监会、自然科学基金会、国务院发展研究中心、工程院、国家行政学院、社保基金会、中国社科院
国务院办事机构(3)	法制办、侨办、港澳办
国务院部委管理的国家局(15)	信访局、粮食局、能源局、烟草局、外专局、公务员局、海洋局、测绘地信局、民航局、邮政局、文物局、食品药品监管局、中医药局、外汇局、煤矿安监局

2. 省级政府

省级政府门户网站共计 34 家，具体包括：北京、天津、河北、山西、内蒙古、辽宁、吉林、黑龙江、上海、江苏、浙江、安徽、福建、江西、山东、河南、湖北、湖南、广东、广西、海南、重庆、四川、贵州、云南、西藏、陕西、甘肃、宁夏、青海、新疆、香港特别行政区、澳门特别行政区、新疆生产建设兵团。

其中，新疆生产建设兵团是国家实行计划单列的特殊社会组织，受中央政府和新疆维吾尔自治区人民政府双重领导。此次评估将其门户网站列为省级政府网站进行考核。此外，由于访问台湾地区政府网站时存在故障，此次评估暂未将台湾地区的政府网站列入评估范围。对香港和澳门地区只是考察特区门户网站，未考察其下属政府门户网站。

3. 副省级城市

副省级政府门户网站主要是《中央机构编制委员会印发的＜关于副省级市若干问题的意见＞的通知》（中编发〔1995〕5号）中确定的15个副省级城市，分别是：广州、武汉、哈尔滨、沈阳、成都、南京、西安、长春、济南、杭州、大连、青岛、深圳、厦门、宁波。

4. 地市级政府

地市级政府门户网站的选取，主要以各省级政府门户网站上公布的地市级政府网站链接地址为依据，共计437家。对于没有列入省政府门户网站地市级政府网站链接清单的其他地方政府网站，不做考察。由于部分省直管县、开发区、林区等政府网站，在省政府门户网站链接清单中一并列示，因此，对其与地市级政府门户网站一并考察。具体如表1－2所示。

表1－2　本报告选取的地级市网站名单

省（区、市）	地市或省管县
北京（17）	东城区、西城区、朝阳区、海淀区、丰台区、石景山区、门头沟区、房山区、通州区、顺义区、大兴区、昌平区、平谷区、怀柔区、密云县、延庆县、经济技术开发区
天津（16）	滨海新区、和平区、河北区、河西区、河东区、南开区、红桥区、东丽区、西青区、津南区、北辰区、武清区、宝坻区、蓟县、静海县、宁河县
山西（11）	太原市、大同市、阳泉市、长治市、晋城市、朔州市、晋中市、忻州市、吕梁市、临汾市、运城市
内蒙古（14）	呼和浩特市、包头市、呼伦贝尔市、兴安盟、通辽市、赤峰市、锡林郭勒盟、乌兰察布市、鄂尔多斯市、巴彦淖尔市、乌海市、阿拉善盟、满洲里市、二连浩特市
辽宁（12）	鞍山市、抚顺市、本溪市、丹东市、锦州市、营口市、阜新市、辽阳市、铁岭市、朝阳市、盘锦市、葫芦岛市
吉林（9）	吉林市、四平市、辽源市、通化市、白山市、松原市、白城市、延边州、长白山管委会
黑龙江（12）	齐齐哈尔市、牡丹江市、佳木斯市、大庆市、鸡西市、双鸭山市、伊春市、七台河市、鹤岗市、黑河市、绥化市、大兴安岭地区
江苏（12）	无锡市、徐州市、常州市、苏州市、南通市、连云港市、淮安市、盐城市、扬州市、镇江市、泰州市、宿迁市

续表

省（区、市）	地市或省管县
浙江（9）	温州市、嘉兴市、湖州市、绍兴市、金华市、舟山市、台州市、衢州市、丽水市
安徽（16）	合肥市、亳州市、淮北市、宿州市、阜阳市、蚌埠市、淮南市、滁州市、六安市、芜湖市、马鞍山市、安庆市、池州市、铜陵市、宣城市、黄山市
福建（9）	福州市、漳州市、泉州市、莆田市、三明市、南平市、龙岩市、宁德市、平潭综合实验区
山东（15）	淄博市、枣庄市、东营市、烟台市、潍坊市、济宁市、泰安市、威海市、日照市、莱芜市、临沂市、德州市、聊城市、滨州市、菏泽市
河南（18）	郑州市、开封市、洛阳市、平顶山市、安阳市、鹤壁市、新乡市、焦作市、濮阳市、许昌市、漯河市、三门峡市、南阳市、商丘市、信阳市、周口市、驻马店市、济源市
湖北（16）	黄石市、襄阳市、荆州市、宜昌市、黄冈市、鄂州市、十堰市、孝感市、荆门市、咸宁市、随州市、神农架林区、恩施州、仙桃市、天门市、潜江市
湖南（14）	长沙市、株洲市、湘潭市、衡阳市、益阳市、常德市、岳阳市、邵阳市、郴州市、娄底市、永州市、怀化市、张家界市、湘西自治州
广东（19）	珠海市、汕头市、佛山市、韶关市、河源市、梅州市、惠州市、汕尾市、东莞市、中山市、江门市、阳江市、湛江市、茂名市、肇庆市、清远市、潮州市、揭阳市、云浮市
广西（14）	南宁市、柳州市、桂林市、梧州市、北海市、防城港市、钦州市、贵港市、玉林市、百色市、贺州市、河池市、来宾市、崇左市
海南（19）	海口市、三亚市、琼海市、儋州市、文昌市、东方市、五指山市、万宁市、定安县、屯昌自治县、澄迈县、临高县、陵水自治县、琼中自治县、保亭自治县、乐东县、昌江自治县、白沙自治县、洋浦开发区
重庆（38）	万州区、涪陵区、黔江区、渝中区、大渡口区、江北区、沙坪坝区、九龙坡区、南岸区、北碚区、渝北区、巴南区、长寿区、江津区、合川区、永川区、南川区、綦江区、大足区、潼南县、铜梁县、荣昌县、璧山县、梁平县、城口县、丰都县、垫江县、武隆县、忠县、开县、云阳县、奉节县、巫山县、巫溪县、石柱县、秀山县、酉阳县、彭水县
四川（20）	自贡市、攀枝花市、泸州市、德阳市、绵阳市、广元市、遂宁市、内江市、乐山市、南充市、宜宾市、广安市、达州、巴中市、雅安市、眉山市、资阳市、阿坝自治州、甘孜自治州、凉山自治州
贵州（9）	贵阳市、遵义市、六盘水市、安顺市、毕节市、铜仁市、黔东南州、黔南州、黔西南州
云南（16）	昆明市、曲靖市、玉溪市、昭通市、楚雄州、红河州、丽江市、迪庆州、文山州、西双版纳州、普洱市、大理州、保山市、德宏州、怒江州、临沧市
西藏（7）	拉萨市、山南地区行署、林芝地区行署、昌都地区行署、那曲地区行署、阿里地区行署、工布江达县
陕西（10）	宝鸡市、咸阳市、铜川市、渭南市、延安市、榆林市、汉中市、安康市、商洛市、杨凌示范区

省（区、市）	地市或省管县
甘肃（14）	兰州市、天水市、嘉峪关市、武威市、金昌市、酒泉市、张掖市、庆阳市、平凉市、白银市、定西市、陇南市、临夏州、甘南州
宁夏（5）	银川市、石嘴山市、吴忠市、固原市、中卫市
青海（8）	西宁市、海东行署、海南州、海北州、海西州、黄南州、果洛州、玉树州
新疆（19）	乌鲁木齐市、伊犁哈萨克自治州、阿勒泰地区、塔城地区、博尔塔拉蒙古自治州、昌吉回族自治州、吐鲁番地区、巴音郭楞蒙古自治州、克拉玛依市、阿克苏地区、哈密地区、喀什地区、克孜勒苏柯尔克孜自治州、和田地区、石河子市、五家渠市、阿拉尔市、图木舒克市、北屯市
上海（17）	浦东新区、普陀区、闵行区、奉贤区、黄浦区、闸北区、嘉定区、崇明县、静安区、虹口区、金山区、徐汇区、杨浦区、松江区、长宁区、宝山区、青浦区
河北（11）	石家庄市、承德市、张家口市、秦皇岛市、唐山市、廊坊市、保定市、沧州市、衡水市、邢台市、邯郸市
江西（11）	南昌市、九江市、景德镇市、萍乡市、新余市、上饶市、鹰潭市、吉安市、赣州市、抚州市、宜春市

二 评估指标设计

（一）指标设计思路

传播学认为，影响力是通过信息传播过程实现的，基本目的就是让受众得到信息，并使受众理解和接受信息传播者的传播意图，因此影响力的发生建立在受众"得到信息"和"理解信息"的基础上。政府网站是承载、传递公共服务信息的平台，从公共服务信息传播的角度来说，政府网站在互联网上影响力得以实现的关键在于让广大网民"得到信息"和"理解信息"，进而提升政府服务的广度和实际成效。

从"得到信息"来讲，政府网站的信息应该尽可能多地覆盖用户获取信息所依托的渠道、媒介，即提升"传播渠道覆盖度"；从"理解信息"来讲，政府网站应该有力确保网站信息传递过程的便捷性、信息内容的完整性和易理解性，使用户获取信息、接触信息后能够读懂信息进而接受信息，即提升"传播过程通畅度"。因此，从政府网站互联网影响力产生机制来看，政府网站若能通过搜索引擎、微博、百科类网站、重要新闻网站、导航网站等多种传播渠道传递信息，扩大信息的覆盖面，并确保信息在传递过程中，公众能够通过电脑终端和各种移动终端无障碍访问，在信息被理解时又能不因语言障碍或内容不易读而限制信息所服务的人群范围，那么网站的影响力自然就会有效提升。

基于上述分析，政府网站互联网影响力评估体系的基本框架至少应涵盖如下五个方面：

图 1－1　政府网站互联网影响力产生示意

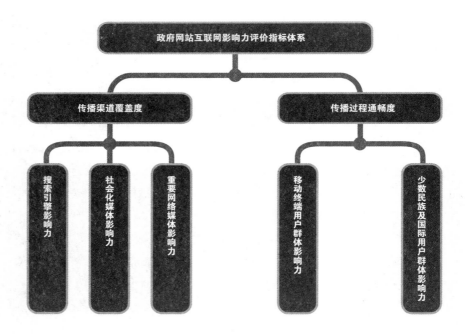

图 1－2　政府网站互联网影响力评估体系的基本框架

　　一是搜索引擎影响力评估，即指政府网站信息在搜索引擎搜索结果中的表现。搜索引擎已经成为网民查找信息的主要途径，在政府网站信息传播渠道中具有较大的用户群体和覆盖面，通过这一维度的评估可以较好地反映政府网站信息在第一时间传递给网民的可能性。

　　二是社会化媒体影响力评估，指政府网站信息被主流微博、百科类网站等社会化媒体收录情况。除搜索引擎外，社会化媒体是网民使用较多的互联网应用，是舆论和突发事件传播、讨论的主要场地。通过这一评估维度的设置能有效引导政府网站重视社会化媒体的传播能力，加强网站信息对社会化媒体用户的覆盖度。

三是重要网络媒体影响力评估，重要网络媒体特指主要导航网站、重要新闻网站等，要考察政府网站信息被这些网站收录和链接情况。按照链接分析法，网站被重要网络媒体收录和链接越多，表明网站越重要，内容的传播力度和影响力就会越大。这一评估维度旨在强化网站在信息传播过程中对重要网络媒体的有效利用。

四是移动终端用户群体影响力评估，主要从技术兼容性层面考察政府网站对移动终端网民的辐射力度。当前，在我国网民中使用手机上网的人群比例已经高达 78.5%，手机及其他移动终端网民的信息需求满足度已不容忽视，设置这一评估维度，能够引导网站及时考虑新技术应用对网站服务便捷性的挑战，及时为移动终端用户提供方便、快捷、无障碍服务。

五是少数民族及国际用户群体影响力评估，旨在从网站有无开设多种语言版本以及来到网站的用户中境外用户的比例，来考察网站信息传播过程中对少数民族及国际用户的人群覆盖情况。这一评估维度的意义在于，确保在广泛的渠道覆盖面下，信息能够被更多文化背景的人理解，进一步扩大网站的人群覆盖范围和影响力。

（二）指标选取原则

按照以上指标设计思路，在核心指标选取中严格遵循以下指标选取原则。

1. 指标要有导向性

指标的导向性是指评估指标的设计能对网站互联网影响力的提升起到导向作用，能够体现网站互联网影响力的发展方向和战略重点，为网站建设者及相关工作者提供参照坐标，指示出被评估对象互联网影响力的发展状况和差别，引导网站互联网影响力快速、健康、有序发展。

2. 指标要有代表性

指标选取主要是为了从不同的角度对网站互联网影响力的"外在表现"

进行准确测定与评估，只有选取那些观测值与评估结果相关性强、贡献大、最能代表网站互联网影响力不同侧面特征的指标，才能更为准确地反映评估对象的客观状况。因此，在进行指标设计或选取的过程中，对评估指标的特征性给予了充分考虑，尽可能选取那些特征性明显的代表性指标。

3. 指标数据可测性

指标数据可采集、可获得是选取指标的前提条件。在设计指标时，如果指标的采集难度过大，或者不具备采集的主客观条件，必定会影响评估工作的可操作性与评估工作效率，甚至会导致评估工作的失败，不利于将来评估指标体系的推广应用，因此这类指标并未选入。此外，尽可能采用定量指标，对定性指标也尽量做到在定性的基础上能够用定量的方式来获取指标数据。

4. 指标体系稳定性

设计指标体系时要充分考虑到网站互联网影响力发展过程中存在的多种不确定因素，体现动态性和适应性。既要选择公认的、反映现实网站互联网影响力的指标，还应选择一些能反映未来网站互联网影响力发展趋势的指标，以保证指标体系在使用上既有可持续性，保持相对稳定，又能够反映网站互联网影响力的发展趋势。

（三）核心指标体系

按照指标设计的基本思路，遵循上述指标选取原则，全国政府网站互联网影响力评估核心指标体系具体如下。

1. 搜索引擎影响力

在搜索引擎影响力评估维度中，拟考察网站信息在搜索引擎的收录情况和搜索表现情况，设置搜索引擎的平均收录情况、搜索引擎收录数增长情况和网站名称品牌词影响力、网站核心业务词影响力这四项指标，分别从"量"与"质"上展现政府网站对搜索引擎的影响力。

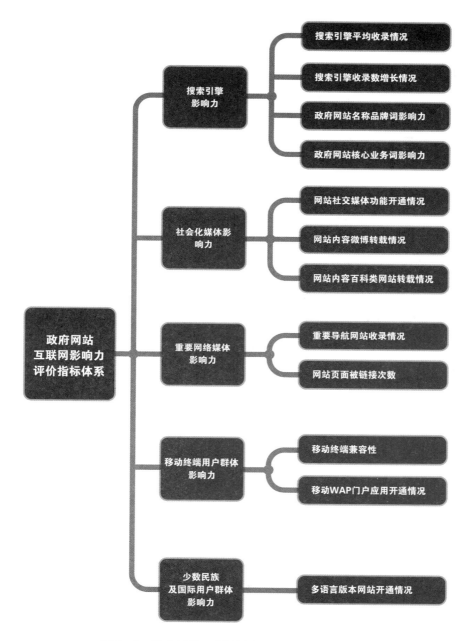

图 1 - 3　政府网站互联网影响力评估核心指标体系

（1）搜索引擎加权平均收录情况。该指标指网站被主流搜索引擎收录的页面数，总体反映网站信息在搜索引擎上的可见性。一般来说，网站对搜索引擎的可见性越高，能产生的网络影响力就越大。在采集指标数据时，可选择百度、谷歌、360、搜狗、雅虎、必应等主流搜索引擎，统计一定时期内被评估网站在这些搜索引擎上的页面收录数，计算收录平均值。

（2）搜索引擎收录数增长情况。该指标指网站被搜索引擎收录的页面数较前一段时间的增长情况，可综合反映近期网站增长内容的搜索引擎可见性。这一指标的优劣取决于网站内容增长速度、网站的搜索引擎可见性水平和搜索引擎算法调整优化三方面因素，对网站互联网影响力的提升有一定的导向作用。

（3）政府网站名称品牌词影响力。该指标考察网民搜索网站名称品牌词时，被评估网站信息出现在搜索结果首页的比例，反映网站名称的品牌词影响力。对该指标数据的采集，需人工梳理被评估网站的名称词库，如某某省政府网站、某某政府门户等，再统计搜索网站名称词时，政府网站信息出现在搜索结果首页的比例，比例越高，指标的表现越好。

（4）政府网站核心业务词影响力。该指标考察网民搜索网站核心业务关键词时，被评估网站信息出现在搜索结果首页的比例，反映网站核心业务关键词的影响力。如对于农业部门的政府网站，考察网民在搜索"种子价格"、"农产品补贴"等政府业务词时，相应政府网站出现在搜索结果首页的比例，比例越高，表明网站对网民需求响应度越高，互联网影响力越大。

2. 社会化媒体影响力

对社会化媒体影响力的评估，可从网站社交媒体开通情况、网站内容微博转载情况、网站内容百科类网站转载情况等方面入手考察。

（1）网站社交媒体开通情况。该指标考察网站是否开通诸如 RSS 订阅、分享到微博、短信订阅等技术功能，反映网站对社会化媒体技术的使用度。数据采集方法主要是人工访问网站，查看相关功能的开通情况。

（2）网站内容微博转载情况。该指标考察网站信息被主要微博转载的情况，反映网站信息在微博用户群体中的影响力。在数据采集上，可抓取一定时期内的微博数据，技术匹配微博数据与被评估网站信息的内容一致性。

（3）网站内容百科类网站转载情况。该指标考察网站信息被主要百科类网站用户转载并提供链接的次数，反映网站信息在百科类用户群体中的影响力。在数据采集上，可利用技术挖掘方法，抓取被评估网站的信息在相关百科类网站的转载情况，保证数据的客观准确。

3. 重要网络媒体影响力

对重要网络媒体影响力的评估，可从政府网站被重要导航网站收录情况、页面被链接次数等方面入手进行考察。

（1）重要导航网站收录情况。该指标考察网站被常见导航类网站收录的情况，反映网站对导航的友好度。在数据采集上，技术抓取被评估网站在主流导航网站中的收录数即可。

（2）网站页面被链接次数。该指标考察网站信息被互联网其他网站链接的比例，反映网站及其信息被认可程度。在数据采集方面，一般搜索引擎都会提供其官方统计的网站外部链接数。

4. 移动终端用户群体影响力

对移动终端用户群体影响力的评估，可从网站对移动终端的技术兼容性、移动门户开通情况入手进行考察。

（1）移动终端兼容性。该指标考核网站页面能否在常见移动终端上正常显示。在移动终端设备上，网站页面无法正常打开、页面布局错位、图片动画无法正常显示、部分模块无法打开等均属于技术不兼容情况。

（2）移动 WAP 门户应用开通情况。该指标考核网站是否开通了移动WAP 门户应用功能，随着移动用户的增多，移动 WAP 门户的开通也逐渐成为趋势。

5. 少数民族及国际用户群体影响力

对少数民族及国际用户群体影响力的评估，可以从多语言版本网站开通情况进行考察。网站开设了多语言版本，能够尽可能确保网站信息在传播过程中对这些用户的人群覆盖力度，满足不同语言用户的需求，扩大影响力。需要说明的是，由于并非所有网站都开通了外文版网站，加之对网站流量的客观考察需要依据一定的统计工具，因此，对来到网站的用户中境外用户比例的考察虽能够反映对少数民族与国际用户的实际影响效果，但因缺乏普适性，此次评估未将其纳入核心指标中。

（四）中央部门网站评估指标

中央部门网站评估指标体系共包括 5 个一级指标，11 个二级指标。为便于与地方政府网站进行横向、纵向对比，中央部门网站评估指标体系中的 11 个二级指标与地方政府网站相应指标保持相同权重。指标满分为90 分，最终结果将折合为满分值进行排名。

具体指标及排名方法见表 1 - 3。

表 1 - 3 中央部门网站评估指标及考核要点

一级指标	二级指标	考核要点
搜索引擎影响力（25分）	搜索引擎加权平均收录情况	网站被主流搜索引擎收录页面数,总体反映网站信息在搜索引擎上的可见性水平
	搜索引擎收录数增长情况	近半年中网站被搜索引擎收录页面数的增长情况,综合反映近期网站增长内容的搜索引擎可见性水平。该指标的优劣取决于网站内容增长速度、网站的搜索引擎可见性水平和搜索引擎算法调整优化三方面因素。
	政府网站名称品牌词影响力	网民搜索网站核心品牌词时,网站信息出现在搜索结果首页的比例,反映网站名称的品牌影响力
社会化媒体影响力（25分）	网站社交媒体开通情况	网站是否开通诸如 RSS 订阅、分享到微博等技术功能,反映网站对社会化媒体技术的使用度
	网站内容微博转载情况	网站信息被主要微博转载的情况,反映网站信息在微博用户群体中的影响力
	网站内容百科类网站转载情况	网站信息被主要百科类网站用户转载并提供链接的次数,反映网站信息在百科类用户群体中的影响力
重要网络媒体影响力（15分）	重要导航网站收录情况	分析网站被常见导航类网站收录的情况
	网站页面被链接次数	分析网站信息被互联网其他网站链接的比例,反映网站在互联网网站中的总体影响力
移动终端用户群体影响力（15分）	移动终端兼容性	网站页面在常见移动终端上显示时的技术兼容性
	移动 WAP 门户应用开通情况	分析网站是否开通 WAP 门户功能
少数民族及国际用户群体影响力（10分）	多语言版本网站开通情况	分析网站是否开通多种语言版本,包括繁体版、少数民族语言版本等

（五）地方网站评估指标

地方政府网站评估指标体系共包括 5 个一级指标，12 个二级指标，与中央部门网站相比增加了"政府网站核心业务词影响力"指标。指标满分为 100 分。

表 1-4　地方网站评估指标及考核要点

一级指标	二级指标	考核要点
搜索引擎影响力（35分）	搜索引擎加权平均收录情况	网站被主流搜索引擎收录页面数，总体反映网站信息在搜索引擎上的可见性水平
	搜索引擎收录数增长情况	近半年中网站被搜索引擎收录页面数的增长情况，综合反映近期网站增长内容的搜索引擎可见性水平。该指标的优劣取决于网站内容增长速度、网站的搜索引擎可见性水平和搜索引擎算法调整优化三方面因素
	政府网站名称品牌词影响力	网民搜索网站核心品牌词时，网站信息出现在搜索结果首页的比例，反映网站名称的品牌影响力
	政府网站核心业务词影响力	网民搜索网站核心业务关键词时，网站信息出现在搜索结果首页的比例，反映网站核心关键词的影响力
社会化媒体影响力（25）	网站社交媒体开通情况	网站是否开通诸如 RSS 订阅、分享到微博等技术功能，反映网站对社会化媒体技术的使用度
	网站内容微博转载情况	网站信息被主要微博转载的情况，反映网站信息在微博用户群体中的影响力
	网站内容百科类网站转载情况	网站信息被主要百科类网站用户转载并提供链接的次数，反映网站信息在百科类用户群体中的影响力
重要网络媒体影响力（15 分）	重要导航网站收录情况	分析网站被常见导航类网站收录的情况
	网站页面被链接次数	分析网站信息被互联网其他网站链接的比例，反映网站在互联网中的总体影响力
移动终端用户群体影响力（15 分）	移动终端兼容性	网站页面在常见移动终端上显示时的技术兼容性
	移动 WAP 门户应用开通情况	分析网站是否开通 WAP 门户功能
非中文用户群体影响力（10 分）	多语言版本网站开通情况	分析网站是否开通有多种语言版本，包括繁体版、少数民族语言版本等

（六）政府网站互联网影响力水平划分

本报告编写组根据评估指标进一步提出了评价政府网站互联网影响力的 8 个水平等级，分别是：极弱（0～20 分）、很弱（20～40 分）、较弱（40～50 分）、中等偏弱（50～60 分）、中等偏强（60～70 分）、有效转强（70～80 分）、强度升级（80～90 分）、强有力（90～100 分）。

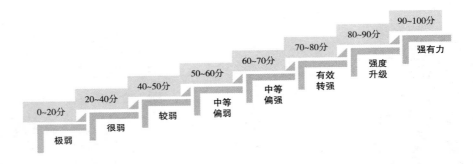

图 1－4　评估结果划分

1. 极弱：得分在 0～20 分之间，处于这一阶段的政府网站互联网影响力极弱，政府网站信息在互联网上基本处于"不可见"状态，网站信息得不到有效传播，网民查找政府网站十分困难。而且，网站社交媒体功能开通较少甚至没有，对移动终端兼容性极差。此外，网站信息难以覆盖少数民族用户及国际用户。

2. 很弱：得分在 20～40 分之间，处于该阶段的政府网站互联网影响力很弱，政府网站信息仅有一小部分在互联网上"可见"，且网民很难在搜索结果第一页查找到政府网站信息。同时，网站对社会化媒体、重要网络媒体等的影响覆盖度很低。网站自身在社交媒体开通方面、移动终端兼容性方面、多语言版本建设等方面还很薄弱，需要极力加强。

3. 较弱：得分在 40～50 分之间，处于该阶段的政府网站互联网影响力较弱，部分政府网站信息在互联网上"可见"，但网站被搜索引擎收录的页面数增长缓慢，且网站在被网民搜索时，较少出现在搜索结果第一页。同时，网站对社会化媒体、重要网络媒体等传播渠道的影响覆盖度较低，网站自身在社交媒体开通、移动终端兼容性、多语言版本建设等方面还较为薄弱，需要大力加强。

4. 中等偏弱：得分在 50~60 分之间，处于该阶段的政府网站互联网影响力虽处于中等水平，但还略显薄弱。网站被搜索引擎收录的页面虽有一定数量，但搜索引擎收录数增长较慢，仍有部分网站信息在互联网上"不可见"。同时，网站对社会化媒体、重要网络媒体等传播渠道的影响覆盖度一般，网站自身在社交媒体开通方面、移动终端兼容性方面、多语言版本建设等方面的表现一般。

5. 中等偏强：得分在 60~70 分之间，处于该阶段的政府网站互联网影响力中等偏强，具备一定的影响力上升能力。多数政府网站信息能在互联网上"可见"，网站在被网民搜索时，略多出现在搜索结果第一页。同时，网站对社会化媒体、重要网络媒体等传播渠道的影响覆盖度较高，网站自身在社交媒体开通方面、移动终端兼容性方面、多语言版本建设等方面的表现略好。

6. 有效转强：得分在 70~80 分之间，处于该阶段的政府网站互联网影响力正在有效转强，具有较大的影响力上升能力。绝大部分政府网站信息均能在互联网上"可见"，网站在被网民搜索时，较多出现在搜索结果第一页。同时，网站对社会化媒体、重要网络媒体等传播渠道的影响覆盖度较高，网站自身在社交媒体开通方面、移动终端兼容性方面、多语言版本建设等方面的表现较好。

7. 强度升级：得分在 80~90 分之间，处于该阶段的政府网站互联网影响力较强，并具备较大的强度升级能力，在互联网上具备一定的"话语权"，政府网站信息能在搜索引擎、社会化媒体、重要网络媒体等传播渠道间得到较好传播，对移动终端用户、少数民族及国际用户等群体的覆盖度较高。

8. 强有力：得分在 90~100 分之间，处于该阶段的政府网站互联网影响力很强，在互联网上具备较大的"话语权"。政府网站信息能在搜索引擎、社会化媒体、重要网络媒体等传播渠道间得到有效传播，对移动终端用户、少数民族及国际用户等群体的覆盖度很高。

三 评估方法

在指标设计的基础上，以人工读网核实法、技术自动采集法、质量保障法等多种方法采集了基础数据，并对指标权重进行了科学分配，采用定量化的评估方法，对指标数据进行综合评估。

（一）数据采集方法

数据采集是评估实施的第一步，也是关键的一步。数据采集工作的好坏，将直接关系到整个评估工作的水平和效果。本次评估指标体系包括搜索引擎影响力、社会化媒体影响力、移动终端用户群体影响力、少数民族及国际用户群体影响力、重要网络媒体影响力等 5 个部分，共计 12 个评估指标。评估指标的数据采集综合采取如下两种方式。

（1）人工读网核实法：人工读网核实法是以人工的方式访问被评估网站，核实被评估网站相关功能的开通情况。在此次评估工作中，应用人工读网核实法主要采集了网站搜索引擎加权平均收录情况、搜索引擎收录数增长情况、移动终端兼容性、移动 WAP 门户和多语言版本网站开通情况等指标的数据。

（2）技术自动采集法：技术自动采集法是指通过利用或开发数据采集工具，自动化抓取互联网数据的采集方法。在此次评估工作中，主要采取 Web 抓取技术，通过标签信息获取、页面去重、主题相关度分析、聚焦搜索策略等手段，深度挖取了百度、微博、导航网站等相关数据，为政府网站名称品牌词影响力、网站核心业务词影响力、网站内容微博转载情况、网站内容百科类网站转载情况、重要导航网站收录情况、政府网站页面被链接次数等指标采集了基础数据。

（二）数据质量保障方法

质量保障法指为提供能够满足质量要求的基础数据而采取的保障措施或方式。为确保此次评估工作所采集数据的准确性和精确度，我们多重核实了人工读网数据，并对技术自动化采集的数据，进行人工校验，对数据的极值等异常情况进行排查。

（三）指标权重分配方法

评估指标体系的权重是对于各项指标重要程度的权衡和评估，权重的大小反映了评估工作的侧重点，权重确定是考核指标体系设计中异常关键的一个环节。鉴于互联网影响力主要体现在网民对网站信息的挖掘、访问和资源利用上，且发挥政府网站经过多年建设积累形成的海量信息资源在互联网信息传播主渠道中的覆盖能力，是提升政府网站互联网影响力的重要手段，在此次评估指标权重设计方面，给予了搜索引擎影响力较高的权重，中央部门网站和地方网站评估指标中搜索引擎影响力权重占比分别为25％和35％。同时，考虑到社会化媒体和重要网络媒体在政府网站中日益占据重要地位，分别给予了25％和15％的权重。而且，移动终端用户群体日益增多，在网民群体中的比例较大，被赋予了15％的权重。最后，少数民族语言和国际用户群体影响力被给予了10％的权重。

（四）指标量化方法

基础指标是指标体系中不能再进一步分解的指标，即此次评估中的二级指标。基础指标一般分为定量指标和定性指标两类。本次评估将综合采用以下方法对二级指标进行量化，从而利于计算最终评估得分。

1. 单项定量指标的量化方法

（1）正指标的无量纲化方法

正指标是指其对总目标的贡献率随着评估结果的增大而增大，即数据取值越高，说明绩效水平越高。其量化公式如下：

$$R_j(x) = \begin{cases} \dfrac{x_j - x_{j\min}}{x_{j\max} - x_{j\min}} \times 满分值, & x_{j\min} < x_j < x_{j\max} \\ 0, & x_j \leqslant x_{j\min} \\ 满分值, & x_j \geqslant x_{j\max} \end{cases}$$

（2）逆指标的无量纲化方法

逆指标指对总目标的贡献率越接近某一中间值，说明绩效水平越好。其量化公式如下：

$$R_j(x) = \begin{cases} \dfrac{x_{j\max} - x_j}{x_{j\max} - x_{j\min}} \times 满分值, & x_{j\min} < x_j < x_{j\max} \\ 满分值, & x_j \leqslant x_{j\min} \\ 0, & x_j \geqslant x_{j\max} \end{cases}$$

2. 定序变量归一法

定序变量归一法是将连续性变量转化为定序变量，并对定序变量进行归一化，将有量纲的表达式，经过变换，化为无量纲的表达式，形成纯量的评估方法。

（五）综合评分方法

综合评分包括数据采集阶段、指标量化阶段和分级评分阶段，如图1-5所示。此次评估采用多指标综合评分方法，即采用线性加权加法评分法计算评估对象的综合得分，通过将多个指标的不同权重合并成为一个综合指标，得出最终评估分数。

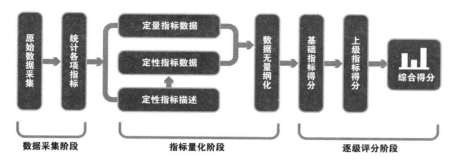

图1-5 综合评分流程

四 评估工作流程

此次政府网站互联网影响力评估工作于 2013 年 3 月正式启动，历时 7 个月，共分为五个阶段，各阶段进度安排及工作要点如下。

（一）指标设计阶段

该阶段主要完成的工作有：①开展政府网站互联网影响力相关理论研究；②设计完成"政府网站互联网影响力评估指标体系"，含指标解析、评分标准等；③召开评估指标专家研讨会，广泛听取专家意见建议，进一步修订完善指标体系；④研发基础数据采集工具；⑤进行指标体系试评估，选取中央部门、省、市或县网站各 15 个进行指标体系试点验证。

该阶段起始时间：2013 年 3 月 1 日至 4 月 30 日

（二）数据采集及打分阶段

该阶段主要完成的工作有：①组成数据采集工作团队，通过机器自动采集和人工核实两种方法，全面采集各指标数据；②基础数据核实与检验；③依据评分标准，进行各级政府网站互联网影响力评估结果计算，并对误差进行审核；④选取 2013 年 100 个政府工作热点关键词，进行百词互联网影响力指数计算。

部分指标的数据采集，说明如下：

（1）搜索引擎加权平均收录数：主要采集了 2012 年 6 月至 2013 年 9 月百度、谷歌、搜狗、雅虎、必应、即刻等搜索引擎对网站的收录数，根据政府网站搜索引擎来源用户中来自不同搜索引擎的用户比例（国家信息中心网络政府研究中心统计数据），赋予不同搜索引擎相应权重，计算被评估网站的搜索引擎加权平均收录数。

（2）微博转载情况：该指标数据的采集，以 2013 年 1 月到 8 月的新浪微博数据为主，未抓取腾讯微博、人民微博、新华微博等其他微博数据。

（3）导航网站收录情况：该指标数据的采集，主要选取了 2013 年 8 月份 hao123. com、hao. 360. cn、123. sogou. com、2345. com、114la. com、duba. com 六类常用导航网站对政府网站的收录情况，并依据相应权重（国家信息中心网络政府研究中心统计数据）计算得出导航网站总收录情况。

（4）移动终端兼容性：在采集该指标数据时，选择了当前被用户使用较多的移动终端系统——苹果 IOS6. 1 和安卓 Android4. 1，以及相应系统下的常用浏览器进行数据采集。其中，在 IOS6. 1 操作系统下选择了 safari 浏览器访问政府网站，在 Android4. 1 操作系统下选择了 UC9. 2 浏览器访问政府网站。

该阶段起始时间：2012 年 6 月 1 日至 2013 年 9 月 1 日

（三）报告撰写阶段

该阶段完成的主要工作是：完成《中国政府网站互联网影响力评估报告（2013）》初稿撰写与修订，包括各级政府网站互联网影响力分析，年度百词互联网影响力案例分析，政府网站互联网影响力优秀案例推介等。

该阶段起始时间：2013 年 9 月 1 日至 9 月 30 日

（四）报告发布阶段

报告将正式出版，并对外公开发行。

第二部分
评估结果与数据分析

一 各地各部门政府网站互联网影响力

（一）中国政府网站互联网影响力指数

1. 中国政府网站互联网影响力总指数

此次政府网站互联网影响力评估工作显示，中国政府网站互联网影响力总指数为50.90分（满分为100分），处于中等偏弱阶段。其中，搜索引擎加权平均收录数指数5.19分，搜索引擎收录数增长率指数是5.11，网站名称品牌词表现指数4.50，核心业务词表现指数2.48，网站页面被链接数为2.62，社会媒体功能开通情况为1.32，微博转载情况3.84，百科类网站转载情况为5.11，导航网站收录情况7.33，移动终端兼容性9.08，wap门户应用开通情况1.83，多语言版本开通情况1.95。

表 2 - 1　中国政府网站互联网影响总指数及分项得分

指标	得分	满分
搜索引擎加权平均收录数	5.19	10
搜索引擎收录数增长率	5.11	10
政府网站名称品牌词影响力	4.50	5
核心业务词影响力	2.48	10
页面被链接数	2.62	5
社交媒体开通情况	1.32	5
微博转载情况	3.84	10

续表

指标	得分	满分
百科类网站转载情况	5.11	10
导航网站收录情况	7.33	10
移动终端兼容性	9.08	10
移动 WAP 门户应用开通情况	1.83	5
多语言版本网站开通情况	1.95	10
总　分	50.90	100

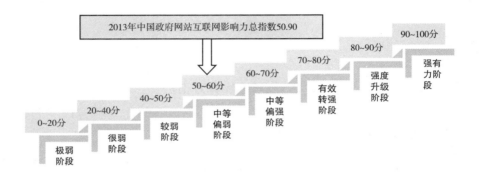

图 2 - 1　中国政府网站互联网影响力总指数发展阶段

2. 各类政府网站互联网影响力总指数

对政府网站的互联网影响力总指数进行分类计算，发现副省级政府网站互联网影响力指数最高，为 56.35；其次是省级政府网站，为 53.64；再次是中央部门网站，为 48.25；最后是地市级政府网站，为 45.36。副省级和省级政府网站平均处于中等偏弱阶段，中央部门和地市级政府网站平均处于较弱阶段。

在各类政府网站中，副省级网站的互联网影响力总体表现最好，其搜索引擎收录数、搜索引擎收录数增长率、社交媒体开通情况、移动终端兼容性、WAP 门户应用开通情况、多语言版本网站开通情况这 7 个指标的得分最高。而省级政府网站在名称品牌词影响力、导航网站收录情况这些指标上的得分最高。中央部门网站的页面被链接数、网站信息的微博转载情况上表现最好（见表 2 - 2）。

表 2 – 2　各类政府网站互联网影响力总指数和分项得分

网站类别	中央部门网站	省级	副省级	地市级
总分	48.25	53.64	56.35	45.36
搜索引擎加权平均收录数	5.28	5.15	5.33	5.01
搜索引擎收录数增长率	5.01	5.15	5.33	4.94
名称品牌词影响力	4.57	4.72	4.21	4.48
核心业务词影响力	/	2.23	1.63	3.57
页面被链接数	2.73	2.57	2.67	2.51
社交媒体开通情况	0.60	1.47	2.17	1.04
微博转载情况	4.79	4.72	4.69	1.17
百科类网站转载情况	5.31	5.09	5.20	4.85
导航网站收录情况	4.69	9.31	8.89	6.41
移动终端兼容性	9.21	9.07	9.40	8.64
WAP 门户应用开通情况	0.35	2.06	3.33	1.56
多语言版本网站开通情况	0.86	2.09	3.63	1.21

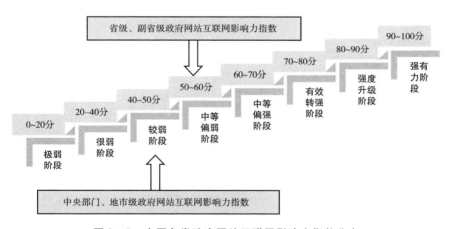

图 2 – 2　中国各类政府网站互联网影响力指数分布

（二）　中央部门政府网站互联网影响力指数

1. 总体排名

在 70 家中央部门政府网站中，网站互联网影响力综合排名前十位的部门依次是外交部、商务部、财政部、工业和信息化部、农业部、质检总局、统计局、交通运输部、海关总署、公安部（见表 2 – 3）。

表 2 - 3　中央部门政府网站互联网影响力指数排名

排名	部委名称	网站	得分
1	外交部	www. fmprc. gov. cn	75.52
2	商务部	www. mofcom. gov. cn	70.77
3	财政部	www. mof. gov. cn	68.26
4	工业和信息化部	www. miit. gov. cn	67.61
5	农业部	www. moa. gov. cn	67.24
6	质检总局	www. aqsiq. gov. cn	66.59
7	统计局	www. stats. gov. cn	64.82
8	交通运输部	www. moc. gov. cn	64.72
9	海关总署	www. customs. gov. cn	64.35
10	公安部	www. mps. gov. cn	64.09
11	国土资源部	www. mlr. gov. cn	63.40
12	知识产权局	www. sipo. gov. cn	62.88
13	气象局	www. cma. gov. cn	61.57
14	司法部	www. moj. gov. cn	61.56
15	新闻出版总署(版权局)	www. gapp. gov. cn	61.15
16	国防部	www. mod. gov. cn	60.81
17	人民银行	www. pbc. gov. cn	60.46
18	食品药品监管局	www. sda. gov. cn	59.34
19	教育部	www. moe. gov. cn	59.28
20	人力资源和社会保障部	www. mohrss. gov. cn	58.91
21	中科院	www. cas. cn	58.61
22	保监会	www. circ. gov. cn	58.40
23	工商总局	www. saic. gov. cn	57.52
24	科技部	www. most. gov. cn	56.58
25	证监会	www. csrc. gov. cn	55.46
26	税务总局	www. chinatax. gov. cn	55.20
27	地震局	www. cea. gov. cn	54.05
28	林业局	www. forestry. gov. cn	53.74
29	住房城乡建设部	www. mohurd. gov. cn	53.44
30	国资委	www. sasac. gov. cn	52.58
31	国务院法制办	www. chinalaw. gov. cn	52.47
32	银监会	www. cbrc. gov. cn	52.12
33	旅游局	www. cnta. gov. cn	51.02
34	民政部	www. mca. gov. cn	50.11
35	水利部	www. mwr. gov. cn	49.98
36	民航局	www. caac. gov. cn	49.25
37	安全监管总局	www. chinasafety. gov. cn	49.16
38	卫生和计划生育委员会	www. chinapop. gov. cn	48.73
39	监察部	www. mos. gov. cn	48.34

排名	部委名称	网站	得分
40	公务员局	www. scs. gov. cn	47.68
41	体育总局	www. sport. gov. cn	47.27
42	审计署	www. audit. gov. cn	44.99
43	自然科学基金会	www. nsfc. gov. cn	42.54
44	测绘地信局	www. sbsm. gov. cn	42.45
45	国家民委	www. seac. gov. cn	40.48
46	信访局	www. gjxfj. gov. cn	40.16
47	烟草局	www. tobacco. gov. cn	40.00
48	文物局	www. sach. gov. cn	39.87
49	外汇局	www. safe. gov. cn	38.65
50	环境保护部	www. mep. gov. cn	38.51
51	发改委	www. ndrc. gov. cn	37.70
52	中医药局	www. satcm. gov. cn	37.64
53	中国工程院	www. cae. cn	37.54
54	预防腐败局	www. nbcp. gov. cn	37.50
55	煤矿安监局	www. chinacoal - safety. gov. cn	37.49
56	海洋局	www. soa. gov. cn	37.03
57	国务院侨办	www. gqb. gov. cn	35.76
58	能源局	www. nea. gov. cn	35.74
59	粮食局	www. chinagrain. gov. cn	35.70
60	国管局	www. ggj. gov. cn	33.11
61	外专局	www. safea. gov. cn	33.02
62	国务院发展研究中心	www. drc. gov. cn	32.43
63	文化部	www. mcprc. gov. cn	31.57
64	国务院港澳办	www. hmo. gov. cn	30.65
65	宗教局	www. sara. gov. cn	29.70
66	广电总局	www. chinasarft. gov. cn	29.27
67	国家行政学院	www. nsa. gov. cn	29.11
68	邮政局	www. post. gov. cn	26.74
69	国务院参事室	www. counsellor. gov. cn	26.35
70	社保基金会	www. ssf. gov. cn	24.91
71	中国社科院	www. cass. cn	14.09

注：截至 2013 年 9 月，新闻出版广电总局成立后并未建设新的官方网站，也未指明原新闻出版总署、原广电总局的网站谁为官方网站，因原新闻出版总署、原广电总局的网站还在继续使用，故将这两个网站均纳入了评估范围，分开计算评估分数。农业部网站有政务网和服务网两个版本，本次评估以政务网为主。

在中央部门网站中，外交部、商务部政府网站的得分分别是 75.52 和 70.77，处于中国政府网站互联网影响力的有效转强阶段；财政部等 15 家

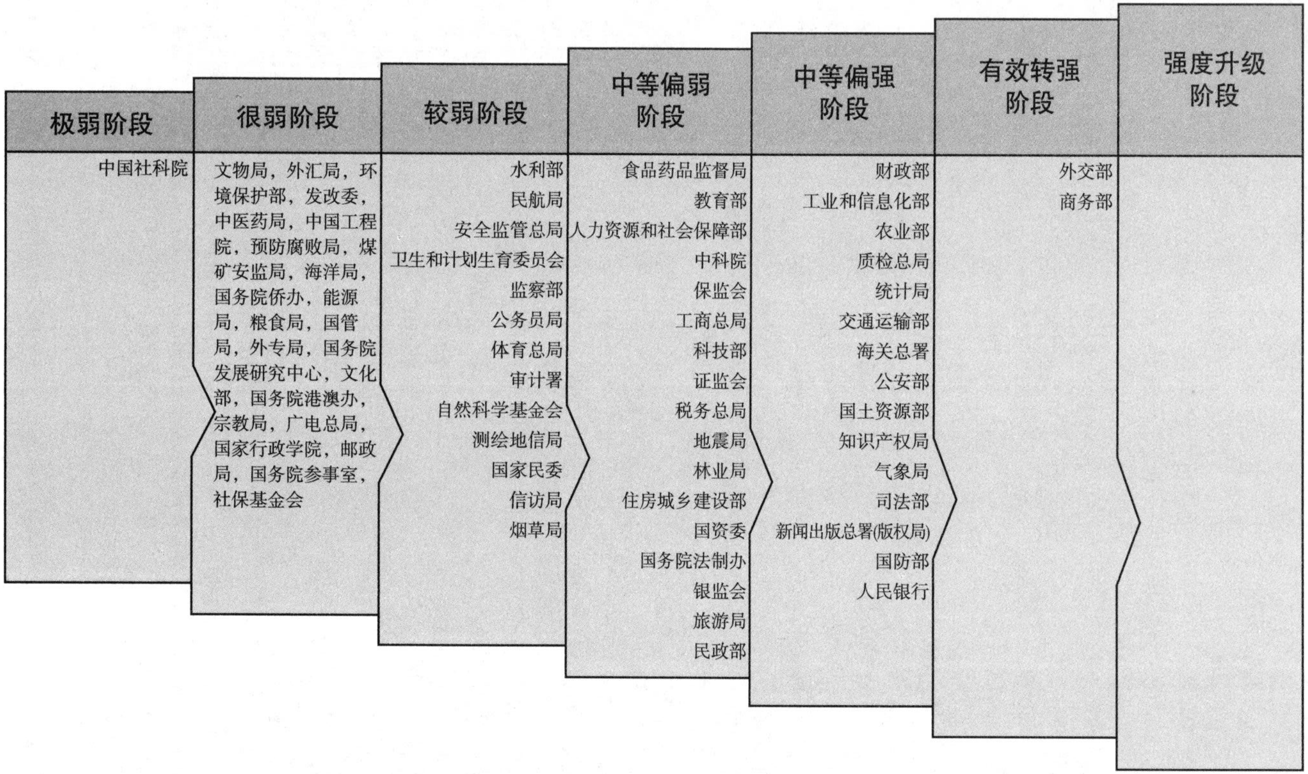

图 2 - 3 中央部门网站互联网影响力指数阶段划分

强度升级阶段

有效转强阶段
外交部
商务部

中等偏强阶段
财政部
工业和信息化部
农业部
质检总局
统计局
交通运输部
海关总署
公安部
国土资源部
知识产权局
气象局
司法部
国防部
新闻出版总署（版权局）
人民银行

中等偏弱阶段
食品药品监督局
教育部
人力资源和社会保障部
中科院
保监会
工商总局
科技部
证监会
税务总局
地震局
林业局
国资委
住房和城乡建设部
国务院法制办
银监会
旅游局
民政部

较弱阶段
水利部
民航局
安全监管总局
卫生和计划生育委员会
监察部
公务员局
体育总局
审计署
自然科学基金会
测绘地信局
国家民委
信访局
烟草局

很弱阶段
文物局，外汇局，环境保护部，发改委，中医药局，中国工程院，预防腐败收局，矿产监局，海洋局，国务院侨办，能源局，粮食局，国管局，外专局，国务院发展研究中心，文化部，国务院港澳办，宗教局，广电总局，邮政局，国家行政学院，国务院参事室，社保基金会

极弱阶段
中国社科院

部委网站得分在 60～70 之间，处于中等偏强阶段；食品药品监督局等 17 家部委网站的互联网影响力处于中等偏弱阶段；水利部等 13 家部委网站的互联网影响力处于较弱阶段；文物局等 23 家部委网站处于互联影响力的很弱阶段；中国社科院网站则处于政府网站互联网影响力的极弱阶段。综上可以看出，我国绝大多数中央部委网站的互联网影响力还处于较弱或很弱阶段，政府网站在互联网上的话语权不强，还有待进一步加强。

（1）搜索引擎加权平均收录数单项排名前 20 名

在各部门网站中，搜索引擎加权平均收录数单项排名前十位的网站依次是商务部、国土资源部、交通运输部、林业局、农业部、财政部、外交部、保监会、统计局、海关总署。排名前二十位的网站如表 2－4 所示。

表 2－4　中央部门政府网站搜索引擎加权平均收录数排名

排名	网站名称	域名	得分
1	商务部	www. mofcom. gov. cn	9. 88
2	国土资源部	www. mlr. gov. cn	9. 64
3	交通运输部	www. moc. gov. cn	9. 52
4	林业局	www. forestry. gov. cn	9. 40
5	农业部	www. moa. gov. cn	9. 28
6	财政部	www. mof. gov. cn	9. 16
7	外交部	www. fmprc. gov. cn	9. 04
8	保监会	www. circ. gov. cn	8. 92
9	统计局	www. stats. gov. cn	8. 80
10	海关总署	www. customs. gov. cn	8. 67
11	中科院	www. cas. cn	8. 55
12	国资委	www. sasac. gov. cn	8. 43
13	知识产权局	www. sipo. gov. cn	8. 31
14	国务院法制办	www. chinalaw. gov. cn	8. 19
15	安全监管总局	www. chinasafety. gov. cn	8. 07
16	国防部	www. mod. gov. cn	7. 95
17	水利部	www. mwr. gov. cn	7. 83
18	地震局	www. cea. gov. cn	7. 71
19	旅游局	www. cnta. gov. cn	7. 59
20	烟草局	www. tobacco. gov. cn	7. 47

（2）搜索引擎收录数增长率单项排名前 20 名

在各部门网站中，搜索引擎收录数增长率单项排名前十位的网站依次是教育部、人力资源和社会保障部、煤矿安监局、司法部、新闻出版总署、公务员局、农业部、外交部、气象局、工业和信息化部。排名前二十位的网站如表2-5所示。

表2-5 中央部门政府网站搜索引擎收录数增长率排名

排名	网站名称	域名	得分
1	教育部	www.moe.gov.cn	9.88
2	人力资源和社会保障部	www.mohrss.gov.cn	9.76
3	煤矿安监局	www.chinacoal-safety.gov.cn	9.64
4	司法部	www.moj.gov.cn	9.52
5	新闻出版总署(版权局)	www.gapp.gov.cn	9.40
6	公务员局	www.scs.gov.cn	9.28
7	农业部	www.moa.gov.cn	9.04
8	外交部	www.fmprc.gov.cn	8.92
9	气象局	www.cma.gov.cn	8.80
10	工业和信息化部	www.miit.gov.cn	8.67
11	国土资源部	www.mlr.gov.cn	8.55
12	银监会	www.cbrc.gov.cn	8.31
13	交通运输部	www.moc.gov.cn	8.19
14	质检总局	www.aqsiq.gov.cn	8.07
15	财政部	www.mof.gov.cn	7.95
16	监察部	www.mos.gov.cn	7.83
17	国务院侨办	www.gqb.gov.cn	7.71
18	商务部	www.mofcom.gov.cn	7.59
19	统计局	www.stats.gov.cn	7.47
20	林业局	www.forestry.gov.cn	7.35

搜索引擎收录数增长率这一指标数据会受到多重因素的影响，如搜索引擎收录基数、搜索引擎用户可见性优化、搜索引擎搜索收录算法、网站内容更新量变化等。网站搜索引擎收录数的基数太小，即使收录量不大，收录数增长率也往往会偏高；网站在运行过程中专项开展了针对搜索引擎的可见性优化工作的，其收录数增长率也会偏高。而且，该指标得分的高低还受到搜索引擎算法、网站自身信息内容量的更新等因素的影响。

（3）网站信息微博转载情况单项排名前 20 名

在各部门网站中，网站信息微博转载情况单项排名前十位的网站依次是证监会、财政部、税务总局、公务员局、司法部、工商总局、国务院法制办、科技部、质检总局、人力资源和社会保障部。排名前二十位的网站如表 2－6 所示。这些网站提供的诸多公共服务与人民群众的日常生活密切相关，在微博上更易受到关注并被转发。

表 2－6　中央部门政府网站微博转载数排名

排名	网站名称	域名	得分
1	证监会	www. csrc. gov. cn	9.86
2	财政部	www. mof. gov. cn	9.72
3	税务总局	www. chinatax. gov. cn	9.58
4	公务员局	www. scs. gov. cn	9.44
5	司法部	www. moj. gov. cn	9.30
6	工商总局	www. saic. gov. cn	9.15
7	国务院法制办	www. chinalaw. gov. cn	9.01
8	科技部	www. most. gov. cn	8.73
9	质检总局	www. aqsiq. gov. cn	8.73
10	人力资源和社会保障部	www. mohrss. gov. cn	8.59
11	食品药品监管局	www. sda. gov. cn	8.45
12	国防部	www. mod. gov. cn	8.17
13	统计局	www. stats. gov. cn	8.17
14	公安部	www. mps. gov. cn	8.03
15	教育部	www. moe. gov. cn	7.89
16	农业部	www. moa. gov. cn	7.75
17	工业和信息化部	www. miit. gov. cn	7.61
18	新闻出版总署（版权局）	www. gapp. gov. cn	7.32
19	中科院	www. cas. cn	7.32
20	国家知识产权局	www. sipo. gov. cn	7.18

（4）百科类网站转载情况单项排名前 20 名

在各部门网站中，百科类网站转载情况单项排名前十位的网站依次是统计局、知识产权局、人民银行、税务总局、海关总署、外交部、人力资源和社会保障部、食品药品监管局、财政部、外汇局。排名前二十位的网站如表 2－7 所示。

表 2 - 7　中央部门政府网站百科类网站转载排名

排名	网站名称	域名	得分
1	统计局	www. stats. gov. cn	9. 88
2	知识产权局	www. sipo. gov. cn	9. 76
3	人民银行	www. pbc. gov. cn	9. 64
4	税务总局	www. chinatax. gov. cn	9. 52
5	海关总署	www. customs. gov. cn	9. 40
6	外交部	www. fmprc. gov. cn	9. 28
7	人力资源和社会保障部	www. mohrss. gov. cn	9. 16
8	食品药品监管局	www. sda. gov. cn	9. 04
9	财政部	www. mof. gov. cn	8. 92
10	外汇局	www. safe. gov. cn	8. 80
11	公安部	www. mps. gov. cn	8. 67
12	质检总局	www. aqsiq. gov. cn	8. 55
13	中国气象局	www. cma. gov. cn	8. 43
14	商务部	www. mofcom. gov. cn	8. 31
15	证监会	www. csrc. gov. cn	8. 19
16	保监会	www. circ. gov. cn	8. 07
17	国土资源部	www. mlr. gov. cn	7. 95
18	交通运输部	www. moc. gov. cn	7. 83
19	民航局	www. caac. gov. cn	7. 71
20	工商总局	www. saic. gov. cn	7. 59

（5）移动终端兼容性满分网站

在各个部门网站中，外交部、国防部、监察部、卫生和计划生育委员会、安全监管总局、国务院港澳办、国务院法制办、能源局、煤矿安监局网站对移动终端的兼容性最好，在移动测试终端下均能正常访问。得分在十分以下的网站，至少有部分功能不能被移动终端正常访问，因此不再单独排名。

表 2 - 8　中央部门移动终端兼容性满分网站

网站名称	域名	得分
外交部	www. fmprc. gov. cn	10. 00
国防部	www. mod. gov. cn	10. 00
监察部	www. mos. gov. cn	10. 00
卫生和计划生育委员会	www. chinapop. gov. cn	10. 00

续表

网站名称	域名	得分
安全监管总局	www. chinasafety. gov. cn	10.00
国务院港澳办	www. hmo. gov. cn	10.00
国务院法制办	www. chinalaw. gov. cn	10.00
能源局	www. nea. gov. cn	10.00
煤矿安监局	www. chinacoal － safety. gov. cn	10.00

2. 国务院组成部门

在 24 家国务院组成部门中，政府网站互联网影响力综合排名位于前十位的依次是外交部、商务部、财政部、工业和信息化部、农业部、交通运输部、公安部、国土资源部、司法部、国防部。

表 2 － 9　国务院组成部门政府网站互联网影响力排名

排名	部委名称	评估网站	得分
1	外交部	www. fmprc. gov. cn	75.52
2	商务部	www. mofcom. gov. cn	70.77
3	财政部	www. mof. gov. cn	68.26
4	工业和信息化部	www. miit. gov. cn	67.61
5	农业部	www. moa. gov. cn	67.24
6	交通运输部	www. moc. gov. cn	64.72
7	公安部	www. mps. gov. cn	64.09
8	国土资源部	www. mlr. gov. cn	63.40
9	司法部	www. moj. gov. cn	61.56
10	国防部	www. mod. gov. cn	60.81
11	人民银行	www. pbc. gov. cn	60.46
12	教育部	www. moe. gov. cn	59.28
13	人力资源和社会保障部	www. mohrss. gov. cn	58.91
14	科技部	www. most. gov. cn	56.58
15	住房城乡建设部	www. mohurd. gov. cn	53.44
16	民政部	www. mca. gov. cn	50.11
17	水利部	www. mwr. gov. cn	49.98
18	卫生和计划生育委员会	www. chinapop. gov. cn	48.73
19	监察部	www. mos. gov. cn	48.34
20	审计署	www. audit. gov. cn	44.99
21	国家民委	www. seac. gov. cn	40.48
22	环境保护部	www. mep. gov. cn	38.51
23	发改委	www. ndrc. gov. cn	37.70
24	文化部	www. mcprc. gov. cn	31.57

3. 国务院直属特设机构

国务院直属特设机构国资委网站的互联网影响力指数为 52.58 分，处于中央部委网站的中等水平。

表 2 - 10　　国务院直属特设机构政府网站互联网影响力

国资委	www.sasac.gov.cn	52.58

4. 国务院直属机构

在国务院直属机构中，政府网站互联网影响力综合排名居于前十位的依次是质检总局、统计局、海关总署、知识产权局、新闻出版总署、工商总局、税务总局、林业局、旅游局、安全监管总局。

表 2 - 11　　国务院直属机构政府网站互联网影响力排名

排名	国务院直属机构	网站	得分
1	质检总局	www.aqsiq.gov.cn	66.59
2	统计局	www.stats.gov.cn	64.82
3	海关总署	www.customs.gov.cn	64.35
4	知识产权局	www.sipo.gov.cn	62.88
5	新闻出版总署(版权局)	www.gapp.gov.cn	61.15
6	工商总局	www.saic.gov.cn	57.52
7	税务总局	www.chinatax.gov.cn	55.20
8	林业局	www.forestry.gov.cn	53.74
9	旅游局	www.cnta.gov.cn	51.02
10	安全监管总局	www.chinasafety.gov.cn	49.16
11	体育总局	www.sport.gov.cn	47.27
12	预防腐败局	www.nbcp.gov.cn	37.50
13	国管局	www.ggj.gov.cn	33.11
14	宗教局	www.sara.gov.cn	29.70
15	广电总局	www.chinasarft.gov.cn	29.27
16	国务院参事室	www.counsellor.gov.cn	26.35

5. 国务院办事机构

在三个国务院办事机构中，法制办网站的互联网影响力得分最高，为 52.47 分。

表 2 – 12 国务院办事机构政府网站互联网影响力排名

排名	国务院直属机构	网站	得分
1	国务院法制办	www. chinalaw. gov. cn	52.47
2	国务院侨办	www. gqb. gov. cn	35.76
3	国务院港澳办	www. hmo. gov. cn	30.65

6. 国务院直属事业单位

在国务院直属事业单位中，网站互联网影响力综合排名居于前五位的依次是气象局、中科院、保监会、证监会、地震局。

表 2 – 13 国务院直属事业单位政府网站互联网影响力排名

排名	国务院直属机构	网站	得分
1	中国气象局	www. cma. gov. cn	61.57
2	中科院	www. cas. cn	58.61
3	保监会	www. circ. gov. cn	58.40
4	证监会	www. csrc. gov. cn	55.46
5	地震局	www. cea. gov. cn	54.05
6	银监会	www. cbrc. gov. cn	52.12
7	自然科学基金会	www. nsfc. gov. cn	42.54
8	中国工程院	www. cae. cn	37.54
9	国务院发展研究中心	www. drc. gov. cn	32.43
10	国家行政学院	www. nsa. gov. cn	29.11
11	社保基金会	www. ssf. gov. cn	24.91
12	中国社科院	www. cass. cn	14.09

7. 国务院部委管理的国家局

在国务院部委管理的国家局中，网站互联网影响力综合排名前五名依次是食品药品监管局、民航局、公务员局、测绘地信局、信访局。

表 2 – 14　国务院部委管理的国家局政府网站互联网影响力排名

排名	国家局	网站	得分
1	食品药品监管局	www. sda. gov. cn	59.34
2	民航局	www. caac. gov. cn	49.25
3	公务员局	www. scs. gov. cn	47.68
4	测绘地信局	www. sbsm. gov. cn	42.45
5	信访局	www. gjxfj. gov. cn	40.16
6	烟草局	www. tobacco. gov. cn	40.00
7	文物局	www. sach. gov. cn	39.87
8	外汇局	www. safe. gov. cn	38.65
9	中医药局	www. satcm. gov. cn	37.64
10	煤矿安监局	www. chinacoal – safety. gov. cn	37.49
11	海洋局	www. soa. gov. cn	37.03
12	能源局	www. nea. gov. cn	35.74
13	粮食局	www. chinagrain. gov. cn	35.70
14	外专局	www. safea. gov. cn	33.02
15	邮政局	www. post. gov. cn	26.74

（三）　省级政府门户网站互联网影响力指数

1. 总体排名

省级政府网站互联网影响力综合排名前十名依次是上海、重庆、北京、四川、陕西、辽宁、福建、海南、河南、广东。

表 2 – 15　省级政府门户网站互联网影响力排名

排名	省市区	政府网站	得分
1	上海	www. shanghai. gov. cn	75.86
2	重庆	www. cq. gov. cn	71.15
3	北京	www. beijing. gov. cn	70.77
4	四川	www. sc. gov. cn	69.94
5	陕西	www. shaanxi. gov. cn	68.86
6	辽宁	www. ln. gov. cn	68.42
7	福建	www. fujian. gov. cn	67.95

排名	省市区	政府网站	得分
8	海南	www.hainan.gov.cn	64.29
9	河南	www.henan.gov.cn	64.26
10	广东	www.gd.gov.cn	63.70
11	湖南	www.hunan.gov.cn	63.60
12	江西	www.jiangxi.gov.cn	63.27
13	香港	www.gov.hk	59.76
14	安徽	www.ah.gov.cn	59.58
15	吉林	www.jl.gov.cn	58.89
16	天津	www.tj.gov.cn	57.87
17	黑龙江	www.hlj.gov.cn	56.06
18	河北	www.hebei.gov.cn	55.17
19	云南	www.yn.gov.cn	54.29
20	内蒙古	www.nmg.gov.cn	53.39
21	湖北	www.hubei.gov.cn	52.34
22	新疆维吾尔自治区	www.xinjiang.gov.cn	50.01
23	江苏	www.jiangsu.gov.cn	44.56
24	甘肃	www.gansu.gov.cn	43.97
25	广西	www.gxzf.gov.cn	43.72
26	宁夏	www.nx.gov.cn	42.62
27	山西	www.shanxigov.cn	42.09
28	山东	www.shandong.gov.cn	41.97
29	贵州	www.gzgov.gov.cn	38.88
30	澳门	www.gov.mo	38.10
31	浙江	www.zhejiang.gov.cn	35.83
32	青海	www.qh.gov.cn	31.69
33	西藏	www.xizang.gov.cn	30.93
34	新疆生产建设兵团	www.xjbt.gov.cn	19.84

在34家省政府门户网站中，仅有上海、重庆、北京的政府门户网站处于互联网影响力的有效转强阶段，在互联网上话语权正日益增强；四川、陕西、辽宁、福建、海南、河南、广东、湖南、江西这9家省政府门户网站正处在互联网影响力的中等偏强阶段，能在一定程度上发挥政府网站传递"正能量"的作用；其余省份的政府网站还多处于政府网站互联网影响力的中等偏弱或较弱阶段，还需大力提升。

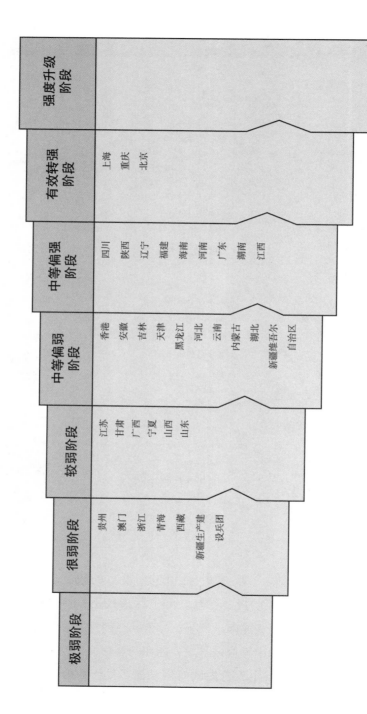

图 2 - 4　省级政府门户网站互联网影响力指数阶段划分

2. 搜索引擎加权平均收录数单项排名前 20 名

在省级政府门户网站中，搜索引擎加权平均收录数单项排名排在前十位的政府网站依次是黑龙江省、河北省、四川省、辽宁省、河南省、福建省、上海市、海南省、北京市、山西省。排名前二十位的网站如下表所示。

表 2 - 16　省级政府门户网站搜索引擎加权平均收录数排名

排名	省市区	政府网站	得分
1	黑龙江	www.hlj.gov.cn	10.00
2	河北	www.hebei.gov.cn	9.71
3	四川	www.sc.gov.cn	9.41
4	辽宁	www.ln.gov.cn	9.12
5	河南	www.henan.gov.cn	8.82
6	福建	www.fujian.gov.cn	8.53
7	上海	www.shanghai.gov.cn	8.24
8	海南	www.hainan.gov.cn	7.94
9	北京	www.beijing.gov.cn	7.65
10	山西	www.shanxigov.cn	7.35
11	吉林	www.jl.gov.cn	7.06
12	江苏	www.jiangsu.gov.cn	6.76
13	陕西	www.shaanxi.gov.cn	6.47
14	天津	www.tj.gov.cn	6.18
15	湖北	www.hubei.gov.cn	5.88
16	江西	www.jiangxi.gov.cn	5.59
17	重庆	www.cq.gov.cn	5.29
18	湖南	www.hunan.gov.cn	5.00
19	广东	www.gd.gov.cn	4.71
20	内蒙古自治区	www.nmg.gov.cn	4.41

3. 搜索引擎收录数增长率单项排名前 20 名

在省级政府门户网站中，搜索引擎收录数增长率单项排名排在前十位的政府网站依次是江西省、安徽省、内蒙古自治区、宁夏回族自治区、云南省、北京市、福建省、陕西省、天津市、黑龙江省。江西省政府门户网站在 2013 年实施了搜索引擎用户可见性优化工作，收录数增长较快。排名前二十位的网站如下表所示。

表 2 - 17   省政府门户网站搜索引擎收录数增长率前 20 名

排名	省市区	政府网站	得分
1	江西	www.jiangxi.gov.cn	10
2	安徽	www.ah.gov.cn	9.71
3	内蒙古自治区	www.nmg.gov.cn	9.41
4	宁夏	www.nx.gov.cn	9.12
5	云南	www.yn.gov.cn	8.82
6	北京	www.beijing.gov.cn	8.53
7	福建	www.fujian.gov.cn	8.24
8	陕西	www.shaanxi.gov.cn	7.94
9	天津	www.tj.gov.cn	7.65
10	黑龙江	www.hlj.gov.cn	7.35
11	河南	www.henan.gov.cn	7.06
12	甘肃	www.gansu.gov.cn	6.76
13	辽宁	www.ln.gov.cn	6.47
14	澳门	www.gov.mo	6.18
15	广东	www.gd.gov.cn	5.88
16	上海	www.shanghai.gov.cn	5.59
17	广西	www.gxzf.gov.cn	5.29
18	山西	www.shanxigov.cn	5.00
19	四川	www.sc.gov.cn	4.71
20	河北	www.hebei.gov.cn	4.41

4. 网站信息微博转载情况单项排名前 20 名

在省级政府门户网站中，网站信息微博转载情况单项排名排在前十位的政府网站依次是海南省、重庆市、上海市、辽宁省、河南省、天津市、香港特别行政区、北京市、四川省、安徽省。排名前二十位的网站如下表所示。

表 2 - 18   省级政府门户网站微博转载前 20 名

排名	省市区	政府网站	得分
1	海南	www.hainan.gov.cn	9.71
2	重庆	www.cq.gov.cn	9.41
3	上海	www.shanghai.gov.cn	9.12
4	辽宁	www.ln.gov.cn	8.82
5	河南	www.henan.gov.cn	8.53

续表

排名	省市区	政府网站	得分
6	天津	www.tj.gov.cn	8.24
7	香港	www.gov.hk	7.94
8	北京	www.beijing.gov.cn	7.65
9	四川	www.sc.gov.cn	7.35
10	安徽	www.ah.gov.cn	7.06
11	湖南	www.hunan.gov.cn	6.47
12	新疆维吾尔自治区	www.xinjiang.gov.cn	6.47
13	广东	www.gd.gov.cn	6.18
14	江西	www.jiangxi.gov.cn	5.88
15	吉林	www.jl.gov.cn	5.59
16	新疆生产建设兵团	www.xjbt.gov.cn	5.29
17	湖北	www.hubei.gov.cn	5.00
18	广西	www.gxzf.gov.cn	4.41
19	陕西	www.shaanxi.gov.cn	4.41
20	澳门	www.gov.mo	4.12

5. 百科类网站转载情况单项排名前20名

在省级政府门户网站中，百科类网站转载情况单项排名排在前十位的政府网站依次是上海市、北京市、重庆市、广东省、河南省、云南省、香港、辽宁省、陕西省、四川省。排名前二十位的网站如下表所示。

表 2-19　省级政府门户网站百科网站转载前 20 名

排名	省市区	政府网站	得分
1	上海	www.shanghai.gov.cn	9.81
2	北京	www.beijing.gov.cn	9.71
3	重庆	www.cq.gov.cn	9.41
4	广东	www.gd.gov.cn	9.12
5	河南	www.henan.gov.cn	8.82
6	云南	www.yn.gov.cn	8.53
7	香港	www.gov.hk	8.24
8	辽宁	www.ln.gov.cn	7.94
9	陕西	www.shaanxi.gov.cn	7.65
10	四川	www.sc.gov.cn	7.35

续表

排名	省市区	政府网站	得分
11	河北	www. hebei. gov. cn	7. 06
12	吉林	www. jl. gov. cn	6. 76
13	天津	www. tj. gov. cn	6. 47
14	海南	www. hainan. gov. cn	6. 18
15	安徽	www. ah. gov. cn	5. 88
16	山东	www. shandong. gov. cn	5. 59
17	福建	www. fujian. gov. cn	5. 00
18	湖南	www. hunan. gov. cn	5. 00
19	湖北	www. hubei. gov. cn	4. 71
20	山西	www. shanxigov. cn	4. 41

6. 移动终端兼容性满分网站

在省级政府门户网站中，上海市、湖北省、湖南省、四川省、青海省、香港特别行政区的政府门户网站对移动终端的兼容性最好，在移动测试终端中均能正常访问。在 2013 年芦山地震事件之后，四川政府网站对移动终端兼容性快速进行改造，收到很好的效果。

表 2 - 20　移动终端兼容性满分的省级政府门户网站

省市区	域名	得分
上海	www. shanghai. gov. cn	10. 00
湖北	www. hubei. gov. cn	10. 00
湖南	www. hunan. gov. cn	10. 00
四川	www. sc. gov. cn	10. 00
青海	www. qh. gov. cn	10. 00
香港	www. gov. hk	10. 00

（四）　省会城市政府门户网站互联网影响力指数

1. 总体排名

省会城市政府门户网站互联网影响力综合排名前十名依次是成都市、长沙市、广州市、南昌市、合肥市、福州市、南宁市、南京市、郑州市、昆明市。成都市政府门户网站的得分为 75.97，是此次参评政府网站互联网影响力指数的最高分，这与其 2011 年开始实施的搜索引擎用户可见性优化、政府主题与议程服务智能化探索不无关系。

表 2 – 21 省会城市政府门户网站互联网影响力指数排名

排名	省会城市	所属省份	域名	总分
1	成都市	四川省	www. chengdu. gov. cn	75.97
2	长沙市	湖南省	www. changsha. gov. cn	69.82
3	广州市	广东省	www. gz. gov. cn	67.67
4	南昌市	江西省	www. nc. gov. cn	67.5
5	合肥市	安徽省	www. hefei. gov. cn	67.06
6	福州市	福建省	www. fuzhou. gov. cn	64.5
7	南宁市	广西自治区	www. nanning. gov. cn	64.48
8	南京市	江苏省	www. nanjing. gov. cn	62.06
9	郑州市	河南省	www. zhengzhou. gov. cn	61.79
10	昆明市	云南省	www. km. gov. cn	61.22
11	济南市	山东省	www. jinan. gov. cn	59.89
12	呼和浩特市	内蒙古自治区	www. huhhot. gov. cn	59.28
13	哈尔滨市	黑龙江省	www. harbin. gov. cn	59.11
14	石家庄市	河北省	www. sjz. gov. cn	58.45
15	海口市	海南省	www. haikou. gov. cn	57.56
16	贵阳市	贵州省	www. gygov. gov. cn	55.3
17	西宁市	青海省	www. xining. gov. cn	50.92
18	西安市	陕西省	www. xa. gov. cn	49.19
19	武汉市	湖北省	www. wuhan. gov. cn	48.28
20	太原市	山西省	www. taiyuan. gov. cn	47.98
21	沈阳市	辽宁省	www. shenyang. gov. cn	45.25
22	拉萨市	西藏自治区	www. lasa. gov. cn	43.11
23	银川市	宁夏回族自治区	www. yinchuan. gov. cn	42.6
24	乌鲁木齐市	新疆维吾尔自治区	www. urumqi. gov. cn	41.28
25	兰州市	甘肃省	www. lanzhou. gov. cn	36.11
26	长春市	吉林省	www. ccszf. gov. cn	32.86
27	杭州市	浙江省	hz. zj. gov. cn	31.19

注：此处省会城市政府门户不包括直辖市、特别行政区网站。

在参评的 27 家省会城市政府网站中，仅有成都市一家政府网站的互联网影响力指数处于有效转强阶段，在互联网中具有较大的话语权，能够较好地传递政府网站信息。而其余多数省会政府网站互联网影响力还处于中等偏强或中等偏弱阶段，需大力加强。

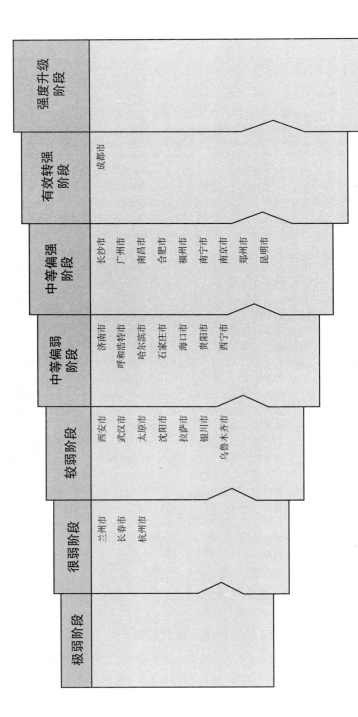

图 2 - 5　省会城市政府门户网站互联网影响力指数阶段划分

2. 搜索引擎加权平均收录数单项排名前 20 名

在省会城市门户网站中，搜索引擎收录数单项排名排在前十位的政府网站依次是成都市、合肥市、南宁市、福州市、南昌市、昆明市、呼和浩特市、贵阳市、南京市、长沙市。排名前二十位的网站如下表所示。

表 2 - 22　省会城市政府门户网站搜索引擎加权平均收录数前 20 名

排名	省会城市	所属省份	域名	总分
1	成都市	四川省	www. chengdu. gov. cn	10. 00
2	合肥市	安徽省	www. hefei. gov. cn	9. 98
3	南宁市	广西自治区	www. nanning. gov. cn	9. 82
4	福州市	福建省	www. fuzhou. gov. cn	9. 73
5	南昌市	江西省	www. nc. gov. cn	9. 57
6	昆明市	云南省	www. km. gov. cn	9. 31
7	呼和浩特市	内蒙古自治区	www. huhhot. gov. cn	8. 90
8	贵阳市	贵州省	www. gygov. gov. cn	8. 88
9	南京市	江苏省	www. nanjing. gov. cn	8. 67
10	长沙市	湖南省	www. changsha. gov. cn	8. 63
11	海口市	海南省	www. haikou. gov. cn	8. 12
12	石家庄市	河北省	www. sjz. gov. cn	7. 85
13	广州市	广东省	www. gz. gov. cn	7. 33
14	银川市	宁夏回族自治区	www. yinchuan. gov. cn	7. 19
15	济南市	山东省	www. jinan. gov. cn	6. 67
16	乌鲁木齐市	新疆维吾尔自治区	www. urumqi. gov. cn	6. 54
17	哈尔滨市	黑龙江省	www. harbin. gov. cn	6. 00
18	拉萨市	西藏自治区	www. lasa. gov. cn	6. 00
19	西宁市	青海省	www. xining. gov. cn	5. 19
20	郑州市	河南省	www. zhengzhou. gov. cn	4. 92

3. 搜索引擎收录数增长率单项排名前 20 名

在省会城市门户网站中，搜索引擎收录数增长率单项排名排在前十位的政府网站依次是成都市、南宁市、昆明市、哈尔滨市、长沙市、太原市、南京市、合肥市、兰州市、广州市。排名前二十位的网站如下表所示。

表 2 - 23　省会城市政府门户网站搜索引擎增长率前 20 名

排名	省会城市	所属省份	域名	总分
1	成都市	四川省	www. chengdu. gov. cn	10. 00
2	南宁市	广西自治区	www. nanning. gov. cn	8. 83
3	昆明市	云南省	www. km. gov. cn	8. 63
4	哈尔滨市	黑龙江省	www. harbin. gov. cn	8. 00
5	长沙市	湖南省	www. changsha. gov. cn	7. 19
6	太原市	山西省	www. taiyuan. gov. cn	6. 80
7	南京市	江苏省	www. nanjing. gov. cn	6. 67
8	合肥市	安徽省	www. hefei. gov. cn	6. 57
9	兰州市	甘肃省	www. lanzhou. gov. cn	6. 36
10	广州市	广东省	www. gz. gov. cn	6. 00
11	石家庄市	河北省	www. sjz. gov. cn	5. 40
12	呼和浩特市	内蒙古自治区	www. huhhot. gov. cn	5. 15
13	海口市	海南省	www. haikou. gov. cn	5. 10
14	乌鲁木齐市	新疆维吾尔自治区	www. urumqi. gov. cn	5. 06
15	郑州市	河南省	www. zhengzhou. gov. cn	4. 94
16	福州市	福建省	www. fuzhou. gov. cn	4. 74
17	济南市	山东省	www. jinan. gov. cn	4. 67
18	南昌市	江西省	www. nc. gov. cn	4. 44
19	拉萨市	西藏自治区	www. lasa. gov. cn	3. 43
20	银川市	宁夏回族自治区	www. yinchuan. gov. cn	3. 34

4. 网站信息微博转载情况单项排名前 20 名

在省会城市门户网站中，网站信息微博转载情况单项排名排在前十位的政府网站依次是福州市、昆明市、石家庄市、海口市、南昌市、合肥市、兰州市、太原市、拉萨市、银川市。排名前二十位的网站如下表所示。

表 2 - 24　省会城市政府门户网站微博转载前 20 名

排名	省会城市	所属省份	域名	总分
1	福州市	福建省	www. fuzhou. gov. cn	9. 91
2	昆明市	云南省	www. km. gov. cn	9. 68
3	石家庄市	河北省	www. sjz. gov. cn	9. 68
4	海口市	海南省	www. haikou. gov. cn	9. 66
5	南昌市	江西省	www. nc. gov. cn	9. 52

续表

排名	省会城市	所属省份	域名	总分
6	合肥市	安徽省	www. hefei. gov. cn	9.38
7	兰州市	甘肃省	www. lanzhou. gov. cn	9.29
8	太原市	山西省	www. taiyuan. gov. cn	9.18
9	拉萨市	西藏自治区	www. lasa. gov. cn	9.18
10	银川市	宁夏回族自治区	www. yinchuan. gov. cn	9.18
11	成都市	四川省	www. chengdu. gov. cn	9.07
12	呼和浩特市	内蒙古自治区	www. huhhot. gov. cn	8.01
13	南宁市	广西自治区	www. nanning. gov. cn	8.01
14	广州市	广东省	www. gz. gov. cn	7.33
15	长沙市	湖南省	www. changsha. gov. cn	6.80
16	长春市	吉林省	www. ccszf. gov. cn	5.33
17	郑州市	河南省	www. zhengzhou. gov. cn	4.92
18	贵阳市	贵州省	www. gygov. gov. cn	4.92
19	乌鲁木齐市	新疆维吾尔自治区	www. urumqi. gov. cn	4.92
20	西安市	陕西省	www. xa. gov. cn	4.67

5. 百科类网站转载情况单项排名前 20 名

在省会城市门户网站中，百科类网站转载情况单项排名排在前十位的政府网站依次是南宁市、合肥市、石家庄市、长沙市、乌鲁木齐市、郑州市、福州市、南昌市、贵阳市、成都市。排名前二十位的网站如下表所示。

表 2 - 25　省会城市政府门户网站百科转载前 20 名

排名	省会城市	所属省份	域名	总分
1	南宁市	广西自治区	www. nanning. gov. cn	9.98
2	合肥市	安徽省	www. hefei. gov. cn	9.93
3	石家庄市	河北省	www. sjz. gov. cn	9.15
4	长沙市	湖南省	www. changsha. gov. cn	9.06
5	乌鲁木齐市	新疆维吾尔自治区	www. urumqi. gov. cn	9.02
6	郑州市	河南省	www. zhengzhou. gov. cn	8.97

续表

排名	省会城市	所属省份	域名	总分
7	福州市	福建省	www. fuzhou. gov. cn	8.88
8	南昌市	江西省	www. nc. gov. cn	8.76
9	贵阳市	贵州省	www. gygov. gov. cn	8.70
10	成都市	四川省	www. chengdu. gov. cn	8.67
11	海口市	海南省	www. haikou. gov. cn	8.15
12	沈阳市	辽宁省	www. shenyang. gov. cn	8.00
13	太原市	山西省	www. taiyuan. gov. cn	7.92
14	昆明市	云南省	www. *km*. gov. cn	7.41
15	西安市	陕西省	www. xa. gov. cn	7.33
16	呼和浩特市	内蒙古自治区	www. huhhot. gov. cn	6.84
17	济南市	山东省	www. jinan. gov. cn	6.67
18	拉萨市	西藏自治区	www. lasa. gov. cn	6.43
19	南京市	江苏省	www. nanjing. gov. cn	6.00
20	银川市	宁夏回族自治区	www. yinchuan. gov. cn	6.00

6. 移动终端兼容性满分网站

在省会城市政府网站中，太原市、沈阳市、南京市、广州市的政府门户网站对移动终端兼容性最好，在移动测试终端下均能正常访问。

表 2 – 26　移动终端兼容满分的省会城市

省会城市	所属省份	域名	总分
太原市	山西省	www. taiyuan. gov. cn	10
沈阳市	辽宁省	www. shenyang. gov. cn	10
南京市	江苏省	www. nanjing. gov. cn	10
广州市	广东省	www. gz. gov. cn	10

（五）　副省级市政府门户网站互联网影响力指数

1. 总体排名

副省级市政府网站互联网影响力综合排名前五名依次是成都、深圳、广州、厦门、青岛。

表 2 - 27 副省级市政府门户网站互联网影响力指数排名

排名	副省级市	网站	总分
1	成都	www. chengdu. gov. cn	75.97
2	深圳	www. sz. gov. cn	74.81
3	广州	www. gz. gov. cn	67.67
4	厦门	www. xm. gov. cn	67.03
5	青岛	www. qingdao. gov. cn	64.11
6	南京	www. nanjing. gov. cn	62.06
7	济南	www. jinan. gov. cn	59.89
8	大连	www. dl. gov. cn	59.42
9	哈尔滨	www. harbin. gov. cn	59.11
10	西安	www. xa. gov. cn	49.19
11	宁波	nb. zj. gov. cn	48.37
12	武汉	www. wuhan. gov. cn	48.28
13	沈阳	www. shenyang. gov. cn	45.25
14	长春	www. ccszf. gov. cn	32.86
15	杭州	hz. zj. gov. cn	31.19

在 15 家副省级市政府网站中，仅有成都、深圳两家政府网站处于互联网影响力的有效转强阶段，其网站互联网影响力具备较大的上升能力。广州、厦门、青岛、南京这四家政府网站处于互联网影响力的中等偏强阶段，其网站对微博等社会化媒体以及重要网络媒体的传播覆盖度还有待进一步提升。此外，长春、杭州、西安、宁波、武汉等副省级市政府门户网站互联网影响力还需大力提升（见图 2 - 6）。

2. 搜索引擎加权平均收录数单项排名前 10 名

在副省级市政府网站中，搜索引擎加权平均收录数单项排名前十名的政府网站依次是成都、深圳、南京、厦门、广州、济南、哈尔滨、青岛、沈阳、西安。

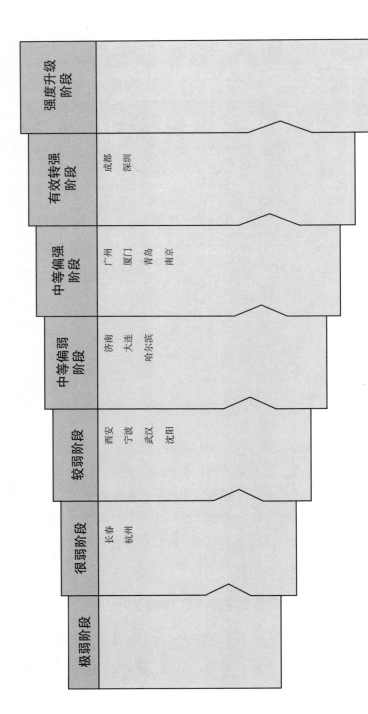

图 2 - 6 副省级市政府门户网站互联网影响力阶段划分

表 2 – 28　副省级市政府门户网站搜索引擎收录数前 10 名

排名	副省级市	网站	总分
1	成都	www.chengdu.gov.cn	10.00
2	深圳	www.sz.gov.cn	9.33
3	南京	www.nanjing.gov.cn	8.67
4	厦门	www.xm.gov.cn	8.00
5	广州	www.gz.gov.cn	7.33
6	济南	www.jinan.gov.cn	6.67
7	哈尔滨	www.harbin.gov.cn	6.00
8	青岛	www.qingdao.gov.cn	5.33
9	沈阳	www.shenyang.gov.cn	4.67
10	西安	www.xa.gov.cn	4.00

3. 搜索引擎收录数增长率单项排名前 10 名

在副省级市政府网站中，搜索引擎收录数增长率单项排名前十名的政府网站依次是成都、宁波、深圳、哈尔滨、大连、南京、广州、厦门、济南、青岛。

表 2 – 29　副省级市政府门户网站搜索引擎收录数增长率前 10 名

排名	副省级市	网站	总分
1	成都	www.chengdu.gov.cn	10.00
2	宁波	nb.zj.gov.cn	9.33
3	深圳	www.sz.gov.cn	8.67
4	哈尔滨	www.harbin.gov.cn	8.00
5	大连	www.dl.gov.cn	7.33
6	南京	www.nanjing.gov.cn	6.67
7	广州	www.gz.gov.cn	6.00
8	厦门	www.xm.gov.cn	5.33
9	济南	www.jinan.gov.cn	4.67
10	青岛	www.qingdao.gov.cn	4.00

4. 网站信息微博转载情况单项排名前 10 名

在副省级市政府网站中，网站信息微博转载情况单项排名前十名的政府网站依次是厦门、成都、深圳、广州、大连、青岛、长春、西安、济南、武汉。

表 2－30　副省级市政府门户网站微博转载前 10 名

排名	副省级市	网站	总分
1	厦门	www.xm.gov.cn	9.33
2	成都	www.chengdu.gov.cn	9.07
3	深圳	www.sz.gov.cn	8.00
4	广州	www.gz.gov.cn	7.33
5	大连	www.dl.gov.cn	6.67
6	青岛	www.qingdao.gov.cn	6.00
7	长春	www.ccszf.gov.cn	5.33
8	西安	www.xa.gov.cn	4.67
9	济南	www.jinan.gov.cn	4.00
10	武汉	www.wuhan.gov.cn	3.33

5. 百科类网站转载情况单项排名前 10 名

在副省级市政府网站中，百科类网站转载情况单项排名前十名的政府网站依次是青岛、深圳、成都、沈阳、西安、济南、南京、哈尔滨、广州、大连。

表 2－31　副省级市政府门户网站百科类网站转载前 10 名

排名	副省级市	网站	总分
1	青岛	www.qingdao.gov.cn	10.00
2	深圳	www.sz.gov.cn	9.33
3	成都	www.chengdu.gov.cn	8.67
4	沈阳	www.shenyang.gov.cn	8.00
5	西安	www.xa.gov.cn	7.33
6	济南	www.jinan.gov.cn	6.67
7	南京	www.nanjing.gov.cn	6.00
8	哈尔滨	www.harbin.gov.cn	5.33
9	广州	www.gz.gov.cn	4.67
10	大连	www.dl.gov.cn	4.00

6. 移动终端兼容性满分网站

在副省级市政府网站中，广州、南京、宁波、沈阳的政府网站对移动终端兼容性最好，在移动测试终端下均能被正常访问。

表 2 - 32　移动终端兼容满分的副省级市政府门户网站

网站名称	域名	得分
广州	www. gz. gov. cn	10.00
南京	www. nanjing. gov. cn	10.00
宁波	nb. zj. gov. cn	10.00
沈阳	www. shenyang. gov. cn	10.00

（六）　地级市政府门户网站互联网影响力指数

1. 总体排名

地级市政府网站互联网影响力综合排名前十名依次是襄阳市、烟台市、晋城市、中山市、张家界市、宿迁市、梅州市、长沙市、漳州市、盐城市。其中，前 7 名地级市政府门户网站的得分均在 70～80 之间，处于政府网站互联网影响力的有效转强阶段。

表 2 - 33　地级市政府门户网站互联网影响力指数排名

排名	城市	所属省份	域名	总分	阶段
1	襄阳市	湖　北	www. xf. gov. cn	74.90	有效转强阶段
2	烟台市	山　东	www. yantai. gov. cn	73.61	
3	晋城市	山　西	www. jconline. cn	71.84	
4	中山市	广　东	www. zs. gov. cn	71.43	
5	张家界市	湖　南	www. zjj. gov. cn	71.21	
6	宿迁市	江　苏	www. suqian. gov. cn	70.73	
7	梅州市	广　东	www. meizhou. gov. cn	70.39	

续表

排名	城市	所属省份	域名	总分	阶段
8	长沙市	湖　南	www. changsha. gov. cn	69.82	
9	漳州市	福　建	www. zhangzhou. gov. cn	69.46	
10	盐城市	江　苏	www. yancheng. gov. cn	69.25	
11	珠海市	广　东	www. zhuhai. gov. cn	69.23	
12	泰州市	江　苏	www. taizhou. gov. cn	69.18	
13	马鞍山市	安　徽	www. mas. gov. cn	68.77	
14	湛江市	广　东	www. zhanjiang. gov. cn	68.58	
15	云浮市	广　东	www. yunfu. gov. cn	68.16	
16	咸阳市	陕　西	www. xianyang. gov. cn	67.74	
17	阜阳市	安　徽	www. fy. gov. cn	67.63	
18	东城区	北　京	www. bjdch. gov. cn	67.55	
19	南昌市	江　西	www. nc. gov. cn	67.50	
20	徐州市	江　苏	www. xz. gov. cn	67.31	
21	合肥市	安　徽	www. hefei. gov. cn	67.06	
22	东营市	山　东	www. dongying. gov. cn	66.90	
23	潮州市	广　东	www. chaozhou. gov. cn	66.77	
24	汕尾市	广　东	www. shanwei. gov. cn	66.72	
25	哈密地区	新　疆	www. hami. gov. cn	66.69	中等偏强阶段
26	汉中市	陕　西	www. hanzhong. gov. cn	66.58	
27	海淀区	北　京	www. bjhd. gov. cn	66.52	
28	德州市	山　东	www. dezhou. gov. cn	66.44	
29	汕头市	广　东	www. shantou. gov. cn	66.38	
30	佛山市	广　东	www. foshan. gov. cn	65.61	
31	衡阳市	湖　南	www. hengyang. gov. cn	65.31	
32	临沂市	山　东	www. linyi. gov. cn	65.30	
33	安康市	陕　西	www. ankang. gov. cn	64.65	
34	苏州市	江　苏	www. suzhou. gov. cn	64.64	
35	肇庆市	广　东	www. zhaoqing. gov. cn	64.55	
36	福州市	福　建	www. fuzhou. gov. cn	64.50	
37	南宁市	广　西	www. nanning. gov. cn	64.48	
38	滨海新区	天　津	www. bh. gov. cn	64.40	
39	常州市	江　苏	www. changzhou. gov. cn	64.36	
40	泉州市	福　建	www. fjqz. gov. cn	64.33	
41	常德市	湖　南	www. changde. gov. cn	64.08	
42	龙岩市	福　建	www. longyan. gov. cn	63.49	
43	莱芜市	山　东	www. laiwu. gov. cn	63.26	

续表

排名	城市	所属省份	域名	总分	阶段
44	南通市	江 苏	www. nantong. gov. cn	62.95	
45	滁州市	安 徽	www. chuzhou. gov. cn	62.89	
46	枣庄市	山 东	www. zaozhuang. gov. cn	62.88	
47	惠州市	广 东	www. huizhou. gov. cn	62.70	
48	株洲市	湖 南	www. zhuzhou. gov. cn	62.68	
49	黄山市	安 徽	www. huangshan. gov. cn	62.64	
50	赣州市	江 西	www. ganzhou. gov. cn	62.31	
51	景德镇市	江 西	www. jdz. gov. cn	62.26	
52	攀枝花市	四 川	www. panzhihua. gov. cn	62.15	
53	郑州市	河 南	www. zhengzhou. gov. cn	61.79	中等
54	淮安市	江 苏	www. huaian. gov. cn	61.76	偏强
55	泰安市	山 东	www. taian. gov. cn	61.72	阶段
56	江门市	广 东	www. jiangmen. gov. cn	61.57	
57	永州市	湖 南	www. yzcity. gov. cn	61.52	
58	怀柔区	北 京	www. bjhr. gov. cn	61.29	
59	延庆县	北 京	www. bjyq. gov. cn	61.26	
60	昆明市	云 南	www. km. gov. cn	61.22	
61	宜昌市	湖 北	www. yichang. gov. cn	60.37	
62	荆州市	湖 北	www. jingzhou. gov. cn	60.34	
63	玉林市	广 西	www. yulin. gov. cn	60.22	
64	辽阳市	辽 宁	www. liaoyang. gov. cn	60.22	
65	北海市	广 西	www. beihai. gov. cn	60.19	
66	白银市	甘 肃	www. baiyin. cn	60.09	
67	沧州市	河 北	www. cangzhou. gov. cn	60.03	
68	东莞市	广 东	www. dg. gov. cn	59.82	
69	蚌埠市	安 徽	www. bengbu. gov. cn	59.76	
70	许昌市	河 南	www. xuchang. gov. cn	59.75	
71	新余市	江 西	www. xinyu. gov. cn	59.74	
72	威海市	山 东	www. weihai. gov. cn	59.71	中等
73	无锡市	江 苏	www. wuxi. gov. cn	59.65	偏弱
74	天门市	湖 北	www. tianmen. gov. cn	59.46	阶段
75	赤峰市	内蒙古	www. chifeng. gov. cn	59.41	
76	黔西南州	贵 州	www. qxn. gov. cn	59.40	
77	安阳市	河 南	www. anyang. gov. cn	59.30	
78	呼和浩特市	内蒙古	www. huhhot. gov. cn	59.28	
79	扬州市	江 苏	www. yangzhou. gov. cn	59.27	

续表

排名	城市	所属省份	域名	总分	阶段
80	抚州市	江 西	www. jxfz. gov. cn	59. 19	
81	六盘水市	贵 州	www. gzlps. gov. cn	58. 76	
82	南平市	福 建	www. np. gov. cn	58. 62	
83	怀化市	湖 南	www. huaihua. gov. cn	58. 54	
84	石家庄市	河 北	www. sjz. gov. cn	58. 45	
85	莆田市	福 建	www. putian. gov. cn	58. 41	
86	六安市	安 徽	www. luan. gov. cn	58. 26	
87	柳州市	广 西	www. liuzhou. gov. cn	58. 22	
88	顺义区	北 京	www. bjshy. gov. cn	58. 17	
89	芜湖市	安 徽	www. wuhu. gov. cn	57. 95	
90	郴州市	湖 南	www. czs. gov. cn	57. 92	
91	平凉市	甘 肃	www. pingliang. gov. cn	57. 87	
92	大兴区	北 京	www. bjdx. gov. cn	57. 79	
93	海口市	海 南	www. haikou. gov. cn	57. 56	
94	安庆市	安 徽	www. anqing. gov. cn	57. 51	
95	朝阳市	辽 宁	www. zgcy. gov. cn	57. 46	
96	鄂州市	湖 北	www. ezhou. gov. cn	57. 24	
97	鹤壁市	河 南	www. hebi. gov. cn	57. 07	中等偏弱阶段
98	聊城市	山 东	www. liaocheng. gov. cn	56. 73	
99	宝山区	上 海	bsq. sh. gov. cn	56. 67	
100	海西州	青 海	www. haixi. gov. cn	56. 67	
101	巴彦淖尔市	内蒙古	www. bynr. gov. cn	56. 48	
102	上饶市	江 西	www. zgsr. gov. cn	56. 45	
103	包头市	内蒙古	www. baotou. gov. cn	56. 33	
104	金山区	上 海	jsq. sh. gov. cn	56. 26	
105	韶关市	广 东	www. shaoguan. gov. cn	56. 06	
106	邵阳市	湖 南	www. shaoyang. gov. cn	56. 01	
107	昌平区	北 京	www. bjchp. gov. cn	55. 98	
108	滨州市	山 东	www. binzhou. gov. cn	55. 90	
109	静安区	上 海	www. jingan. gov. cn	55. 45	
110	内江市	四 川	www. neijiang. gov. cn	55. 40	
111	贵阳市	贵 州	www. gygov. gov. cn	55. 30	
112	商洛市	陕 西	www. shangluo. gov. cn	55. 20	
113	晋中市	山 西	www. sxjz. gov. cn	55. 05	
114	延安市	陕 西	www. yanan. gov. cn	55. 03	
115	十堰市	湖 北	www. shiyan. gov. cn	54. 90	

排名	城市	所属省份	域名	总分	阶段
116	渭南市	陕　西	www. weinan. gov. cn	54. 77	
117	岳阳市	湖　南	www. yueyang. gov. cn	54. 54	
118	长治市	山　西	www. changzhi. gov. cn	54. 44	
119	房山区	北　京	www. bjfsh. gov. cn	54. 41	
120	漯河市	河　南	www. luohe. gov. cn	54. 33	
121	亳州市	安　徽	www. bozhou. gov. cn	54. 25	
122	荆门市	湖　北	www. jingmen. gov. cn	54. 22	
123	丰台区	北　京	www. bjft. gov. cn	54. 21	
124	石景山区	北　京	www. bjsjs. gov. cn	54. 20	
125	黄冈市	湖　北	www. hg. gov. cn	53. 96	
126	秦皇岛市	河　北	www. qhd. gov. cn	53. 95	
127	杨凌示范区	陕　西	www. ylagri. gov. cn	53. 88	
128	娄底市	湖　南	www. hnloudi. gov. cn	53. 80	
129	平顶山市	河　南	www. pds. gov. cn	53. 79	
130	通州区	北　京	www. bjtzh. gov. cn	53. 77	
131	三明市	福　建	www. sm. gov. cn	53. 56	
132	潍坊市	山　东	www. weifang. gov. cn	53. 52	
133	梧州市	广　西	www. wuzhou. gov. cn	53. 50	中等偏弱阶段
134	湘潭市	湖　南	www. xiangtan. gov. cn	53. 40	
135	伊犁哈萨克自治州	新　疆	www. xjyl. gov. cn	53. 33	
136	黑河市	黑龙江	www. heihe. gov. cn	53. 33	
137	奉贤区	上　海	fxq. sh. gov. cn	53. 29	
138	铜陵市	安　徽	www. tl. gov. cn	53. 28	
139	河源市	广　东	www. heyuan. gov. cn	53. 24	
140	濮阳市	河　南	www. puyang. gov. cn	53. 04	
141	乌海市	内蒙古	www. wuhai. gov. cn	52. 85	
142	西城区	北　京	www. bjxch. gov. cn	52. 84	
143	黄石市	湖　北	www. huangshi. gov. cn	52. 56	
144	宣城市	安　徽	www. xuancheng. gov. cn	52. 47	
145	孝感市	湖　北	www. xiaogan. gov. cn	52. 46	
146	宜春市	江　西	www. yichun. gov. cn	52. 30	
147	遵义市	贵　州	www. zunyi. gov. cn	52. 28	
148	宝鸡市	陕　西	www. baoji. gov. cn	52. 09	
149	阳江市	广　东	www. yangjiang. gov. cn	51. 87	
150	德阳市	四　川	www. deyang. gov. cn	51. 86	
151	黔东南州	贵　州	www. qdn. gov. cn	51. 85	

续表

排名	城市	所属省份	域名	总分	阶段
152	玉溪市	云南	www.yuxi.gov.cn	51.81	
153	开封市	河南	www.kaifeng.gov.cn	51.81	
154	德宏州	云南	www.dh.gov.cn	51.78	
155	阿克苏地区	新疆	www.aks.gov.cn	51.76	
156	揭阳市	广东	www.jieyang.gov.cn	51.68	
157	文山州	云南	www.ynws.gov.cn	51.40	
158	通辽市	内蒙古	www.tongliao.gov.cn	51.32	
159	鞍山市	辽宁	www.anshan.gov.cn	51.28	
160	邢台市	河北	www.xingtai.gov.cn	51.25	
161	巴音郭楞蒙古自治州	新疆	www.xjbz.gov.cn	51.25	
162	九江市	江西	www.jiujiang.gov.cn	51.13	
163	眉山市	四川	www.ms.gov.cn	51.09	中等偏弱阶段
164	临汾市	山西	www.linfen.gov.cn	51.02	
165	普陀区	上海	www.ptq.sh.gov.cn	50.93	
166	西宁市	青海	www.xining.gov.cn	50.92	
167	洛阳市	河南	www.ly.gov.cn	50.89	
168	淮北市	安徽	www.huaibei.gov.cn	50.88	
169	宿州市	安徽	www.ahsz.gov.cn	50.56	
170	密云县	北京	www.bjmy.gov.cn	50.55	
171	朝阳区	北京	www.bjchy.gov.cn	50.35	
172	门头沟区	北京	www.bjmtg.gov.cn	50.32	
173	甘孜市	四川	www.gzz.gov.cn	50.26	
174	南充市	四川	www.nanchong.gov.cn	50.19	
175	衡水市	河北	www.hengshui.gov.cn	50.11	
176	达州市	四川	www.dazhou.gov.cn	50.05	
177	广元市	四川	www.cngy.gov.cn	49.81	
178	陇南市	甘肃	www.longnan.gov.cn	49.53	
179	天水市	甘肃	www.tianshui.gov.cn	49.42	
180	济宁市	山东	www.jining.gov.cn	49.41	
181	新乡市	河南	www.xinxiang.gov.cn	49.34	较弱阶段
182	鹰潭市	江西	www.yingtan.gov.cn	49.32	
183	日照市	山东	www.rizhao.gov.cn	49.21	
184	文昌市	海南	www.wenchang.gov.cn	49.19	
185	大庆市	黑龙江	www.daqing.gov.cn	49.15	
186	大理州	云南	www.dali.gov.cn	48.63	
187	红河州	云南	www.hh.gov.cn	48.60	

排名	城市	所属省份	域名	总分	阶段
188	济源市	河 南	www.jiyuan.gov.cn	48.58	
189	焦作市	河 南	www.jiaozuo.gov.cn	48.51	
190	儋州市	海 南	www.danzhou.gov.cn	48.31	
191	信阳市	河 南	www.xinyang.gov.cn	48.18	
192	太原市	山 西	www.taiyuan.gov.cn	47.98	
193	吉安市	江 西	www.jian.gov.cn	47.98	
194	平谷区	北 京	www.bjpg.gov.cn	47.81	
195	七台河市	黑龙江	www.qth.gov.cn	47.75	
196	连云港市	江 苏	www.lyg.gov.cn	47.73	
197	安顺市	贵 州	www.anshun.gov.cn	47.64	
198	平潭综合实验区	福 建	www.pingtan.gov.cn	47.59	
199	和田地区	新 疆	www.xjht.gov.cn	47.47	
200	鸡西市	黑龙江	www.jixi.gov.cn	47.45	
201	满洲里市	内蒙古	www.manzhouli.gov.cn	47.38	
202	商丘市	河 南	www.shangqiu.gov.cn	47.37	
203	海东行署	青 海	www.haidong.gov.cn	47.35	
204	淮南市	安 徽	www.huainan.gov.cn	47.26	
205	忻州市	山 西	www.sxxz.gov.cn	47.23	较弱阶段
206	塔城地区	新 疆	www.xjtc.gov.cn	46.92	
207	营口市	辽 宁	www.yingkou.gov.cn	46.89	
208	武威市	甘 肃	www.ww.gansu.gov.cn	46.86	
209	南阳市	河 南	www.nanyang.gov.cn	46.66	
210	钦州市	广 西	www.qinzhou.gov.cn	46.54	
211	长寿区	重 庆	cs.cq.gov.cn	46.43	
212	茂名市	广 东	www.maoming.gov.cn	46.42	
213	淄博市	山 东	www.zibo.gov.cn	46.33	
214	雅安市	四 川	www.yaan.gov.cn	46.32	
215	广安市	四 川	www.guang-an.gov.cn	46.26	
216	石嘴山市	宁 夏	www.nxszs.gov.cn	46.21	
217	贵港市	广 西	www.gxgg.gov.cn	46.13	
218	清远市	广 东	www.gdqy.gov.cn	46.09	
219	乌兰察布市	内蒙古	www.wulanchabu.gov.cn	46.08	
220	阿坝自治州	四 川	www.abazhou.gov.cn	46.08	
221	四平市	吉 林	www.siping.gov.cn	46.04	
222	湘西自治州	湖 南	www.xxz.gov.cn	46.03	
223	大渡口区	重 庆	www.ddk.gov.cn	45.81	

续表

排名	城市	所属省份	域名	总分	阶段
224	菏泽市	山 东	www. heze. gov. cn	45.77	
225	随州市	湖 北	www. suizhou. gov. cn	45.69	
226	遂宁市	四 川	www. suining. gov. cn	45.58	
227	榆林市	陕 西	www. yl. gov. cn	45.55	
228	廊坊市	河 北	www. lf. gov. cn	45.47	
229	五指山市	海 南	www. wzs. gov. cn	45.43	
230	松江区	上 海	www. songjiang. gov. cn	45.33	
231	博尔塔拉蒙古自治州	新 疆	www. xjboz. gov. cn	45.30	
232	乐山市	四 川	www. leshan. gov. cn	45.27	
233	崇明县	上 海	www. cmx. gov. cn	45.22	
234	池州市	安 徽	www. chizhou. gov. cn	45.15	
235	本溪市	辽 宁	www. benxi. gov. cn	45.07	
236	大兴安岭	黑龙江	www. dxal. gov. cn	44.96	
237	铁岭市	辽 宁	www. tieling. gov. cn	44.87	
238	普洱市	云 南	www. puershi. gov. cn	44.79	
239	吕梁市	山 西	www. lvliang. gov. cn	44.69	
240	三亚市	海 南	www. sanya. gov. cn	44.63	
241	来宾市	广 西	www. laibin. gov. cn	44.62	较弱阶段
242	吉林市	吉 林	www. jlcity. gov. cn	44.57	
243	唐山市	河 北	www. tangshan. gov. cn	44.53	
244	保定市	河 北	www. bd. gov. cn	44.40	
245	宁德市	福 建	www. ningde. gov. cn	44.17	
246	萍乡市	江 西	www. pingxiang. gov. cn	44.14	
247	锦州市	辽 宁	www. jz. gov. cn	44.00	
248	江津区	重 庆	jj. cq. gov. cn	43.91	
249	恩施州	湖 北	www. enshi. gov. cn	43.81	
250	锡林郭勒盟	内蒙古	www. xlgl. gov. cn	43.77	
251	黄浦区	上 海	www. huangpuqu. sh. cn	43.58	
252	三门峡市	河 南	www. smx. gov. cn	43.56	
253	定西市	甘 肃	www. dx. gansu. gov. cn	43.33	
254	镇江市	江 苏	www. zhenjiang. gov. cn	43.20	
255	南开区	天 津	www. tjnk. gov. cn	43.18	
256	克拉玛依市	新 疆	www. klmy. gov. cn	43.14	
257	拉萨市	西 藏	www. lasa. gov. cn	43.11	
258	中卫市	宁 夏	www. nxzw. gov. cn	42.78	
259	周口市	河 南	www. zhoukou. gov. cn	42.73	

续表

排名	城市	所属省份	域名	总分	阶段
260	承德市	河北	www.chengde.gov.cn	42.66	
261	自贡市	四川	www.zg.gov.cn	42.63	
262	银川市	宁夏	www.yinchuan.gov.cn	42.60	
263	葫芦岛市	辽宁	www.hld.gov.cn	42.54	
264	昌吉回族自治州	新疆	www.cj.gov.cn	42.45	
265	临沧市	云南	www.lincang.gov.cn	42.26	
266	经济技术开发区	北京	www.bda.gov.cn	42.25	
267	齐齐哈尔	黑龙江	www.qqhr.gov.cn	41.87	
268	阳泉市	山西	www.yq.gov.cn	41.58	
269	双鸭山市	黑龙江	www.shuangyashan.gov.cn	41.36	
270	奉节县	重庆	fj.cq.gov.cn	41.32	较弱阶段
271	黔江区	重庆	www.qianjiang.gov.cn	41.29	
272	乌鲁木齐市	新疆	www.urumqi.gov.cn	41.28	
273	贺州市	广西	www.gxhz.gov.cn	41.26	
274	巴中市	四川	www.cnbz.gov.cn	41.22	
275	铜川市	陕西	www.tongchuan.gov.cn	40.94	
276	北屯市	新疆	www.btzx.cn	40.75	
277	西双版纳州	云南	www.xsbn.gov.cn	40.51	
278	庆阳市	甘肃	www.zgqingyang.gov.cn	40.30	
279	合川区	重庆	www.hc.gov.cn	40.23	
280	防城港	广西	www.fcgs.gov.cn	40.15	
281	盘锦市	辽宁	www.panjin.gov.cn	40.13	
282	张家口市	河北	www.zjk.gov.cn	40.01	
283	通化市	吉林	www.tonghua.gov.cn	39.96	
284	金昌市	甘肃	www.jc.gansu.gov.cn	39.95	
285	酒泉市	甘肃	www.jiuquan.gov.cn	39.70	
286	阿拉善盟	内蒙古	www.als.gov.cn	39.63	
287	喀什地区	新疆	www.kashi.gov.cn	39.23	
288	海南州	青海	www.qhhn.gov.cn	39.23	
289	吴忠市	宁夏	www.nx.gov.cn	38.98	很弱阶段
290	武清区	天津	www.tjwq.gov.cn	38.95	
291	松原市	吉林	www.jlsy.gov.cn	38.90	
292	凉山自治州	四川	www.lsz.gov.cn	38.75	
293	五家渠市	新疆	www.wjq.gov.cn	38.73	
294	二连浩特市	内蒙古	www.elht.gov.cn	38.59	
295	仙桃市	湖北	www.xiantao.gov.cn	38.53	

排名	城市	所属省份	域名	总分	阶段
296	佳木斯市	黑龙江	www. jms. gov. cn	38. 52	
297	朔州市	山 西	www. shuozhou. gov. cn	38. 50	
298	果洛州	青 海	www. guoluo. gov. cn	38. 28	
299	益阳市	湖 南	www. yiyangcity. gov. cn	38. 23	
300	红桥区	天 津	www. tjhqqzf. gov. cn	38. 11	
301	西青区	天 津	www. xq. gov. cn	38. 00	
302	黄南州	青 海	www. huangnan. gov. cn	37. 89	
303	毕节市	贵 州	www. bijie. gov. cn	37. 85	
304	河东区	天 津	www. tjhd. gov. cn	37. 66	
305	河池市	广 西	www. gxhc. gov. cn	37. 64	
306	东方市	海 南	dongfang. hainan. gov. cn	37. 37	
307	蓟县	天 津	www. tjjx. gov. cn	37. 32	
308	陵水县	海 南	www. lingshui. gov. cn	37. 16	
309	保山市	云 南	www. baoshan. gov. cn	37. 16	
310	驻马店市	河 南	www. zhumadian. gov. cn	37. 09	
311	鹤岗市	黑龙江	www. hegang. gov. cn	37. 00	
312	资阳市	四 川	www. ziyang. gov. cn	36. 93	
313	和平区	天 津	www. tjhp. gov. cn	36. 85	很弱
314	潼南县	重 庆	tn. cq. gov. cn	36. 60	阶段
315	云阳县	重 庆	yy. cq. gov. cn	36. 50	
316	张掖市	甘 肃	www. zhangye. gov. cn	36. 46	
317	九龙坡区	重 庆	www. cqjlp. gov. cn	36. 46	
318	丹东市	辽 宁	www. dandong. gov. cn	36. 44	
319	徐汇区	上 海	www. xh. sh. cn	36. 37	
320	大同市	山 西	www. sxdt. gov. cn	36. 36	
321	辽源市	吉 林	www. liaoyuan. gov. cn	36. 30	
322	浦东新区	上 海	pdxq. sh. gov. cn	36. 29	
323	嘉峪关市	甘 肃	www. jyg. gansu. gov. cn	36. 26	
324	琼海市	海 南	www. qionghai. gov. cn	36. 25	
325	阿里地区行署	西 藏	www. xzali. gov. cn	36. 14	
326	兰州市	甘 肃	www. lanzhou. gov. cn	36. 11	
327	伊春市	黑龙江	www. yc. gov. cn	35. 86	
328	吐鲁番地区	新 疆	www. tlf. gov. cn	35. 53	
329	南川区	重 庆	www. cqnc. gov. cn	35. 48	
330	渝北区	重 庆	yb. cq. gov. cn	35. 33	
331	固原市	宁 夏	www. nxgy. gov. cn	35. 30	

续表

排名	城市	所属省份	域名	总分	阶段
332	璧山县	重　庆	bs. cq. gov. cn	35.22	
333	鄂尔多斯市	内蒙古	www. ordos. cn	35.14	
334	垫江县	重　庆	dj. cq. gov. cn	34.93	
335	梁平县	重　庆	lp. cq. gov. cn	34.92	
336	兴安盟	内蒙古	www. xinganmeng. gov. cn	34.90	
337	铜梁县	重　庆	tl. cq. gov. cn	34.78	
338	桂林市	广　西	www. guilin. gov. cn	34.74	
339	绥化市	黑龙江	www. suihua. gov. cn	34.70	
340	定安县	海　南	www. dingan. gov. cn	34.59	
341	咸宁市	湖　北	www. xianning. gov. cn	34.58	
342	绵阳市	四　川	www. mianyang. gov. cn	34.10	
343	江北区	重　庆	jb. cq. gov. cn	34.06	
344	北碚区	重　庆	bb. cq. gov. cn	34.01	
345	宁河县	天　津	www. ninghe. gov. cn	33.95	
346	崇左市	广　西	www. chongzuo. gov. cn	33.87	
347	巫山县	重　庆	wush. cq. gov. cn	33.73	
348	綦江区	重　庆	www. cqqj. gov. cn	33.64	
349	丰都县	重　庆	fd. cq. gov. cn	33.46	很弱阶段
350	青浦区	上　海	qpq. sh. gov. cn	33.39	
351	黔南州	贵　州	www. qiannan. gov. cn	33.38	
352	沙坪坝区	重　庆	spb. cq. gov. cn	33.34	
353	阿拉尔市	新　疆	www. ale. gov. cn	33.06	
354	甘南州	甘　肃	www. gn. gansu. gov. cn	32.90	
355	曲靖市	云　南	www. qj. gov. cn	32.89	
356	延边州	吉　林	www. yanbian. gov. cn	32.85	
357	武隆县	重　庆	wl. cq. gov. cn	32.73	
358	永川区	重　庆	yc. cq. gov. cn	32.71	
359	乐东县	海　南	ledong. hainan. gov. cn	31.92	
360	呼伦贝尔市	内蒙古	www. hulunbeier. gov. cn	31.83	
361	铜仁市	贵　州	www. trs. gov. cn	31.70	
362	抚顺市	辽　宁	www. fushun. gov. cn	31.66	
363	邯郸市	河　北	www. hd. cn	31.64	
364	神农架林区	湖　北	www. snj. gov. cn	31.47	
365	阿勒泰地区	新　疆	www. xjalt. gov. cn	30.96	
366	宝坻区	天　津	www. baodi. gov. cn	30.93	
367	温州市	浙　江	wz. zj. gov. cn	30.90	

排名	城市	所属省份	域名	总分	阶段
368	静海县	天　津	www. tjjh. gov. cn	30.77	
369	海北州	青　海	www. qhhb. gov. cn	30.58	
370	白城市	吉　林	www. bc. jl. gov. cn	30.50	
371	运城市	山　西	www. yuncheng. gov. cn	30.36	
372	酉阳县	重　庆	youy. cq. gov. cn	30.31	
373	忠县	重　庆	zx. cq. gov. cn	30.29	
374	潜江市	湖　北	www. hbqj. gov. cn	30.26	
375	洋浦开发区	海　南	www. yangpu. gov. cn	30.18	
376	玉树州	青　海	www. qhys. gov. cn	30.13	
377	临高县	海　南	www. lingao. gov. cn	30.05	
378	迪庆州	云　南	www. diqing. gov. cn	29.96	
379	白沙县	海　南	baisha. hainan. gov. cn	29.86	
380	临夏州	甘　肃	www. lx. gansu. gov. cn	29.70	
381	巫溪县	重　庆	wx. cq. gov. cn	29.54	
382	澄迈县	海　南	chengmai. hainan. gov. cn	29.32	
383	衢州市	浙　江	qz. zj. gov. cn	29.10	
384	东丽区	天　津	www. dlnet. gov. cn	28.71	
385	白山市	吉　林	www. cbs. gov. cn	28.37	很弱阶段
386	秀山县	重　庆	xs. cq. gov. cn	28.36	
387	金华市	浙　江	jh. zj. gov. cn	28.16	
388	长宁区	上　海	cnq. sh. gov. cn	27.78	
389	楚雄州	云　南	www. cxz. gov. cn	27.52	
390	彭水县	重　庆	ps. cq. gov. cn	27.20	
391	河西区	天　津	www. tjhexi. gov. cn	26.86	
392	城口县	重　庆	ck. cq. gov. cn	26.81	
393	克孜勒苏柯尔克孜自治州	新　疆	www. xjkz. gov. cn	26.78	
394	阜新市	辽　宁	www. fuxin. gov. cn	26.75	
395	津南区	天　津	www. tjjn. gov. cn	26.74	
396	泸州市	四　川	www. luzhou. gov. cn	26.53	
397	屯昌县	海　南	tunchang. hainan. gov. cn	26.52	
398	琼中县	海　南	www. qiongzhong. gov. cn	26.42	
399	牡丹江	黑龙江	www. mdj. gov. cn	26.40	
400	丽水市	浙　江	ls. zj. gov. cn	26.30	
401	丽江市	云　南	www. lijiang. gov. cn	26.16	
402	开县	重　庆	kx. cq. gov. cn	26.08	
403	虹口区	上　海	hkq. sh. gov. cn	25.42	

续表

排名	城市	所属省份	域名	总分	阶段
404	昭通市	云 南	www. zt. gov. cn	25. 37	
405	怒江州	云 南	www. nj. yn. gov. cn	25. 11	
406	涪陵区	重 庆	fl. cq. gov. cn	25. 00	
407	林芝地区行署	西 藏	www. linzhi. gov. cn	24. 39	
408	宜宾市	四 川	www. yb. gov. cn	24. 33	
409	台州市	浙 江	tz. zj. gov. cn	24. 26	
410	河北区	天 津	www. tjhbq. gov. cn	24. 11	
411	巴南区	重 庆	bn. cq. gov. cn	23. 78	
412	闵行区	上 海	mhq. sh. gov. cn	23. 72	很弱阶段
413	杨浦区	上 海	ypq. sh. gov. cn	23. 64	
414	湖州市	浙 江	huz. zj. gov. cn	23. 11	
415	百色市	广 西	www. baise. gov. cn	22. 50	
416	渝中区	重 庆	yz. cq. gov. cn	22. 34	
417	保亭县	海 南	baoting. hainan. gov. cn	22. 27	
418	图木舒克市	新 疆	www. xjtmsk. gov. cn	22. 17	
419	万宁市	海 南	www. wanning. gov. cn	22. 01	
420	万州区	重 庆	wz. cq. gov. cn	21. 38	
421	舟山市	浙 江	zs. zj. gov. cn	20. 42	
422	长白山管委会	吉 林	www. changbaishan. gov. cn	19. 37	
423	南岸区	重 庆	nanan. cq. gov. cn	19. 24	
424	嘉兴市	浙 江	jx. zj. gov. cn	19. 19	
425	嘉定区	上 海	jdq. sh. gov. cn	18. 80	
426	绍兴市	浙 江	sx. zj. gov. cn	18. 76	
427	北辰区	天 津	www. tjbc. gov. cn	17. 87	
428	闸北区	上 海	zbq. sh. gov. cn	17. 71	
429	石河子市	新 疆	www. xjshz. gov. cn	16. 43	极弱阶段
430	大足区	重 庆	dz. cq. gov. cn	15. 51	
431	昌江县	海 南	www. changjiang. gov. cn	14. 54	
432	石柱县	重 庆	sz. cq. gov. cn	13. 50	
433	荣昌县	重 庆	rc. cq. gov. cn	13. 00	
434	昌都地区行署	西 藏	cdxs. gov. cn	10. 14	
435	工布江达县	西 藏	www. gbjd. gov. cn	7. 03	
436	山南地区行署	西 藏	www. shannan. gov. cn	2. 46	
437	那曲地区行署	西 藏	www. naqu. gov. cn	1. 86	

2. 搜索引擎加权平均收录数单项排名前 20 名

在地级市政府网站中，搜索引擎加权平均收录数单项排名前十位的政府网站依次是合肥市、六安市、海西蒙古族藏族自治州、乐山市、晋城市、玉林市、马鞍山市、南宁市、云浮市、德宏傣族景颇族自治州。排名前20位的政府网站如下表所示。

表 2 – 34　地级市政府门户网站搜索引擎加权平均收录数前 20 名

排名	城市	所属省份	域名	总分
1	合肥市	安徽	www. hefei. gov. cn	9.98
2	六安市	安徽	www. luan. gov. cn	9.95
3	海西蒙古族藏族自治州	青海	www. haixi. gov. cn	9.93
4	乐山市	四川	www. leshan. gov. cn	9.91
5	晋城市	山西	www. jconline. gov. cn	9.89
6	玉林市	广西	www. yulin. gov. cn	9.86
7	马鞍山市	安徽	www. mas. gov. cn	9.84
8	南宁市	广西	www. nanning. gov. cn	9.82
9	云浮市	广东	www. yunfu. gov. cn	9.79
10	德宏傣族景颇族自治州	云南	www. dh. gov. cn	9.77
11	哈密地区	新疆	www. hami. gov. cn	9.75
12	福州市	福建	www. fuzhou. gov. cn	9.73
13	烟台市	山东	www. yantai. gov. cn	9.70
14	郴州市	湖南	www. czs. gov. cn	9.68
15	苏州市	江苏	www. suzhou. gov. cn	9.66
16	大兴区	北京	www. bjdx. gov. cn	9.63
17	株洲市	湖南	www. zhuzhou. gov. cn	9.61
18	宿迁市	江苏	www. suqian. gov. cn	9.59
19	南昌市	江西	www. nc. gov. cn	9.57
20	枣庄市	山东	www. zaozhuang. gov. cn	9.54

3. 搜索引擎收录数增长率单项排名前 20 名

在地级市政府网站中，搜索引擎收录数增长率单项排名前十位的政府网站依次是平凉市、五家渠市、亳州市、石嘴山市、怀柔区、遂宁市、乌兰察布市、昌平区、湛江市、大兴安岭地区。排名前20位的政府网站如下表所示。

表 2-35 地级市政府门户网站搜索引擎收录增长率前 20 名

排名	城市	所属省份	域名	总分
1	平凉市	甘肃	www.pingliang.gov.cn	9.95
2	五家渠市	新疆	www.wjq.gov.cn	9.86
3	亳州市	安徽	www.bozhou.gov.cn	9.84
4	石嘴山市	宁夏	www.nxszs.gov.cn	9.77
5	怀柔区	北京	www.bjhr.gov.cn	9.75
6	遂宁市	四川	www.suining.gov.cn	9.73
7	乌兰察布市	内蒙古	www.wulanchabu.gov.cn	9.70
8	昌平区	北京	www.bjchp.gov.cn	9.68
9	湛江市	广东	www.zhanjiang.gov.cn	9.66
10	大兴安岭地区	黑龙江	www.dxal.gov.cn	9.63
11	朝阳市	辽宁	www.zgcy.gov.cn	9.61
12	南充市	四川	www.nanchong.gov.cn	9.57
13	黄浦区	上海	www.huangpuqu.sh.cn	9.54
14	襄阳市	湖北	www.xf.gov.cn	9.52
15	北海市	广西	www.beihai.gov.cn	9.50
16	临汾市	山西	www.linfen.gov.cn	9.47
17	临夏回族自治州	甘肃	www.lx.gansu.gov.cn	9.45
18	平潭综合实验区	福建	www.pingtan.gov.cn	9.43
19	武威市	甘肃	www.ww.gansu.gov.cn	9.41
20	西城区	北京	www.bjxch.gov.cn	9.38

4. 网站信息微博转载情况单项排名前 20 名

在地级市政府网站中，网站信息微博转载情况单项排名前十位的政府网站依次是邯郸市、东营市、泉州市、福州市、岳阳市、东莞市、中山市、湛江市、三亚市、东城区。排在前 20 名的政府网站如下表所示。

表 2-36 地级市政府门户网站微博转载前 20 名

排名	城市	所属省份	域名	总分
1	邯郸市	河北	www.hd.cn	3.33
2	东营市	山东	www.dongying.gov.cn	3.32
3	泉州市	福建	www.fjqz.gov.cn	3.31
4	福州市	福建	www.fuzhou.gov.cn	3.30

续表

排名	城市	所属省份	域名	总分
5	岳阳市	湖 南	www. yueyang. gov. cn	3.29
6	东莞市	广 东	www. dg. gov. cn	3.29
7	中山市	广 东	www. zs. gov. cn	3.29
8	湛江市	广 东	www. zhanjiang. gov. cn	3.29
9	三亚市	海 南	www. sanya. gov. cn	3.28
10	东城区	北 京	www. bjdch. gov. cn	3.27
11	晋城市	山 西	www. jconline. cn	3.27
12	汕尾市	广 东	www. shanwei. gov. cn	3.26
13	昆明市	云 南	www. km. gov. cn	3.26
14	石家庄市	河 北	www. sjz. gov. cn	3.26
15	海口市	海 南	www. haikou. gov. cn	3.26
16	阜阳市	安 徽	www. fy. gov. cn	3.25
17	烟台市	山 东	www. yantai. gov. cn	3.24
18	洛阳市	河 南	www. ly. gov. cn	3.24
19	佛山市	广 东	www. foshan. gov. cn	3.24
20	巴音郭楞蒙古自治州	新 疆	www. xjbz. gov. cn	3.24

5. 百科类网站转载情况单项排名前20名

在地级市政府网站中，网站信息百科类网站转载情况单项排名前十位的政府网站依次是苏州市、南宁市、芜湖市、合肥市、大兴区、顺义区、朝阳区、晋城市、扬州市、安阳市。排名前二十位的政府网站如下表所示。

表 2-37 地级市政府门户网站百科转载前20名

排名	城市	所属省份	域名	总分
1	苏州市	江 苏	www. suzhou. gov. cn	10.00
2	南宁市	广 西	www. nanning. gov. cn	9.98
3	芜湖市	安 徽	www. wuhu. gov. cn	9.95
4	合肥市	安 徽	www. hefei. gov. cn	9.93
5	大兴区	北 京	www. bjdx. gov. cn	9.91
6	顺义区	北 京	www. bjshy. gov. cn	9.89
7	朝阳区	北 京	www. bjchy. gov. cn	9.86

续表

排名	城市	所属省份	域名	总分
8	晋城市	山　西	www. jconline. cn	9.84
9	扬州市	江　苏	www. yangzhou. gov. cn	9.82
10	安阳市	河　南	www. anyang. gov. cn	9.79
11	烟台市	山　东	www. yantai. gov. cn	9.77
12	东城区	北　京	www. bjdch. gov. cn	9.75
13	和田地区	新　疆	www. xjht. gov. cn	9.73
14	海淀区	北　京	www. bjhd. gov. cn	9.70
15	无锡市	江　苏	www. wuxi. gov. cn	9.68
16	西城区	北　京	www. bjxch. gov. cn	9.66
17	房山区	北　京	www. bjfsh. gov. cn	9.63
18	常德市	湖　南	www. changde. gov. cn	9.61
19	平谷区	北　京	www. bjpg. gov. cn	9.59
20	张家界市	湖　南	www. zjj. gov. cn	9.57

6. 移动终端兼容性满分网站

在地级市政府网站中，延庆县、太原市、连云港市、阜阳市、漳州市、龙岩市、常德市、内江市、红河州、德宏州、渭南市、昌吉回族自治州、黄浦区、金山区、松江区、宝山区等政府门户网站的移动兼容性最好，在移动测试终端下均能被正常访问。

表 2-38　移动终端兼容满分的地级市政府门户网站

排名	城市	所属省份	网站域名	得分
1	延庆县	北京	www. bjyq. gov. cn	10.00
2	太原市	山西	www. taiyuan. gov. cn	10.00
3	连云港市	江苏	www. lyg. gov. cn	10.00
4	阜阳市	安徽	www. fy. gov. cn	10.00
5	漳州市	福建	www. zhangzhou. gov. cn	10.00
6	龙岩市	福建	www. longyan. gov. cn	10.00
7	常德市	湖南	www. changde. gov. cn	10.00
8	内江市	四川	www. neijiang. gov. cn	10.00
9	红河哈尼族彝族自治州	云南	www. hh. gov. cn	10.00
10	德宏傣族景颇族自治州	云南	www. dh. gov. cn	10.00

续表

排名	城市	所属省份	网站域名	得分
11	渭南市	陕西	www. weinan. gov. cn	10.00
12	昌吉回族自治州	新疆	www. cj. gov. cn	10.00
13	黄浦区	上海	www. huangpuqu. sh. cn	10.00
14	金山区	上海	jsq. sh. gov. cn	10.00
15	松江区	上海	www. songjiang. gov. cn	10.00
16	宝山区	上海	bsq. sh. gov. cn	10.00

二 各省市区政府网站互联网影响力

（一）各省市区政府网站互联网影响力的综合排名

各省政府网站互联网影响力的综合排名居前十位的省市区依次是广东省、江苏省、福建省、山东省、湖南省、安徽省、江西省、北京市、陕西省、河南省。

表 2 - 39　各省市区政府网站互联网影响力综合得分排名

排名	省市区	平均得分
1	广东省	62.37
2	江苏省	61.70
3	福建省	59.12
4	山东省	58.87
5	湖南省	58.08
6	安徽省	57.27
7	江西省	55.67
8	北京市	55.25
9	陕西省	55.06
10	河南省	50.77
11	湖北省	50.28
12	贵州省	47.57
13	河北省	47.50
14	山西省	47.19
15	内蒙古自治区	46.64
16	四川省	46.19

排名	省市区	平均得分
17	广西壮族自治区	46.00
18	辽宁省	45.14
19	黑龙江省	42.88
20	甘肃省	42.75
21	青海省	41.38
22	宁夏回族自治区	41.17
23	新疆维吾尔自治区	40.70
24	云南省	40.32
25	上海市	38.23
26	吉林省	34.97
27	天津市	34.65
28	海南省	34.40
29	重庆市	31.56
30	浙江省	27.25
31	西藏自治区	17.88

（二）各省市区政府网站互联网影响力的具体得分

1. 北京市

北京市政府网站互联网影响力的平均分为 55.25 分，高于中国政府网站互联网影响力的平均水平（50.90）。在北京市 17 家参评网站中，北京市东城区政府网站的得分最高，达 67.55 分；其次是北京海淀区政府网站，66.52 分；再次是怀柔区政府网站，得分 61.29。全市有四家网站处于中等偏强阶段。

表 2-40　北京市政府网站互联网影响力综合排名

排名	区县	网站	得分
1	东城区	www.bjdch.gov.cn	67.55
2	海淀区	www.bjhd.gov.cn	66.52
3	怀柔区	www.bjhr.gov.cn	61.29
4	延庆县	www.bjyq.gov.cn	61.26

排名	区县	网站	得分
5	顺义区	www. bjshy. gov. cn	58.17
6	大兴区	www. bjdx. gov. cn	57.79
7	昌平区	www. bjchp. gov. cn	55.98
8	房山区	www. bjfsh. gov. cn	54.41
9	丰台区	www. bjft. gov. cn	54.21
10	石景山区	www. bjsjs. gov. cn	54.20
11	通州区	www. bjtzh. gov. cn	53.77
12	西城区	www. bjxch. gov. cn	52.84
13	密云县	www. bjmy. gov. cn	50.55
14	朝阳区	www. bjchy. gov. cn	50.35
15	门头沟区	www. bjmtg. gov. cn	50.32
16	平谷区	www. bjpg. gov. cn	47.81
17	经济技术开发区	www. bda. gov. cn	42.25
平　均			55.25

2. 天津市

天津市政府网站互联网影响力的平均水平是 34.65 分，较低于中国政府网站互联网影响力的平均水平，还有较大的提升空间。在各个参评网站中，滨海新区的政府网站互联网影响力最高，为 64.40 分；南开区政府网站的互联网影响力水平位居其次，为 43.18 分；武清区政府网站的互联网影响力位居第三，为 38.95 分。全市只有一家网站处于中等偏强阶段。

表 2-41　天津市政府网站互联网影响力综合排名

排名	区县	网站	得分
1	滨海新区	www. bh. gov. cn	64.40
2	南 开 区	www. tjnk. gov. cn	43.18
3	武 清 区	www. tjwq. gov. cn	38.95
4	红 桥 区	www. tjhqqzf. gov. cn	38.11
5	西 青 区	www. xq. gov. cn	38.00
6	河 东 区	www. tjhd. gov. cn	37.66

续表

排名	区县	网站	得分
7	蓟　县	www.tjjx.gov.cn	37.32
8	和平区	www.tjhp.gov.cn	36.85
9	宁河县	www.ninghe.gov.cn	33.95
10	宝坻区	www.baodi.gov.cn	30.93
11	静海县	www.tjjh.gov.cn	30.77
12	东丽区	www.dlnet.gov.cn	28.71
13	河西区	www.tjhexi.gov.cn	26.86
14	津南区	www.tjjn.gov.cn	26.74
15	河北区	www.tjhbq.gov.cn	24.11
16	北辰区	www.tjbc.gov.cn	17.87
平　均			34.65

3. 河北省

河北省全省政府网站互联网影响力的平均水平是 47.50 分，略低于中国政府网站互联网影响力的平均水平。全省政府网站互联网影响力综合排名前三的政府网站依次是沧州市政府网站、石家庄市政府网站、秦皇岛市政府网站。全省只有一家网站处于中等偏强阶段。

表 2-42　河北省政府网站互联网影响力综合排名

排名	城市	网站	得分
1	沧州市	www.cangzhou.gov.cn	60.03
2	石家庄市	www.sjz.gov.cn	58.45
3	秦皇岛市	www.qhd.gov.cn	53.95
4	邢台市	www.xingtai.gov.cn	51.25
5	衡水市	www.hengshui.gov.cn	50.11
6	廊坊市	www.lf.gov.cn	45.47
7	唐山市	www.tangshan.gov.cn	44.53
8	保定市	www.bd.gov.cn	44.40
9	承德市	www.chengde.gov.cn	42.66
10	张家口市	www.zjk.gov.cn	40.01
11	邯郸市	www.hd.cn	31.64
平　均			47.50

4. 山西省

山西省全省政府网站互联网影响力的平均水平是47.19分，略低于中国政府网站互联网影响力的平均水平。在各个参评网站中，山西晋城以71.84的高分位于山西省政府网站互联网影响力排名中的第一名，晋中市政府网站和长治市政府网站分别位于第二名和第三名。全省只有一家网站处于有效转强阶段，没有网站处于中等偏强阶段。

表2-43 山西省政府网站互联网影响力综合排名

排名	城市	网站	得分
1	晋城市	www. jconline. cn	71.84
2	晋中市	www. sxjz. gov. cn	55.05
3	长治市	www. changzhi. gov. cn	54.44
4	临汾市	www. linfen. gov. cn	51.02
5	太原市	www. taiyuan. gov. cn	47.98
6	忻州市	www. sxxz. gov. cn	47.23
7	吕梁市	www. lvliang. gov. cn	44.69
8	阳泉市	www. yq. gov. cn	41.58
9	朔州市	www. shuozhou. gov. cn	38.50
10	大同市	www. sxdt. gov. cn	36.36
11	运城市	www. yuncheng. gov. cn	30.36
平 均			47.19

5. 内蒙古自治区

内蒙古自治区的政府网站互联网影响力的平均水平是46.64分，略低于中国政府网站互联网影响力的平均水平。在各个参评网站中，赤峰市政府网站互联网影响力最大，得分59.41；呼和浩特市和巴彦淖尔市政府网站分别以59.28分和56.48分位居第二名和第三名。

表2-44 内蒙古自治区政府网站互联网影响力综合排名

排名	城市	网站	得分
1	赤峰市	www. chifeng. gov. cn	59.41
2	呼和浩特市	www. huhhot. gov. cn	59.28
3	巴彦淖尔市	www. bynr. gov. cn	56.48
4	包头市	www. baotou. gov. cn	56.33

续表

排名	城市	网站	得分
5	乌海市	www. wuhai. gov. cn	52. 85
6	通辽市	www. tongliao. gov. cn	51. 32
7	满洲里市	www. manzhouli. gov. cn	47. 38
8	乌兰察布市	www. wulanchabu. gov. cn	46. 08
9	锡林郭勒盟	www. xlgl. gov. cn	43. 77
10	阿拉善盟	www. als. gov. cn	39. 63
11	二连浩特市	www. elht. gov. cn	38. 59
12	鄂尔多斯市	www. ordos. cn	35. 14
13	兴安盟	www. xinganmeng. gov. cn	34. 90
14	呼伦贝尔市	www. hulunbeier. gov. cn	31. 83
平 均			46. 64

6. 辽宁省

辽宁省全省政府网站互联网影响力的平均水平是 45.14，低于中国政府网站互联网影响力的平均水平。在各个参评网站中，辽阳市政府网站以 60.22 分位于辽宁政府网站互联网影响力排行榜的第一名，其次是大连市政府网站，得分 59.42；再次是朝阳市政府网站，得分 57.46。全省只有一家网站处于中等偏强阶段。

表 2－45　辽宁省政府网站互联网影响力综合排名

排名	城市	网站	得分
1	辽 阳 市	www. liaoyang. gov. cn	60. 22
2	大 连 市	www. dl. gov. cn	59. 42
3	朝 阳 市	www. zgcy. gov. cn	57. 46
4	鞍 山 市	www. anshan. gov. cn	51. 28
5	营 口 市	www. yingkou. gov. cn	46. 89
6	沈 阳 市	www. shenyang. gov. cn	45. 25
7	本 溪 市	www. benxi. gov. cn	45. 07
8	铁 岭 市	www. tieling. gov. cn	44. 87
9	锦 州 市	www. jz. gov. cn	44. 00
10	葫芦岛市	www. hld. gov. cn	42. 54
11	盘 锦 市	www. panjin. gov. cn	40. 13
12	丹 东 市	www. dandong. gov. cn	36. 44
13	抚 顺 市	www. fushun. gov. cn	31. 66
14	阜 新 市	www. fuxin. gov. cn	26. 75
平 均			45. 14

7. 吉林省

吉林省全省政府网站互联网影响力排名中的前三名依次是四平市政府网站、吉林市政府网站、通化市政府网站。全省政府网站互联网影响力的平均水平是34.97，较低于中国政府网站互联网影响力的平均水平，还有较大的提升空间。

表2-46　吉林省政府网站互联网影响力综合排名

排名	城市	网站	得分
1	四平市	www.siping.gov.cn	46.04
2	吉林市	www.jlcity.gov.cn	44.57
3	通化市	www.tonghua.gov.cn	39.96
4	松原市	www.jlsy.gov.cn	38.90
5	辽源市	www.liaoyuan.gov.cn	36.30
6	长春市	www.ccszf.gov.cn	32.86
7	延边朝鲜族自治州	www.yanbian.gov.cn	32.85
8	白城市	www.bc.jl.gov.cn	30.50
9	白山市	www.cbs.gov.cn	28.37
10	长白山管委会	www.changbaishan.gov.cn	19.37
平　均			34.97

8. 黑龙江省

黑龙江省全省政府网站互联网影响力的平均水平是42.88，低于中国政府网站互联网影响力的平均水平。在各个参评网站中，哈尔滨市政府网站、黑河市政府网站、大庆市政府网站分别位于黑龙江全省政府网站互联网影响力排行榜的第一名、第二名、第三名。

表2-47　黑龙江省政府网站互联网影响力综合排名

排名	城市	网站	得分
1	哈尔滨	www.harbin.gov.cn	59.11
2	黑河市	www.heihe.gov.cn	53.33
3	大庆市	www.daqing.gov.cn	49.15
4	七台河市	www.qth.gov.cn	47.75

排名	城市	网站	得分
5	鸡西市	www. jixi. gov. cn	47.45
6	大兴安岭	www. dxal. gov. cn	44.96
7	齐齐哈尔	www. qqhr. gov. cn	41.87
8	双鸭山市	www. shuangyashan. gov. cn	41.36
9	佳木斯市	www. jms. gov. cn	38.52
10	鹤岗市	www. hegang. gov. cn	37.00
11	伊春市	www. yc. gov. cn	35.86
12	绥化市	www. suihua. gov. cn	34.70
13	牡丹江	www. mdj. gov. cn	26.40
平　均			42.88

9. 上海市

上海市政府网站互联网影响力的平均水平为 38.23 分，低于中国政府网站互联网影响力的平均水平。在各个参评网站中，宝山区政府网站的得分最高，为 56.67 分，金山区政府网站和静安区政府网站分别以 56.26 和 55.45 的得分位于上海全市政府网站互联网影响力排名中的第二名和第三名。

表 2－48　上海市政府网站互联网影响力综合排名

排名	区县	网站	得分
1	宝山区	bsq. sh. gov. cn	56.67
2	金山区	jsq. sh. gov. cn	56.26
3	静安区	www. jingan. gov. cn	55.45
4	奉贤区	fxq. sh. gov. cn	53.29
5	普陀区	www. ptq. sh. gov. cn	50.93
6	松江区	www. songjiang. gov. cn	45.33
7	崇明县	www. cmx. gov. cn	45.22
8	黄浦区	www. huangpuqu. sh. cn	43.58
9	徐汇区	www. xh. sh. cn	36.37
10	浦东新区	pdxq. sh. gov. cn	36.29
11	青浦区	qpq. sh. gov. cn	33.39
12	长宁区	cnq. sh. gov. cn	27.78

续表

排名	城市	网站	得分
13	虹 口 区	hkq. sh. gov. cn	25.42
14	闵 行 区	mhq. sh. gov. cn	23.72
15	杨 浦 区	ypq. sh. gov. cn	23.64
16	嘉 定 区	jdq. sh. gov. cn	18.80
17	闸 北 区	zbq. sh. gov. cn	17.71
	平 均		38.23

10. 江苏省

江苏省全省政府网站互联网影响力的平均水平是 61.70 分,高于中国政府网站互联网影响力的平均水平。在各个参评网站中,宿迁市政府网站、盐城市政府网站、泰州市政府网站分别位于江苏省全省政府网站互联网影响力排行榜的第一名、第二名、第三名。全省有一家网站处于有效转强阶段,8 家网站处于中等偏强阶段。

表 2－49　江苏省政府网站互联网影响力综合排名

排名	城市	网站	得分
1	宿 迁 市	www. suqian. gov. cn	70.73
2	盐 城 市	www. yancheng. gov. cn	69.25
3	泰 州 市	www. taizhou. gov. cn	69.18
4	徐 州 市	www. xz. gov. cn	67.31
5	苏 州 市	www. suzhou. gov. cn	64.64
6	常 州 市	www. changzhou. gov. cn	64.36
7	南 通 市	www. nantong. gov. cn	62.95
8	南 京 市	www. nanjing. gov. cn	62.06
9	淮 安 市	www. huaian. gov. cn	61.76
10	无 锡 市	www. wuxi. gov. cn	59.65
11	扬 州 市	www. yangzhou. gov. cn	59.27
12	连云港市	www. lyg. gov. cn	47.73
13	镇 江 市	www. zhenjiang. gov. cn	43.20
	平 均		61.70

11. 浙江省

浙江省全省政府网站互联网影响力的平均水平是 27.25，远低于中国政府网站互联网影响力的平均水平。在各个参评网站中，宁波市政府网站、杭州市政府网站、温州市政府网站分别位于浙江省全省政府网站互联网影响力排行榜的第一名、第二名、第三名。

表 2-50　浙江省政府网站互联网影响力综合排名

排名	城市	网站	得分
1	宁波市	nb. zj. gov. cn	48.37
2	杭州市	hz. zj. gov. cn	31.19
3	温州市	wz. zj. gov. cn	30.90
4	衢州市	qz. zj. gov. cn	29.10
5	金华市	jh. zj. gov. cn	28.16
6	丽水市	ls. zj. gov. cn	26.30
7	台州市	tz. zj. gov. cn	24.26
8	湖州市	huz. zj. gov. cn	23.11
9	舟山市	zs. zj. gov. cn	20.42
10	嘉兴市	jx. zj. gov. cn	19.19
11	绍兴市	sx. zj. gov. cn	18.76
平　均			27.25

12. 安徽省

安徽省全省政府网站互联网影响力的平均水平是 57.27 分，高于中国政府网站互联网影响力的平均水平。在全省政府网站互联网影响力评价中，排名前三的网站依次是马鞍山市政府网站、阜阳市政府网站、合肥市政府网站。全省有五家网站处于中等偏强阶段。

表 2-51　安徽省政府网站互联网影响力综合排名

排名	城市	网站	得分
1	马鞍山市	www. mas. gov. cn	68.77
2	阜阳市	www. fy. gov. cn	67.63
3	合肥市	www. hefei. gov. cn	67.06
4	滁州市	www. chuzhou. gov. cn	62.89

续表

排名	城市	网站	得分
5	黄 山 市	www. huangshan. gov. cn	62.64
6	蚌 埠 市	www. bengbu. gov. cn	59.76
7	六 安 市	www. luan. gov. cn	58.26
8	芜 湖 市	www. wuhu. gov. cn	57.95
9	安 庆 市	www. anqing. gov. cn	57.51
10	亳 州 市	www. bozhou. gov. cn	54.25
11	铜 陵 市	www. tl. gov. cn	53.28
12	宣 城 市	www. xuancheng. gov. cn	52.47
13	淮 北 市	www. huaibei. gov. cn	50.88
14	宿 州 市	www. ahsz. gov. cn	50.56
15	淮 南 市	www. huainan. gov. cn	47.26
16	池 州 市	www. chizhou. gov. cn	45.15
平　均			57.27

13. 福建省

福建省全省政府网站互联网影响力的平均水平是 59.12 分，高于中国政府网站互联网影响力的平均水平。在全省政府网站互联网影响力评价中，排名前三的网站依次是漳州市政府网站、厦门市政府网站、福州市政府网站。全省有五家网站处于中等偏强阶段。

表 2 – 52　福建省政府网站互联网影响力综合排名

排名	城市	网站	得分
1	漳州市	www. zhangzhou. gov. cn	69.46
2	厦门市	www. xm. gov. cn	67.03
3	福州市	www. fuzhou. gov. cn	64.50
4	泉州市	www. fjqz. gov. cn	64.33
5	龙岩市	www. longyan. gov. cn	63.49
6	南平市	www. np. gov. cn	58.62
7	莆田市	www. putian. gov. cn	58.41
8	三明市	www. sm. gov. cn	53.56
9	平潭综合实验区	www. pingtan. gov. cn	47.59
10	宁德市	www. ningde. gov. cn	44.17
平　均			59.12

14. 江西省

江西省全省政府网站互联网影响力的平均水平是 **55.67** 分，高于中国政府网站互联网影响力的平均水平。全省政府网站互联网影响力综合排名前三的政府网站依次是南昌市政府网站、赣州市政府网站、景德镇市政府网站。全省有三家网站处于中等偏强阶段。

表 2 – 53　江西省政府网站互联网影响力综合排名

排名	城市	网站	得分
1	南昌市	www.nc.gov.cn	67.50
2	赣州市	www.ganzhou.gov.cn	62.31
3	景德镇市	www.jdz.gov.cn	62.26
4	新余市	www.xinyu.gov.cn	59.74
5	抚州市	www.jxfz.gov.cn	59.19
6	上饶市	www.zgsr.gov.cn	56.45
7	宜春市	www.yichun.gov.cn	52.30
8	九江市	www.jiujiang.gov.cn	51.13
9	鹰潭市	www.yingtan.gov.cn	49.32
10	吉安市	www.jian.gov.cn	47.98
11	萍乡市	www.pingxiang.gov.cn	44.14
平　均			55.67

15. 山东省

山东省全省政府网站互联网影响力的平均水平是 **58.87** 分，高于中国政府网站互联网影响力的平均水平。在全省政府网站互联网影响力评价中，排名前三的网站依次是烟台市政府网站、东营市政府网站、德州市政府网站。全省有一家网站处于有效转强阶段，有七家网站处于中等偏强阶段。

表 2 – 54　山东省政府网站互联网影响力综合排名

排名	城市	网站	得分
1	烟台市	www.yantai.gov.cn	73.61
2	东营市	www.dongying.gov.cn	66.90
3	德州市	www.dezhou.gov.cn	66.44
4	临沂市	www.linyi.gov.cn	65.30

续表

排名	城市	网站	得分
5	青岛市	www. qingdao. gov. cn	64. 11
6	莱芜市	www. laiwu. gov. cn	63. 26
7	枣庄市	www. zaozhuang. gov. cn	62. 88
8	泰安市	www. taian. gov. cn	61. 72
9	济南市	www. jinan. gov. cn	59. 89
10	威海市	www. weihai. gov. cn	59. 71
11	聊城市	www. liaocheng. gov. cn	56. 73
12	滨州市	www. binzhou. gov. cn	55. 90
13	潍坊市	www. weifang. gov. cn	53. 52
14	济宁市	www. jining. gov. cn	49. 41
15	日照市	www. rizhao. gov. cn	49. 21
16	淄博市	www. zibo. gov. cn	46. 33
17	菏泽市	www. heze. gov. cn	45. 77
平　均			58. 87

16. 河南省

河南省全省政府网站互联网影响力的平均水平是 50. 77 分，与中国政府网站互联网影响力的平均水平基本持平。在各个参评网站中，河南郑州市以 61. 79 的得分位于河南全省政府网站互联网影响力排名中的第一名，许昌市政府网站和安阳市政府网站分别位于第二名和第三名。全省只有一家网站处于中等偏强阶段。

表 2 - 55　河南省政府网站互联网影响力综合排名

排名	城市	网站	得分
1	郑 州 市	www. zhengzhou. gov. cn	61. 79
2	许 昌 市	www. xuchang. gov. cn	59. 75
3	安 阳 市	www. anyang. gov. cn	59. 30
4	鹤 壁 市	www. hebi. gov. cn	57. 07
5	漯 河 市	www. luohe. gov. cn	54. 33
6	平 顶 山 市	www. pds. gov. cn	53. 79
7	濮 阳 市	www. puyang. gov. cn	53. 04
8	开 封 市	www. kaifeng. gov. cn	51. 81
9	洛 阳 市	www. ly. gov. cn	50. 89

排名	城市	网站	得分
10	新乡市	www.xinxiang.gov.cn	49.34
11	济源市	www.jiyuan.gov.cn	48.58
12	焦作市	www.jiaozuo.gov.cn	48.51
13	信阳市	www.xinyang.gov.cn	48.18
14	商丘市	www.shangqiu.gov.cn	47.37
15	南阳市	www.nanyang.gov.cn	46.66
16	三门峡市	www.smx.gov.cn	43.56
17	周口市	www.zhoukou.gov.cn	42.73
18	驻马店市	www.zhumadian.gov.cn	37.09
平　均			50.77

17. 湖北省

湖北省全省政府网站互联网影响力的平均水平是50.18分，略低于中国政府网站互联网影响力的平均水平。在各个参评网站中，湖北襄阳市政府网站以74.90的得分位于湖北全省政府网站互联网影响力排名中的第一名，宜昌市政府网站和荆州市政府网站分别位于第二名和第三名。全省有一家网站处于有效转强阶段，有两家网站处于中等偏强阶段。

表2-56　湖北省政府网站互联网影响力综合排名

排名	城市	网站	得分
1	襄阳市	www.xf.gov.cn	74.90
2	宜昌市	www.yichang.gov.cn	60.37
3	荆州市	www.jingzhou.gov.cn	60.34
4	天门市	www.tianmen.gov.cn	59.46
5	鄂州市	www.ezhou.gov.cn	57.24
6	十堰市	www.shiyan.gov.cn	54.90
7	荆门市	www.jingmen.gov.cn	54.22
8	黄冈市	www.hg.gov.cn	53.96
9	黄石市	www.huangshi.gov.cn	52.56
10	孝感市	www.xiaogan.gov.cn	52.46
11	武汉市	www.wuhan.gov.cn	48.28
12	随州市	www.suizhou.gov.cn	45.69

排名	城市	网站	得分
13	恩施土家族苗族自治州	www.enshi.gov.cn	43.81
14	仙桃市	www.xiantao.gov.cn	38.53
15	咸宁市	www.xianning.gov.cn	34.58
16	神农架林区	www.snj.gov.cn	31.47
17	潜江市	www.hbqj.gov.cn	30.26
平　　均			50.18

18. 湖南省

　　湖南省全省政府网站互联网影响力的平均水平是 58.08 分，高于中国政府网站互联网影响力的平均水平。在各个参评网站中，张家界政府网站、长沙市政府网站、衡阳市政府网站分别位于湖南省全省政府网站互联网影响力的第一名、第二名和第三名。全省有一家网站处于有效转强阶段，有五家网站处于中等偏强阶段。

表 2-57　湖南省政府网站互联网影响力综合排名

排名	城市	网站	得分
1	张家界	www.zjj.gov.cn	71.21
2	长沙市	www.changsha.gov.cn	69.82
3	衡阳市	www.hengyang.gov.cn	65.31
4	常德市	www.changde.gov.cn	64.08
5	株洲市	www.zhuzhou.gov.cn	62.68
6	永州市	www.yzcity.gov.cn	61.52
7	怀化市	www.huaihua.gov.cn	58.54
8	郴州市	www.czs.gov.cn	57.92
9	邵阳市	www.shaoyang.gov.cn	56.01
10	岳阳市	www.yueyang.gov.cn	54.54
11	娄底市	www.hnloudi.gov.cn	53.80
12	湘潭市	www.xiangtan.gov.cn	53.40
13	湘西自治州	www.xxz.gov.cn	46.03
14	益阳市	www.yiyangcity.gov.cn	38.23
平　　均			58.08

19. 广东省

广东省全省政府网站互联网影响力的平均水平是 62.37 分，高于中国政府网站互联网影响力的平均水平。在各个参评网站中，深圳市政府网站互联网影响力的得分为 74.81，居广东省全省政府网站互联网影响力排名中的第一名；第二名是中山市政府网站，得分 71.43；第三名是梅州市政府网站，得分 70.39。全省有三家网站处于有效转强阶段，有 11 家网站处于中等偏强阶段。

表 2 - 58　广东省政府网站互联网影响力综合排名

排名	城市	网站	得分
1	深圳市	www. sz. gov. cn	74.81
2	中山市	www. zs. gov. cn	71.43
3	梅州市	www. meizhou. gov. cn	70.39
4	珠海市	www. zhuhai. gov. cn	69.23
5	湛江市	www. zhanjiang. gov. cn	68.58
6	云浮市	www. yunfu. gov. cn	68.16
7	广州市	www. gz. gov. cn	67.67
8	潮州市	www. chaozhou. gov. cn	66.77
9	汕尾市	www. shanwei. gov. cn	66.72
10	汕头市	www. shantou. gov. cn	66.38
11	佛山市	www. foshan. gov. cn	65.61
12	肇庆市	www. zhaoqing. gov. cn	64.55
13	惠州市	www. huizhou. gov. cn	62.70
14	江门市	www. jiangmen. gov. cn	61.57
15	东莞市	www. dg. gov. cn	59.82
16	韶关市	www. shaoguan. gov. cn	56.06
17	河源市	www. heyuan. gov. cn	53.24
18	阳江市	www. yangjiang. gov. cn	51.87
19	揭阳市	www. jieyang. gov. cn	51.68
20	茂名市	www. maoming. gov. cn	46.42
21	清远市	www. gdqy. gov. cn	46.09
平　均			62.37

20. 广西壮族自治区

广西壮族自治区的政府网站互联网影响力的平均水平是 46.00 分，略低于中国政府网站互联网影响力的平均水平。在各个参评网站中，南宁市政府网站互联网影响力的得分为 64.48，居广西壮族自治区政府网站互联网影响力排名中的第一名；第二名是玉林市政府网站，得分 60.22；第三名是北海市政府网站，得分 60.19。全省有三家网站处于中等偏强阶段。

表 2 - 59 广西壮族自治区政府网站互联网影响力综合排名

排名	城市	网站	得分
1	南宁市	www. nanning. gov. cn	64.48
2	玉林市	www. yulin. gov. cn	60.22
3	北海市	www. beihai. gov. cn	60.19
4	柳州市	www. liuzhou. gov. cn	58.22
5	梧州市	www. wuzhou. gov. cn	53.50
6	钦州市	www. qinzhou. gov. cn	46.54
7	贵港市	www. gxgg. gov. cn	46.13
8	来宾市	www. laibin. gov. cn	44.62
9	贺州市	www. gxhz. gov. cn	41.26
10	防城港市	www. fcgs. gov. cn	40.15
11	河池市	www. gxhc. gov. cn	37.64
12	桂林市	www. guilin. gov. cn	34.74
13	崇左市	www. chongzuo. gov. cn	33.87
14	百色市	www. baise. gov. cn	22.50
平 均			46.00

21. 海南省

海南省全省政府网站互联网影响力的平均水平是 34.40 分，远低于中国政府网站互联网影响力的平均水平。其中，海口市政府网站互联网影响力评价得分最高，为 57.56 分；其次是文昌市政府网站，得分 49.19 分；再次是儋州市政府网站，得分 48.31 分。

表 2 - 60   海南省政府网站互联网影响力综合排名

排名	市县	网站	得分
1	海口市	www. haikou. gov. cn	57. 56
2	文昌市	www. wenchang. gov. cn	49. 19
3	儋州市	www. danzhou. gov. cn	48. 31
4	五指山市	www. wzs. gov. cn	45. 43
5	三亚市	www. sanya. gov. cn	44. 63
6	东方市	dongfang. hainan. gov. cn	37. 37
7	陵水黎族自治县	www. lingshui. gov. cn	37. 16
8	琼海市	www. qionghai. gov. cn	36. 25
9	定安县	www. dingan. cn	34. 59
10	乐东黎族自治县	ledong. hainan. gov. cn	31. 92
11	洋浦开发区	www. yangpu. gov. cn	30. 18
12	临高县	www. lingao. gov. cn	30. 05
13	白沙黎族自治县	baisha. hainan. gov. cn	29. 86
14	澄迈县	chengmai. hainan. gov. cn	29. 32
15	屯昌县	tunchang. hainan. gov. cn	26. 52
16	琼中黎族苗族县	www. qiongzhong. gov. cn	26. 42
17	保亭黎族苗族自治县	baoting. hainan. gov. cn	22. 27
18	万宁市	www. wanning. gov. cn	22. 01
19	昌江黎族自治县	www. changjiang. gov. cn	14. 54
平　均			34. 40

22. 重庆市

重庆市政府网站互联网影响力的平均水平是 31. 56 分，远低于中国政府网站互联网影响力的平均水平。在各个参评网站中，长寿区政府网站的互联网影响力水平最高，达 46. 43 分；其次是大渡口区政府网站，互联网影响力的得分为 45. 81；再次是江津区政府网站，得分 43. 91。

表 2 - 61   重庆市政府网站互联网影响力综合排名

排名	区县	网站	得分
1	长 寿 区	cs. cq. gov. cn	46. 43
2	大渡口区	www. ddk. gov. cn	45. 81
3	江 津 区	jj. cq. gov. cn	43. 91
4	奉 节 县	fj. cq. gov. cn	41. 32

排名	区县	网站	得分
5	黔江区	www. qianjiang. gov. cn	41.29
6	合川区	www. hc. gov. cn	40.23
7	潼南县	tn. cq. gov. cn	36.60
8	云阳县	yy. cq. gov. cn	36.50
9	九龙坡区	www. cqjlp. gov. cn	36.46
10	南川区	www. cqnc. gov. cn	35.48
11	渝北区	yb. cq. gov. cn	35.33
12	璧山县	bs. cq. gov. cn	35.22
13	垫江县	dj. cq. gov. cn	34.93
14	梁平县	lp. cq. gov. cn	34.92
15	铜梁县	tl. cq. gov. cn	34.78
16	江北区	jb. cq. gov. cn	34.06
17	北碚区	bb. cq. gov. cn	34.01
18	巫山县	wush. cq. gov. cn	33.73
19	綦江区	www. cqqj. gov. cn	33.64
20	丰都县	fd. cq. gov. cn	33.46
21	沙坪坝区	spb. cq. gov. cn	33.34
22	武隆县	wl. cq. gov. cn	32.73
23	永川区	yc. cq. gov. cn	32.71
24	酉阳县	youy. cq. gov. cn	30.31
25	忠县	zx. cq. gov. cn	30.29
26	巫溪县	wx. cq. gov. cn	29.54
27	秀山县	xs. cq. gov. cn	28.36
28	彭水县	ps. cq. gov. cn	27.20
29	城口县	ck. cq. gov. cn	26.81
30	开县	kx. cq. gov. cn	26.08
31	涪陵区	fl. cq. gov. cn	25.00
32	巴南区	bn. cq. gov. cn	23.78
33	渝中区	yz. cq. gov. cn	22.34
34	万州区	wz. cq. gov. cn	21.38
35	南岸区	nanan. cq. gov. cn	19.24
36	大足区	dz. cq. gov. cn	15.51
37	石柱县	sz. cq. gov. cn	13.50
38	荣昌县	rc. cq. gov. cn	13.00
平　均			31.56

23. 四川省

四川省全省政府网站互联网影响力的平均水平是 46.19 分，略低于中国政府网站互联网影响力的平均水平。在参评网站中，成都市政府网站互联网影响力的表现最好，为 75.17 分，位于四川省全省政府网站的第一名；其次是攀枝花市政府网站，得分 62.15 分；再次是内江市政府网站，得分 55.40 分。全省只有一家网站处于有效转强阶段，有一家网站处于中等偏强阶段。

表 2 - 62　四川省政府网站互联网影响力综合排名

排名	市州	网站	得分
1	成都市	www.chengdu.gov.cn	75.17
2	攀枝花市	www.panzhihua.gov.cn	62.15
3	内江市	www.neijiang.gov.cn	55.40
4	德阳市	www.deyang.gov.cn	51.86
5	眉山市	www.ms.gov.cn	51.09
6	甘孜藏族自治州	www.gzz.gov.cn	50.26
7	南充市	www.nanchong.gov.cn	50.19
8	达州市	www.dazhou.gov.cn	50.05
9	广元市	www.cngy.gov.cn	49.81
10	雅安市	www.yaan.gov.cn	46.32
11	广安市	www.guang-an.gov.cn	46.26
12	阿坝藏族羌族自治州	www.abazhou.gov.cn	46.08
13	遂宁市	www.suining.gov.cn	45.58
14	乐山市	www.leshan.gov.cn	45.27
15	自贡市	www.zg.gov.cn	42.63
16	巴中市	www.cnbz.gov.cn	41.22
17	凉山彝族自治州	www.lsz.gov.cn	38.75
18	资阳市	www.ziyang.gov.cn	36.93
19	绵阳市	www.mianyang.gov.cn	34.10
20	泸州市	www.luzhou.gov.cn	26.53
21	宜宾市	www.yb.gov.cn	24.33
平　均			46.19

24. 贵州省

贵州省全省政府网站互联网影响力平均水平为 47.57 分，略低于全国政府网站互联网影响力的平均水平。在本次参评网站中，黔西南州政府网站互联网影响力的评价得分最高，为 59.40 分；其次是六盘水市政府网站，得分 58.76 分；再次是贵阳市政府网站，得分 55.30。

表 2 – 63　贵州省政府网站互联网影响力综合排名

排名	市州	网站	得分
1	黔西南布依族苗族自治州	www. qxn. gov. cn	59. 40
2	六盘水市	www. gzlps. gov. cn	58. 76
3	贵阳市	www. gygov. gov. cn	55. 30
4	遵义市	www. zunyi. gov. cn	52. 28
5	黔东南苗族侗族自治州	www. qdn. gov. cn	51. 85
6	安顺市	www. anshun. gov. cn	47. 64
7	毕节市	www. bijie. gov. cn	37. 85
8	黔南布依族苗族自治州	www. qiannan. gov. cn	33. 38
9	铜仁市	www. trs. gov. cn	31. 70
平　均			47. 57

25. 云南省

云南省全省政府网站互联网影响力平均水平是 40.32 分，低于中国政府网站互联网影响力的平均水平。在本次政府网站互联网影响力排名中位于前三名的政府网站依次是昆明市政府网站、玉溪市政府网站、德宏州政府网站。全省只有一家网站处于中等偏强阶段。

表 2 – 64　云南省政府网站互联网影响力综合排名

排名	市州	网站	得分
1	昆明市	www. km. gov. cn	61. 22
2	玉溪市	www. yuxi. gov. cn	51. 81
3	德宏傣族景颇族自治州	www. dh. gov. cn	51. 78
4	文山壮族苗族自治州	www. ynws. gov. cn	51. 40
5	大理白族自治州	www. dali. gov. cn	48. 63
6	红河哈尼族彝族自治州	www. hh. gov. cn	48. 60
7	普洱市	www. puershi. gov. cn	44. 79
8	临沧市	www. lincang. gov. cn	42. 26

续表

排名	区县	网站	得分
9	西双版纳傣族自治州	www.xsbn.gov.cn	40.51
10	保山市	www.baoshan.gov.cn	37.16
11	曲靖市	www.qj.gov.cn	32.89
12	迪庆藏族自治州	www.diqing.gov.cn	29.96
13	楚雄彝族自治州	www.cxz.gov.cn	27.52
14	丽江市	www.lijiang.gov.cn	26.16
15	昭通市	www.zt.gov.cn	25.37
16	怒江傈僳族自治州	www.nj.yn.gov.cn	25.11
平 均			40.32

26. 西藏自治区

西藏自治区的政府网站互联网影响力平均水平是 17.88 分，远低于中国政府网站互联网影响力的平均水平。在本次政府网站互联网影响力排名中位于前三名的政府网站依次是拉萨市政府网站、阿里地区政府网站、林芝地区政府网站。

表 2 - 65　西藏自治区政府网站互联网影响力综合排名

排名	市县	网站	得分
1	拉萨市	www.lasa.gov.cn	43.11
2	阿里地区行署	www.xzali.gov.cn	36.14
3	林芝地区行署	www.linzhi.gov.cn	24.39
4	昌都地区行署	cdxs.gov.cn	10.14
5	工布江达县	www.gbjd.gov.cn	7.03
6	山南地区行署	www.shannan.gov.cn	2.46
7	那曲地区行署	www.naqu.gov.cn	1.86
平 均			17.88

27. 陕西省

陕西省全省政府网站互联网影响力平均水平是 55.06 分，高于中国政府网站互联网影响力的平均水平。在本次政府网站互联网影响力排名中位于前三名的政府网站依次是咸阳市政府网站、汉中市政府网站、安康市政府网站。全省有三家网站处于中等偏强阶段。

表 2 - 66 陕西省政府网站互联网影响力综合排名

排名	城市	网站	得分
1	咸阳市	www.xianyang.gov.cn	67.74
2	汉中市	www.hanzhong.gov.cn	66.58
3	安康市	www.ankang.gov.cn	64.65
4	商洛市	www.shangluo.gov.cn	55.20
5	延安市	www.yanan.gov.cn	55.03
6	渭南市	www.weinan.gov.cn	54.77
7	杨凌示范区	www.ylagri.gov.cn	53.88
8	宝鸡市	www.baoji.gov.cn	52.09
9	西安	www.xa.gov.cn	49.19
10	榆林市	www.yl.gov.cn	45.55
11	铜川市	www.tongchuan.gov.cn	40.94
平 均			55.06

28. 甘肃省

甘肃省全省政府网站互联网影响力平均水平是 42.75 分，低于中国政府网站互联网影响力的平均水平。在本次政府网站互联网影响力排名中位于前三名的政府网站依次是白银市政府网站、平凉市政府网站、陇南市政府网站。全省只有一家网站处于中等偏强阶段。

表 2 - 67 甘肃省政府网站互联网影响力综合排名

排名	城市	网站	得分
1	白银市	www.baiyin.cn	60.09
2	平凉市	www.pingliang.gov.cn	57.87
3	陇南市	www.longnan.gov.cn	49.53
4	天水市	www.tianshui.gov.cn	49.42
5	武威市	www.ww.gansu.gov.cn	46.86
6	定西市	www.dx.gansu.gov.cn	43.33
7	庆阳市	www.zgqingyang.gov.cn	40.30

续表

排名	区县	网站	得分
8	金昌市	www. jc. gansu. gov. cn	39. 95
9	酒泉市	www. jiuquan. gov. cn	39. 70
10	张掖市	www. zhangye. gov. cn	36. 46
11	嘉峪关市	www. jyg. gansu. gov. cn	36. 26
12	兰州市	www. lanzhou. gov. cn	36. 11
13	甘南藏族自治州	www. gn. gansu. gov. cn	32. 90
14	临夏回族自治州	www. lx. gansu. gov. cn	29. 70
平　均			42. 75

29. 青海省

青海省全省政府网站互联网影响力的平均水平是 41.38 分，低于中国政府网站互联网影响力的平均水平。在全省政府网站互联网影响力综合排名中居前三位的政府网站依次是海西州政府网站、西宁市政府网站、海东行署政府网站。

表 2 - 68　青海省政府网站互联网影响力综合排名

排名	城市	网站	得分
1	海西蒙古族藏族自治州	www. haixi. gov. cn	56. 67
2	西宁市	www. xining. gov. cn	50. 92
3	海东行署	www. haidong. gov. cn	47. 35
4	海南藏族自治州	www. qhhn. gov. cn	39. 23
5	果洛藏族自治州	www. guoluo. gov. cn	38. 28
6	黄南藏族自治州	www. huangnan. gov. cn	37. 89
7	海北藏族自治州	www. qhhb. gov. cn	30. 58
8	玉树藏族自治州	www. qhys. gov. cn	30. 13
平　均			41. 38

30. 宁夏回族自治区

宁夏回族自治区内的政府网站互联网影响力平均水平为 41.17 分，低于全国政府网站互联网影响力的平均水平。在各参评网站中，石嘴山市政府网站互联网影响力的得分最高，为 46.21 分；其次是中卫市政府网站，得分 42.78 分；再次是银川市政府网站，得分 42.60 分。

表 2 - 69　宁夏回族自治区政府网站互联网影响力综合排名

排名	城市	网站	得分
1	石嘴山市	www.nxszs.gov.cn	46.21
2	中卫市	www.nxzw.gov.cn	42.78
3	银川市	www.yinchuan.gov.cn	42.60
4	吴忠市	www.nx.gov.cn	38.98
5	固原市	www.nxgy.gov.cn	35.30
平均			41.17

31. 新疆维吾尔自治区

新疆维吾尔自治区的政府网站互联网影响力平均水平为 40.70 分，低于中国政府网站互联网影响力的平均水平。在各个参评网站中，位于全区政府网站互联网影响力前三名的政府网站依次是哈密地区政府网站、伊犁哈萨克自治州政府网站、阿克苏地区政府网站。全省只有一家网站处于中等偏强阶段。

表 2 - 70　新疆维吾尔自治区政府网站互联网影响力综合排名

排名	市州区	网站	得分
1	哈密地区	www.hami.gov.cn	66.69
2	伊犁哈萨克自治州	www.xjyl.gov.cn	53.33
3	阿克苏地区	www.aks.gov.cn	51.76
4	巴音郭楞蒙古自治州	www.xjbz.gov.cn	51.25
5	和田地区	www.xjht.gov.cn	47.47
6	塔城地区	www.xjtc.gov.cn	46.92
7	博尔塔拉蒙古自治州	www.xjboz.gov.cn	45.30
8	克拉玛依市	www.klmy.gov.cn	43.14
9	昌吉回族自治州	www.cj.gov.cn	42.45
10	乌鲁木齐市	www.urumqi.gov.cn	41.28
11	北屯市	www.btzx.cn	40.75
12	喀什地区	www.kashi.gov.cn	39.23

排名	区县	网站	得分
13	五家渠市	www. wjq. gov. cn	38.73
14	吐鲁番地区	www. tlf. gov. cn	35.53
15	阿拉尔市	www. ale. gov. cn	33.06
16	阿勒泰地区	www. xjalt. gov. cn	30.96
17	克孜勒苏柯尔克孜自治州	www. xjkz. gov. cn	26.78
18	图木舒克市	www. xjtmsk. gov. cn	22.17
19	石河子市	www. xjshz. gov. cn	16.43
平　均			40.70

第三部分
年度百词与热点事件分析

一 中国政府网站"百词"互联网影响力

（一）百词选择及说明

1. 百词选择依据

政府网站年度工作百词选词主要分为五个步骤。

第一步，选定政策文件范围，抽取文件核心词库。通过各种渠道收集了近十五年来中央重要会议文件、国民经济和社会发展规划、国务院政府工作报告，以及新华网国家领导人活动报道集、半月谈时事资料手册等政策性文件，并建设了专用语料库。采取分词、去停用词、词性标注、权重计算及特征抽取等技术手段，对上述语料库进行文本处理，从中抽取重要文件核心词库，包含 2215 个词。

第二步，分析网民在互联网上对上述重要文件核心词的关注热度，选定网民关注度比较高的政府工作关键词。考虑到百度是目前国内互联网用户使用的最重要搜索渠道，课题组使用百度搜索引擎提供的百度指数工具查询重要文件核心词在 2013 年及 2013 年之前的百度搜索引擎日均检索量，剔除百度指数中网民关注量较低的关键词，得到群众关注的政府工作关键词 938 条。

第三步，计算政府工作关键词的年度权重升降情况，采用专家排查法根据政府工作主要类别筛选掉部分敏感词、残缺词、长词、非典型词。对政府工作关键词搜索量的绝对数值以及 2013 年搜索热度与跨年度搜索热度变化值进行综合计算，并邀请领域内专家进行人工排查与筛选，最终得到涵盖政府主要工作类别的 100 个政府网站年度热词。

2. 百词政府网站影响力情况说明

本书课题组将依据上述规则选取的 100 个政府网站 2013 年度工作热词分为人物类、政治事件类、经济类、突发事件类、社会事件类、政府工作类和活动类等七组，进行详细分析。这些词在百度总收录数、政府网站网页百度收录数、政府网站百度收录占比等方面的影响力的具体表现如表 3-1 所示。

表 3-1　2013 年百词的政府网站互联网影响力基本情况

政府网站百词	百度收录页面数	百度收录政府网站页面数	政府网站收录占比（%）
艾滋病	100000000	2790000	2.79
安全生产	100000000	29700000	29.70
暴雨	100000000	11900000	11.90
城管	100000000	32000000	32.00
电子商务	100000000	7220000	7.22
钓鱼岛	100000000	28500000	28.50
反恐	100000000	7560000	7.56
房地产	100000000	13800000	13.80
房价	100000000	21100000	21.10
改革开放	100000000	12600000	12.60
高温	100000000	10800000	10.80
股市	100000000	1570000	1.57
国足	100000000	30700000	30.70
环境保护	100000000	17600000	17.60
进出口	100000000	12800000	12.80
南海	100000000	24400000	24.40
事业单位	100000000	23400000	23.40
信息化	100000000	24100000	24.10
知识产权	100000000	7250000	7.25
中国梦	100000000	28700000	28.70
食品安全	98900000	24100000	24.37
新能源	93700000	11200000	11.95
十八大	93600000	17200000	18.38
计划生育	92500000	20400000	22.05
城镇化	83600000	19600000	23.44
战斗力	82200000	7460000	9.08
医疗保险	77000000	7330000	9.52

续表

政府网站百词	百度收录页面数	百度收录政府网站页面数	政府网站收录占比（%）
养老保险	75200000	9380000	12.47
残疾人	73800000	6080000	8.24
高速公路	73700000	5040000	6.84
投资项目	71700000	9200000	12.83
正能量	71300000	7780000	10.91
增值税	70300000	8210000	11.68
国际金融	64500000	5030000	7.80
禽流感	60800000	15500000	25.49
郭美美	58400000	18700000	32.02
信息安全	54100000	5550000	10.26
薄熙来	48300000	124000	0.26
刘铁男	45500000	12900000	28.35
铁道部	45000000	13600000	30.22
轨道交通	44800000	3370000	7.52
节能减排	44100000	5270000	11.95
蛟龙	42600000	14200000	33.33
生产许可证	38500000	4840000	12.57
新兴产业	38400000	5560000	14.48
刘志军	37600000	21000000	55.85
学前教育	35500000	2280000	6.42
个人所得税	34100000	1880000	5.51
水利工程	34000000	3920000	11.53
出入境	33400000	3620000	10.84
大气污染	32300000	13800000	42.72
现代农业	31700000	6250000	19.72
意识形态	31100000	1630000	5.24
通货膨胀	30400000	816000	2.68
物联网	29800000	800000	2.68
反腐倡廉	28000000	8840000	31.57
中美关系	24900000	15600000	62.65
国土资源部	23200000	6790000	29.27
黄金价格	22100000	104000	0.47
孙杨	20900000	86500	0.41
群众路线	19100000	7800000	40.84
互联网金融	19000000	1390000	7.32
地方债	17700000	3730000	21.07

续表

政府网站百词	百度收录页面数	百度收录政府网站页面数	政府网站收录占比（%）
神舟十号	17200000	22200000	129.07
楼堂馆所	16300000	12500000	76.69
节能产品	16000000	4520000	28.25
新农村建设	15600000	9990000	64.04
人民币汇率	15500000	983000	6.34
美丽中国	14200000	1060000	7.46
四风	14200000	694000	4.89
自贸区	13700000	3210000	23.43
博鳌亚洲论坛	13000000	1670000	12.85
国五条	12800000	2060000	16.09
现代服务业	11700000	5020000	42.91
芦山地震	10300000	11900000	115.53
重金属污染	9980000	11400000	114.23
中国经济升级版	9070000	1260000	13.89
气功大师	8990000	12700	0.14
镉超标大米	8720000	8750000	100.34
新交规	8480000	57200	0.67
行政制度改革	7720000	6820000	88.34
财富全球论坛	7690000	225000	2.93
八项规定	7090000	8780000	123.84
生态文明建设	6810000	5010000	73.57
最难就业季	6520000	596000	9.14
辽宁号航母	6240000	153000	2.45
特大城市	6150000	237000	3.85
出租车涨价	5820000	5780000	99.31
农信社	5730000	964000	16.82
棚户区改造	5460000	1590000	29.12
基本养老金	5370000	611000	11.38
甘肃岷县	4940000	169000	3.42
单独二胎	4880000	803000	16.45
韩亚客机失事	4000000	3800	0.10
京广高铁	3860000	3490000	90.41
小微企业	3460000	1070000	30.92
互联互通	3350000	2460000	73.43
网络反腐	2800000	5220000	186.43
老年人权益保障法	2020000	154000	7.62
丝绸之路经济带	277000	15400	5.56

为了更好地从数据的角度体现政府网站互联网影响力，课题组将"百词"分为七类来说明政府网站影响力情况。

1. 人物类

从图 3-1 中可以看到，政府网站中热点人物相关页面被百度收录的比例很高，并且收录的信息实时性很强。

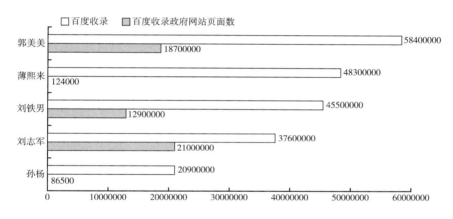

图 3-1　人物类"百词"政府网站影响力情况

2. 政治事件类

通过图 3-2 可以很直观地看到，政府网站中政治事件类的页面被百度收录的比例不高，如"中国梦"、"钓鱼岛"、"南海"等信息被百度收录了 1 亿个页面，政府网站被收录页面占不到 30%。其中对于"神舟十号"和"八项规定"，百度收录政府网站的页面数大于百度对该词的收录数，具体原因不明。

3. 经济类

从经济类的收录情况来看（见图 3-3），百度对政府网站发布的经济相关页面的收录比例很低，如"医疗保险"、"养老保险"、"生产许可证"等词。

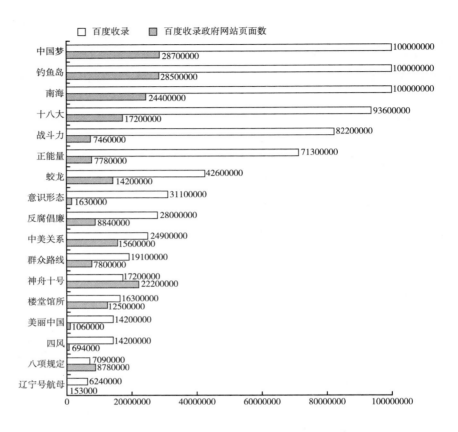

图 3-2　政治事件类"百词"政府网站影响力情况

4. 突发事件类

在政府网站中，突发事件类如"暴雨"、"高温"等相关页面被百度收录的页面数量不多，其中对于"芦山地震"一词，百度收录政府网站的页面数大于百度对该词的收录数，具体原因不明（见图 3-4）。

5. 社会事件类

从政府网站被收录的页面数量情况来看，部分词如"房价"、"城管"等词的收录数占百度对该词收录数的 30% 左右（见图 3-5）。

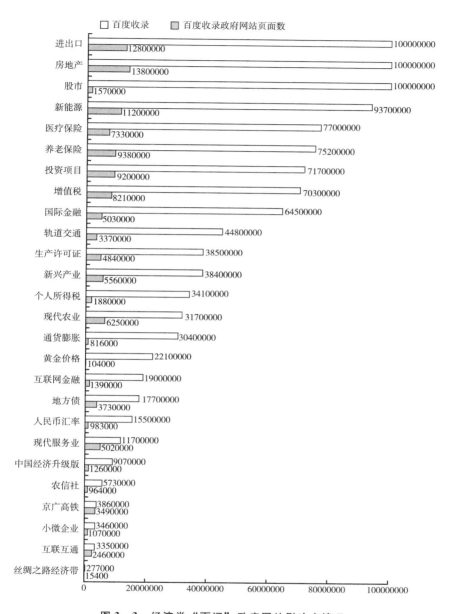

图 3 - 3　经济类"百词"政府网站影响力情况

6. 政府工作类

通过图 3 - 6 可以很直观地看到，政府网站中政府工作有关的页面被

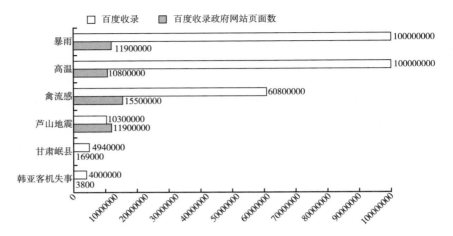

图 3 - 4　突发事件类"百词"政府网站影响力情况

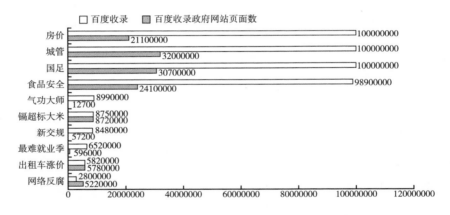

图 3 - 5　社会事件类"百词"政府网站影响力情况

百度收录的比例不高，如"环境保护"、"知识产权"、"事业单位"等信息被百度收录了 1 亿个页面，政府网站被收录页面只占了 20% 左右。其中对于"重金属污染"一词，百度收录政府网站的页面数大于百度对该词的收录数，具体原因不明（见图 3 - 6）。

7. 活动类

活动类"百词"政府网站影响力情况见图 3 - 7。

从数据对比的角度，可以对政府网站互联网影响力较强和较弱的环节

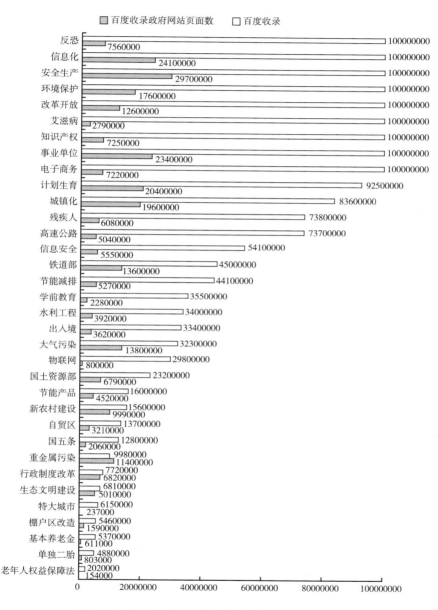

图 3-6　政府工作类"百词"政府网站影响力情况

分布情况有一个大致判断。

　　一方面，通过分析发现，政府网站在人物类（如郭美美、刘志军等）、政治事件类（如十八大、正能量、反腐倡廉、中美关系、群众路线

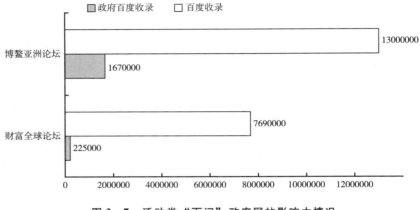

图3－7　活动类"百词"政府网站影响力情况

等）、政府工作类（如信息化、安全生产、事业单位等）以及社会事件类（如房价、城管、国足、镉超标大米、出租车涨价）词方面互联网影响力较为理想，百度收录政府网站页面数约占其所收录的互联网总页面数的30％左右。特别是在诸多关系民生问题的社会领域，由于各级政府高度重视，政府网站上发布了大量相关工作动态、政策法规、在线服务等信息内容，取得了良好效果。

　　另一方面，目前政府网站在经济类（如进出口、房地产、股市、新能源、投资项目等）、突发事件类（如暴雨、高温、禽流感等）和活动类（如博鳌亚洲论坛、财富全球论坛等）词方面被百度收录的页面数占百度收录总页面数的比例较低。这与两方面的因素有关：首先，这些领域大多是商业网站关注的热点问题，因此互联网上关于上述问题的信息总量较大；其次，目前政府网站上与上述问题相关的内容总体而言较少，特别是股市、房地产、财富论坛等事件由于与政府部门工作关联不十分紧密，除相关部门外的大部分政府网站对其关注较少。这也反映出在一些社会各界普遍关注的"焦点"、"热点"问题上，当前政府网站的互联网影响力尚有较大提升空间。

（二）百词互联网影响力总指数的计算方法

　　在政府网站互联网影响力评估指标体系的基础上，结合百词的现状，课题组进一步选取了百度搜索引擎上有关百词的政府网站收录数、搜索引擎前三页搜索结果中有关政府网站的条数、百科类网站转载的有关百词的政府网站信息情况以及微博转载的有关百词的政府网站信息情况等四项指标（以 2013 年 9 月份数据为准），以此作为百词互联网影响力总指数的计算标准，以此为依据计算百词的政府网站互联网影响力总指数。

（三）全国政府网站百词互联网影响力总指数

根据百词互联网影响力总指数的计算结果发现，政府网站在"养老保险"、"出入境"、"计划生育"、"食品安全"、"知识产权"、"生产许可证"、"事业单位"、"铁道部"、"国土资源"、"医疗保险"等方面的互联网影响力上表现较好，有关上述词汇的政府网站互联网影响力得分较高。

表 3-2　全国政府网站百词互联网影响力总指数

排名	百词	得分	排名	百词	得分
1	养老保险	91.28	18	信息安全	63.76
2	出入境	85.45	19	生态文明建设	63.05
3	计划生育	85.17	20	进出口	62.75
4	食品安全	84.91	21	禽流感	62.45
5	知识产权	84.15	22	新农村建设	61.85
6	生产许可证	84.03	23	城管	60.85
7	事业单位	83.95	24	城镇化	60.12
8	铁道部	79.01	25	甘肃岷县	57.78
9	国土资源	76.27	26	电子商务	57.65
10	医疗保险	73.42	27	蛟龙	56.77
11	信息化	73.25	28	增值税	56.64
12	学前教育	71.89	29	节能产品	56.20
13	南海	69.85	30	新交规	56.14
14	环境保护	68.45	31	新兴产业	55.28
15	大气污染	68.20	32	十八大	54.81
16	高温	67.65	33	八项规定	54.30
17	安全生产	64.15	34	人民币汇率	52.00

续表

排名	百词	得分	排名	百词	得分
35	个人所得税	51.94	68	美丽中国	35.15
36	重金属污染	51.73	69	房价	34.35
37	新能源	50.76	70	战斗力	33.97
38	国际金融	50.10	71	镉超标大米	33.39
39	钓鱼岛	49.55	72	京广高铁	32.03
40	节能减排	49.32	73	农信社	31.92
41	残疾人	49.13	74	国足	29.85
42	楼堂馆所	48.84	75	通货膨胀	29.26
43	水利工程	48.79	76	基本养老金	27.22
44	中国梦	48.05	77	自贸区	26.16
45	互联互通	47.44	78	股市	25.55
46	现代服务业	46.92	79	刘志军	24.73
47	老年人权益保障法	46.45	80	薄熙来	24.31
48	棚户区改造	46.37	81	气功大师	24.23
49	房地产	45.15	82	韩亚客机失事	23.78
50	现代农业	45.05	83	反恐	23.35
51	改革开放	44.55	84	行政制度改革	20.89
52	群众路线	44.43	85	轨道交通	20.27
53	高速公路	43.58	86	郭美美	18.30
54	投资项目	42.84	87	出租车涨价	18.16
55	正能量	42.19	88	地方债	16.34
56	物联网	41.81	89	财富全球论坛	15.34
57	反腐倡廉	40.56	90	意识形态	14.90
58	刘铁男	39.96	91	互联网金融	13.38
59	芦山地震	39.27	92	中美关系	13.02
60	中国经济升级版	38.88	93	单独二胎	12.43
61	暴雨	38.15	94	孙杨	10.68
62	艾滋病	37.75	95	博鳌亚洲论坛	9.01
63	神舟十号	37.39	96	国五条	7.57
64	最难就业季	37.30	97	特大城市	6.61
65	小微企业	36.49	98	辽宁号航母	4.96
66	四风	36.01	99	网络反腐	3.49
67	黄金价格	35.22	100	丝绸之路经济带	0.90

（四）百词的互联网影响力前十名政府网站

在百度收录的所有政府网站页面中，以下网站页面是以百词为检索词的搜索结果排名前十名的政府网站页面。在百词互联网影响力表现上，这些政府网站页面能够吸引更多的访问流量，具有更大的互联网影响力。

表3-3 全国政府网站百词互联网影响力前十名

百词	环境保护
1	中华人民共和国环境保护部（http://www.zhb.gov.cn）
2	中华人民共和国环境保护部（http://www.mep.gov.cn/）
3	广东环境保护公众网（http://www.gdep.gov.cn/）
4	日照环境保护网（http://www.rzhb.gov.cn/）
5	重庆环境保护（http://www.cepb.gov.cn/）
6	桂林市环境保护网（http://www.glepb.gov.cn/）
7	北京市环境保护局（http://www.bjepb.gov.cn/portal0/default.htm）
8	厦门环境保护（http://www.xmepb.gov.cn/default.aspx）
9	中华人民共和国中央人民政府门户网站（http://www.gov.cn/）
10	东莞环境保护公众网（http://dgepb.dg.gov.cn/）
百词	**知识产权**
1	中华人民共和国国家知识产权局（http://www.sipo.gov.cn/）
2	中国保护知识产权网（http://www.ipr.gov.cn/）
3	天津知识产权（http://www.tjipo.gov.cn/）
4	海淀区知识产权服务平台（http://www.hdkwipr.gov.cn/）
5	湖南省知识产权局（http://www.hnipo.gov.cn/）
6	杭州知识产权网（http://www.hzip.gov.cn/）
7	武汉知识产权网（http://www.whipb.gov.cn/）
8	广东省知识产权局（http://www.gdipo.gov.cn/）
9	上海市知识产权局（http://www.sipa.gov.cn/gb/zscq/index.html）
10	浙江省知识产权局（http://www.zjpat.gov.cn/）
百词	**医疗保险**
1	深圳市社会保险基金管理局（http://www.szsi.gov.cn/）
2	沈阳市社会医疗保险管理局（http://www.syyb.gov.cn/）
3	社会保险服务网（http://www.jshrss.gov.cn/shbxfww/）
4	株洲市人力资源和社会保障网（http://www.zzldbz.gov.cn/index.jsp?）
5	河北省医疗保险管理中心（http://www.hebyb.gov.cn/default.asp）

续表

百词	医疗保险
6	福建省人力资源和社会保障厅（http://www.fjlss.gov.cn/action/index/indexPage.action）
7	深圳政府在线（http://www.sz.gov.cn/cn/）
8	福州市医疗保险管理中心（http://www.fzyb.gov.cn/）
9	吉林省社会医疗保险管理局（http://www.jlyb.gov.cn/）
10	太原医疗保险管理服务中心（http://www.tyyb.gov.cn/）
百词	计划生育
1	中华人民共和国国家卫生和计划生育委员会（http://www.chinapop.gov.cn/zhuzhan/index.shtml）
2	上海市人口和计划生育委员会（http://www.popinfo.gov.cn/）
3	安徽省人口和计划生育委员会（http://www.ahpfpc.gov.cn/）
4	广东人口网（http://www.gdpic.gov.cn/）
5	佛山市人口和计划生育局（http://www.fsjs.gov.cn/）
6	扎兰屯市计划生育网（http://www.zltrkjs.gov.cn/）
7	北京市人口和计划生育委员会（http://www.bjfc.gov.cn/web/）
8	河源市人口和计划生育网（http://rkjsj.heyuan.gov.cn/）
9	江西省人口和计划生育委员会（http://www.jxjsw.gov.cn/）
10	内蒙古人口和计划生育委员会（http://www.nmgpop.gov.cn/）
百词	养老保险
1	深圳市社会保险基金管理局（http://www.szsi.gov.cn/）
2	上海市人力资源和社会保障网（http://www.12333sh.gov.cn/index.shtml）
3	城市中国网（http://www.town.gov.cn/）
4	中国昆明（http://www.km.gov.cn/structure/index.htm）
5	江苏人力资源和社会保障网（http://www.jshrss.gov.cn/shexfww/ylbxzl）
6	宁波市劳动和社会保障网（http://www.zjnb.lss.gov.cn/Html/nbsbw/）
7	北京市社会保险网上服务平台（http://www.bjld.gov.cn/csibiz/indinfo/login.jsp）
8	陕西省社会保障卡服务网（http://www.sn12333.gov.cn/）
9	社会保险服务网（http://www.jshrss.gov.cn/shbxfww/）
10	哈尔滨市人力资源和社会保障局（http://www.hrblss.gov.cn/Default.aspx）
百词	城　管
1	杭州市城市管理委员会门户网站（http://www.zfj.gov.cn/）
2	北京市城市管理综合行政执法局（http://www.bjcg.gov.cn/）
3	广州城管网（http://www.gzcg.gov.cn/site/home/index.aspx）
4	武汉市城管局（www.whcg.gov.cn）
5	宿迁城管网（http://www.sqcgj.gov.cn/）
6	宁波城管网（http://www.nbcg.gov.cn/）
7	深圳市城市管理局（深圳市城市管理行政执法局）（http://www.szum.gov.cn/）

续表

百词	城　管
8	余姚城管执法局(http://www.cgj.yy.gov.cn/)
9	宁波市江东区城管网(http://www.nbjdcg.gov.cn/)
10	嘉兴市城市管理行政执法局(嘉兴城管网)(http://www.jxcg.gov.cn/Web/Main.asp)

百词	事业单位
1	福建省事业单位招聘考试网(http://sy.fjkl.gov.cn/)
2	北京市人力资源和社会保障局首页(http://www.bjld.gov.cn/)
3	黑龙江省人力资源和社会保障厅(http://www.hl.lss.gov.cn/hljhrss/index.jsp)
4	山东省人力资源和社会保障厅(http://www.sdhrss.gov.cn/cm/)
5	事业单位在线(http://www.gjsy.gov.cn/)
6	中华人民共和国中央人民政府门户网站(http://www.gov.cn/)
7	厦门市公务员局–事业单位招聘频道(http://syzp.xmrs.gov.cn/home.html)
8	吉林省人力资源和社会保障厅(http://hrss.jl.gov.cn/)
9	21世纪人才网首页(http://www.21cnhr.gov.cn/)
10	青岛市人力资源和社会保障网(http://www.qdhrss.gov.cn/rsj/index.html)

百词	高　温
1	中国气象网–中国气象局政府门户网站(http://www.cma.gov.cn/)
2	广东省人民政府应急管理办公室(http://www.gdemo.gov.cn/)
3	中央气象台(http://www.nmc.gov.cn/index.html)
4	河源教育信息网(http://www.hyedu.gov.cn/)
5	重庆市气象局(http://www.cqmb.gov.cn/ecms/)
6	宿州市人民政府(http://www.ahsz.gov.cn/)
7	马鞍山市住房和城乡建设委员会(http://masjw.mas.gov.cn/)
8	中华人民共和国中央人民政府门户网站(http://www.gov.cn/)
9	上海市人力资源社会保障网(http://www.12333sh.gov.cn/index.shtml)
10	中国昆山(http://www.ks.gov.cn/index.html)

百词	南　海
1	千年古郡·幸福南海(http://www.nanhai.gov.cn/cms/sites/main/index.jsp)
2	佛山市政府网(http://www.foshan.gov.cn/)
3	佛山市南海区经济和科技促进局(科技)网站(http://keji.nanhai.gov.cn/qkjj/)
4	南海卫士(http://www.nhga.gov.cn/)
5	南海共青团网(http://tuanwei.nanhai.gov.cn/nhgqt/)
6	佛山市南海区地方税务局(http://www.nhds.gov.cn/portal/default.html)
7	南海区国土城建和水务局(水务)官方网站(http://sanfang.nanhai.gov.cn/)
8	佛山市南海区外事侨务局网站(http://nhfoa.nanhai.gov.cn/wsqw/)
9	信用南海网(http://shxy.nanhai.gov.cn/)
10	南海区卫生监督所主页(http://www.nhwsjd.gov.cn/web/index.jsp)

续表

百词	国土资源部
1	国土资源部（http://www.mlr.gov.cn/）
2	中华人民共和国中央人民政府门户网站（http://www.gov.cn/）
3	江苏省国土资源厅网站（http://www.jsmlr.gov.cn/）
4	安徽省国土资源厅（http://www.ahgtt.gov.cn/）
5	北京市国土资源局（http://www.bjgtj.gov.cn/publish/portal0/tab3185/）
6	福建省国土资源厅（http://www.fjgtzy.gov.cn/templates/index.jsp）
7	海南省国土环境资源厅（http://www.dloer.gov.cn/）
8	贵州国土资源——贵州省国土资源厅（http://www.gzgtzy.gov.cn/）
9	乌鲁木齐市国土资源局（http://www.urumqiland.gov.cn/）
10	西安市国土资源局（www.xaland.gov.cn/）

百词	生产许可证
1	国家质量监督检验检疫总局（http://www.aqsiq.gov.cn/）
2	广东省质量技术监督局（http://www.gdqts.gov.cn/）
3	江苏省食品药品监督管理局（http://www.jsfda.gov.cn/）
4	国家安全生产监督管理总局（http://www.chinasafety.gov.cn/newpage/）
5	北京市质量技术监督局（http://www.bjtsb.gov.cn/）
6	中华人民共和国中央人民政府门户网站（http://www.gov.cn/）
7	娄底开发区政务网（http://www.ldkf.gov.cn/index.asp）
8	福建省质量技术监督局（http://www.fjqi.gov.cn/）
9	遵义市质量技术监督局（www.zyszj.gov.cn/）
10	河北省质量技术监督局（http://www.hebqts.gov.cn/index.shtml）

百词	食品安全
1	国家食品安全网（http://www.cfs.gov.cn/cmsweb/webportal/W160/index.html）
2	广东省食品安全网（http://www.gdfs.gov.cn/）
3	吉林省食品安全网（http://www.jlfs.gov.cn/）
4	中华人民共和国中央人民政府门户网站（http://www.gov.cn/）
5	陕西省食品安全网（http://www.sxfs.gov.cn/）
6	中山市食品安全信息网（http://www.zs.gov.cn/zsfood/index.action）
7	首都食品安全网（http://www.bfa.gov.cn/）
8	浙江食品安全信息网（http://www.zjfs.gov.cn/index.jsp）
9	三门食品安全信息网（http://www.smxfs.gov.cn/）
10	温岭食品安全信息网（http://www.139586.com/）

百词	增值税
1	上海市国家税务局 上海市地方税务局（http://www.csj.sh.gov.cn/pub/）
2	国家税务总局（http://www.chinatax.gov.cn/n8136506/index.html）
3	北京市国家税务局（http://www.bjsat.gov.cn/bjsat/）

续表

百词	增值税
4	中华人民共和国中央人民政府门户网站(http://www.gov.cn/)
5	厦门市国家税务局(http://www.xm-n-tax.gov.cn/index.htm)
6	淮安国税局(http://www.hags.gov.cn/)
7	青岛市国家税务局(http://www.qd-n-tax.gov.cn/)
8	湖南省国家税务局网上办税服务厅(http://wsbst.hntax.gov.cn/WSBSO/index.jsp)
9	浙江省国家税务局(http://www.zjtax.gov.cn/pub/zjgs/)
10	山东国税门户网站(http://www.sd-n-tax.gov.cn/)

百词	出入境
1	北京市公安局(http://www.bjgaj.gov.cn/web/index.jsp)
2	重庆市公安局公众信息网(http://www.cqga.gov.cn/Default.htm)
3	北京出入境检验检疫局(http://www.bjciq.gov.cn/)
4	中华人民共和国公安部(http://www.mps.gov.cn/n16/index.html)
5	湖北省公安厅出入境办证服务网(http://www.hbcrj.gov.cn/)
6	武汉市公安局出入境管理局(http://www.whcrj.gov.cn/)
7	中华人民共和国中央人民政府门户网站(http://www.gov.cn/)
8	杭州市公安出入境便民服务信息网(http://www.hzcrj.gov.cn/)
9	中国·成都–出入境(http://www.chengdu.gov.cn/ServiceIndex/churujing/)
10	浙江省公安厅(http://www.zjsgat.gov.cn/)

百词	新农村建设
1	江西新农村建设权威网站(http://www.jxagriec.gov.cn/)
2	新农村建设网(http://xnc.huizhou.gov.cn/)
3	建设社会主义新农村(http://www.ahnw.gov.cn/other/newcountry/)
4	贵州新农村建设(http://www.gzxncw.gov.cn/)
5	云南新农村建设网 云南新农村建设指导员网(http://www.xnc.yn.gov.cn/xnc/2594073385365405696/index.html)
6	广西农业信息网 – 广西农业厅、广西农业政府门户网站(http://www.gxny.gov.cn/)
7	吉林省人民政府门户网站(http://www.jl.gov.cn/)
8	马鞍山农业信息网(http://www.masnw.gov.cn/index.asp)
9	全椒先锋网(http://www.qjxf.gov.cn/HomeIndex.html)
10	中国·上犹新农村建设网(http://www.syxnc.gov.cn/)

百词	铁道部
1	中华人民共和国中央人民政府门户网站(http://www.gov.cn/)
2	铁道部党校(http://61.233.14.172/index.jsp)
3	国家信访局(http://www.gjxfj.gov.cn/)
4	江西省发展和改革委员会(http://www.jxdpc.gov.cn/)
5	海门人口网(http://hmrk.gov.cn/)

续表

百词	铁道部
6	中华人民共和国国务院新闻办公室国家互联网信息办公室（http://www.scio.gov.cn/）
7	广元市人民政府门户（http://www.cngy.gov.cn/）
8	辽宁省人民政府（http://www.ln.gov.cn/）
9	中国普法网（http://www.legalinfo.gov.cn/index.htm）
10	全国人民代表大会（http://www.npc.gov.cn/）

百词	个人所得税
1	广东省地方税务局（www.gdltax.gov.cn）
2	北京市地方税务局个人所得税服务管理信息系统（http://gs.tax861.gov.cn/index.htm）
3	上海市国家税务局 上海市地方税务局（http://www.csj.sh.gov.cn/pub/）
4	国家税务总局（http://www.chinatax.gov.cn/n8136506/index.html）
5	深圳市地方税务局（http://www.szds.gov.cn/portal/site/site/portal/szds/index.portal?categoryId=2978）
6	西安市地方税务局（http://www.xads.gov.cn/index.jsp?urltype=tree.TreeTem pUrl& wbtreeid=1）
7	厦门市地方税务局（http://www.xm-l-tax.gov.cn/index.shtml）
8	江苏省常州地方税务局（http://www.dscz.gov.cn/index.html）
9	苏州地税（http://sz.jsds.gov.cn/）
10	东莞市地方税务局（http://www.dgds.gov.cn/portal/fzgb/dg/index.htm）

百词	大气污染
1	上海环境热线（http://www.envir.gov.cn/）
2	中华人民共和国环境保护部（http://www.zhb.gov.cn/）
3	中华人民共和国中央人民政府门户网站（http://www.gov.cn/）
4	中国普法网（http://www.legalinfo.gov.cn/index.htm）
5	北京科普之窗（http://www.bjkp.gov.cn/）
6	四川文明网（http://www.scwmw.gov.cn/）
7	中国气象网 – 中国气象局政府门户网站（http://www.cma.gov.cn/）
8	南宁市环境保护局（http://www.nnhb.gov.cn/）
9	广西壮族自治区环境保护厅（http://www.gxepb.gov.cn/）
10	新疆兴农网（http://www.xjxnw.gov.cn/）

百词	学前教育
1	福建省教育厅（http://www.fjedu.gov.cn/html/index.html）
2	江西教育网学前频道（http://child.jxedu.gov.cn/）
3	深圳政府在线（http://www.sz.gov.cn/cn/）
4	东营教育信息网（http://www.dyjy.gov.cn/index.php）
5	密云学前教育网（http://yj.myedu.gov.cn/MPS/Default.aspx）
6	浙江省学前教育管理系统（http://xqglpt.zjedu.gov.cn/）

续表

百词	学前教育
7	中国长治（http：//www. changzhi. gov. cn/）
8	全国学前教育管理信息系统（http：//www. sxedu. gov. cn/xqjyglxxxt/index. asp）
9	宁波市教育局－宁波市教育与科研网络（http：//www. nbedu. gov. cn/）
10	学前教育管理信息系统（http：//www. jledu. gov. cn/xqjyglxt/）

百词	现代服务业
1	中关村国家自主创新示范区现代服务业综合试点项目管理平台（http：//xdfwy. beijing. gov. cn/）
2	中华人民共和国科学技术部（http：//www. most. gov. cn/index. htm）
3	中国上海（http：//www. shanghai. gov. cn/shanghai/node2314/index. html）
4	湖南省人民政府（http：//www. hunan. gov. cn/）
5	厦门市创建国家创新型城市（http：//chuangxin. xm. gov. cn：8035/index. html）
6	中国徐州云龙（http：//www. xzyl. gov. cn/）
7	宁波决策咨询网——宁波市人民政府发展研究中心（http：//fz. ningbo. gov. cn/index. html）
8	天津现代服务业（http：//www. tjms. gov. cn/）
9	临安市发展和改革局（http：//www. ladpc. gov. cn/）
10	杭州市发展改革委员会（http：//www. hzdpc. gov. cn/sy/）

百词	电子商务
1	电子商务网（http：//eb. mofcom. gov. cn/）
2	武汉服务外包公共服务平台（http：//www. wuhansourcing. gov. cn/）
3	上海市商务委员会（http：//www. scofcom. gov. cn/）
4	济南市商务局（http：//www. jinanbusiness. gov. cn/）
5	电子商务服务监管网 深圳（http：//ec. szscjg. gov. cn/index. aspx）
6	饶河县人民政府门户网站（http：//www. hlraohe. gov. cn/Default. aspx）
7	海南商务厅网站（http：//www. dofcom. gov. cn/）
8	准格尔旗经济商务和信息化局（http：//jxj. zge. gov. cn/）
9	深圳市电子商务市场公共服务平台（http：//www. ebs. gov. cn/）
10	中华人民共和国工业和信息化部（http：//www. miit. gov. cn/n11293472/index. html）

百词	房地产
1	中国房地产信息网——国家级的房地产信息与数据中心（http：//www. realestate. cei. gov. cn/）
2	淄博房产信息网（http：//www. zbfc. gov. cn/）
3	莆田房地产管理信息网（http：//www. ptfg. gov. cn/）
4	济宁住宅与房地产信息网（http：//www. jnzzfdc. gov. cn/index. html）
5	舟山房产政务网（http：//www. zsfc. gov. cn/）
6	平顶山市房产管理局（http：//www. pdsfdc. gov. cn/）

续表

百词	房地产	
7	郑州房地产网（http://www.zzfdc.gov.cn/）	
8	内蒙古自治区住宅与房地产网（http://www.imre.gov.cn/）	
9	北海房地产（http://www.beihaire.gov.cn/conn_page.asp? numberbj=1）	
10	国家统计局房地产直报（http://www.3000.gov.cn/fdczb/index.htm）	
百词	投资项目	
1	浙江省企业投资项目备案系统（http://invest.zj.gov.cn/Default.asp）	
2	浦江县发展和改革局（http://www.pjfz.gov.cn/）	
3	中国三亚门户网站（http://old2012.sanya.gov.cn/）	
4	中国丹阳（http://www.danyang.gov.cn/）	
5	湖北省企业投资项目备案系统（http://www.hbinvest.gov.cn/prws/index.aspx）	
6	湖北省人民政府驻深圳办事处–中国·湖北（http://www.hbszb.gov.cn/）	
7	国家投资项目评审中心（http://pszx.ndrc.gov.cn/default.htm）	
8	重庆市政府网（http://www.cq.gov.cn/index.shtml）	
9	宁化县政府门户网站（http://www.fjnh.gov.cn/）	
10	桐梓门户网站（http://www.gztongzi.gov.cn/）	
百词	重金属污染	
1	中华人民共和国中央人民政府门户网站（http://www.gov.cn/）	
2	湖北省环境保护厅（http://www.hbepb.gov.cn/）	
3	中华人民共和国环境保护部（www.zhb.gov.cn）	
4	渭南农业信息网（http://www.wnnyw.gov.cn/index.aspx）	
5	浙江省环保厅门户（http://www.zjepb.gov.cn/hbtmhwz/）	
6	贵州省环境保护厅（http://www.gzhjbh.gov.cn/index.shtml）	
7	山东省环境保护厅（http://www.sdein.gov.cn/）	
8	西宁市人民政府门户网（http://www.xining.gov.cn/Default.html）	
9	安徽省环保厅（http://www.aepb.gov.cn/Pages/home.html）	
10	三农直通车（http://www.gdcct.gov.cn/）	
百词	信息安全	
1	中国信息安全认证中心（http://www.isccc.gov.cn/）	
2	中国信息安全测评中心（http://www.itsec.gov.cn/）	
3	中华人民共和国工业和信息化部（http://xxaqs.miit.gov.cn/n11293472/index.html）	
4	赣州市工业和信息化委员会（http://www.gzciit.gov.cn/）	
5	广东省经济和信息化委员会（http://www.gdei.gov.cn/）	
6	北京信息安全服务平台（http://www.bjtec.org.cn/cenep/html/index.html）	
7	上海市信息安全测评认证中心（http://www.shtec.gov.cn/index.html）	
8	浙江省经济和信息化委员会（http://www.zjjxw.gov.cn/）	
9	滕州市信息化服务中心（http://xxzx.tengzhou.gov.cn/）	
10	中华人民共和国外交部（http://www.fmprc.gov.cn/mfa_chn/）	

续表

百词	残疾人
1	中华人民共和国中央人民政府门户网站（http://www.gov.cn/）
2	北京市残疾人联合会网站（http://cl.bjfsh.gov.cn/）
3	首都之窗－北京市政务门户网站（http://www.beijing.gov.cn/）
4	上海残疾人联合会网站（http://www.shdisabled.gov.cn/clinternet/platformData/infoplat/pub/disabled_132/shouye_3702/）
5	中国厦门市人民政府官方网站（http://www.xm.gov.cn/）
6	哈尔滨市残疾人联合会（http://www.hrbcl.gov.cn/）
7	长沙市政府网站（http://www.changsha.gov.cn/）
8	中国宁德（http://www.ningde.gov.cn/cms/www2/www.ningde.gov.cn/index.html）
9	陕西省残疾人联合会（http://www.sndpf.gov.cn/）
10	湖南省人民政府（http://www.hunan.gov.cn/）

百词	城镇化
1	城市中国网（http://www.town.gov.cn/）
2	重庆市城乡建设委员会（http://www.ccc.gov.cn/）
3	中国大通湖（http://www.datonghu.gov.cn/）
4	河北建设网（http://www.hebjs.gov.cn/）
5	吉林省人民政府（http://www.jl.gov.cn/）
6	汉中市人民政府网站（http://www.hanzhong.gov.cn/hanzhonggov/72057594037927936/index.html）
7	全国人民代表大会（http://www.npc.gov.cn/）
8	山东农业信息网（http://www.sdny.gov.cn/index.html）
9	湖南省人民政府（http://www.hunan.gov.cn/）
10	四川农村信息网（http://www.scnjw.gov.cn/export/sites/szx/scnjw/index.html）

百词	棚户区改造
1	枣庄市棚户区改造专题（http://www.zzjsxxw.gov.cn/penggai/index.asp）
2	中国株洲政府门户网（http://www.hunanzhuzhou.gov.cn/sitepublish/site1/default.htm）
3	北京市住房和城乡建设委员会门户网站（http://www.bjjs.gov.cn/publish/portal0/tab3939/）
4	吉林省住房和城乡建设厅（http://jst.jl.gov.cn/）
5	济南市政府门户网站（http://www.jinan.gov.cn/）
6	中华人民共和国中央人民政府门户网站（http://www.gov.cn/）
7	中国巴彦淖尔（http://www.bynr.gov.cn/）
8	吉林省林业厅（http://lyt.jl.gov.cn/）
9	重庆市城乡建设委员会（http://www.ccc.gov.cn/）
10	中国徐州（http://www.xz.gov.cn/）

续表

百词	生态文明建设
1	国家林业局（http://www.forestry.gov.cn/）
2	中华人民共和国环境保护部（www.zhb.gov.cn）
3	中共江苏省委新闻网（http://www.zgjssw.gov.cn/）
4	聊城市环保信息网（http://www.lchbj.gov.cn/）
5	湖北省环境保护厅（http://www.hbepb.gov.cn/）
6	山东黄河网（http://www.sdhh.gov.cn/）
7	广东省人民政府首页（http://www.gd.gov.cn/）
8	水利部（http://www.mwr.gov.cn/）
9	四川林业网站群（http://www.scly.gov.cn/scly/）
10	国土资源部（http://www.mlr.gov.cn/）

百词	甘肃岷县
1	岷县党建网（www.mxzzb.gov.cn）
2	岷县人力资源网（http://www.mxrlzyw.gov.cn/）
3	岷县党政网（http://www.mxdz.gov.cn/）
4	岷县县科学技术局（http://www.mx.dxkj.gov.cn/）
5	中国·甘肃（http://www.gansu.gov.cn/）
6	甘肃国土资源厅（http://www.gsdlr.gov.cn/）
7	国土资源部（http://www.mlr.gov.cn/）
8	定西岷县民政（http://minxian.mca.gov.cn/）
9	甘肃旅游网（http://www.gsta.gov.cn/）
10	中国地震局（http://www.cea.gov.cn/）

百词	进出口
1	进出口银行（http://www.eximbank.gov.cn/）
2	中国纺织经济信息网（http://www.cheminfo.gov.cn/）
3	中国化工信息网（http://www.cheminfo.gov.cn/）
4	中国濒危物种进出口信息网（http://www.cites.gov.cn/）
5	国家质量监督检验检疫总局（http://www.aqsiq.gov.cn/）
6	中国海关（http://www.customs.gov.cn/publish/portal0/）
7	中国经济信息网（http://www.cei.gov.cn/）
8	商务部（http://www.mofcom.gov.cn/）
9	中国农药信息网（http://www.chinapesticide.gov.cn/）
10	全国新闻出版统计网（http://www.ppsc.gov.cn/）

百词	禽流感
1	广东省人民政府应急管理办公室（http://www.gdemo.gov.cn/）
2	首都之窗－北京市政务门户网站（http://www.beijing.gov.cn/）
3	宁波市北仑区人民政府网站（http://www.bl.gov.cn/）

续表

百词	禽流感
4	鹿城区卫生局（http://www. lcwsj. gov. cn/）
5	辽宁金农网（http://www. lnjn. gov. cn/）
6	长沙市政府网站（http://www. changsha. gov. cn/）
7	黑龙江省畜牧兽医局政务网（http://www. hljxm. gov. cn/）
8	常州市政府门户网站（http://www. changzhou. gov. cn/）
9	三农直通车（http://www. gdcct. gov. cn/）
10	北京大兴信息网（http://www. bjdx. gov. cn/）
百词	节能减排
1	科学技术部（http://www. most. gov. cn/）
2	云南省工业和信息化委员会（http://www. ynetc. gov. cn/）
3	住房和城乡建设部（http://www. mohurd. gov. cn/）
4	甘肃省工业和信息化委员会（http://www. gsec. gov. cn/）
5	北京市朝阳区发展和改革委员会（http://www. bjchy. gov. cn/）
6	山东省经济和信息化委员会（http://www. sdetn. gov. cn/）
7	中华人民共和国中央人民政府门户网站（http://www. gov. cn/）
8	中华人民共和国工业和信息化部（http://www. miit. gov. cn/n11293472/index. html）
9	柳州中小企业网（http://www. smelz. gov. cn/）
1	中国中小企业甘肃兰州网（http://www. smelzh. gov. cn/）
百词	老年人权益保障法
1	中国政府网（www. gov. cn）
2	民政部网站（www. mca. gov. cn）
3	中国人大网（www. npc. gov. cn）
4	中国普法网（www. legalinfo. gov. cn）
5	北京平谷政府网（www. bjpg. gov. cn）
6	山东人大立法网（www. sdrdlf. gov. cn）
7	杭州政府网（www. hangzhou. gov. cn）
8	南京市依法治市网站（www. yfzs. gov. cn）
8	四川南部县政府网（www. scnanbu. gov. cn）
10	四川人大网（www. scspc. gov. cn）
百词	水利工程
1	水利部网站（www. mwr. gov. cn）
2	荆州市招投标信息网（www. jzztb. gov. cn）
3	江苏水利工程建设网（www. jsslgc. gov. cn）
4	松辽水利网（www. slwr. gov. cn）
5	江苏省水利厅网站（www. jswater. gov. cn）
6	青海省水利信息网（www. qhsl. gov. cn）

续表

百词	水利工程
7	新郑水利信息网（www. xzslj. gov. cn）
8	山西省水利厅网站（www. sxwater. gov. cn）
9	扬州市水利局网站（slj. yangzhou. gov. cn）
10	准格尔旗水务局（swj. zge. gov. cn）

百词	新兴产业
1	扬州政府网（www. yangzhou. gov. cn）
2	张家港干部教育网（study. zjgdj. gov. cn）
3	山西省发改委网站（www. sxdrc. gov. cn）
4	武汉政府网（www. wj. gov. cn）
5	佛山市顺德区政府网（www. shunde. gov. cn）
6	宁海政府网（www. nh. gov. cn）
7	广州发改委网站（www. gzplan. gov. cn）
8	烟台高新开发区网站（www. ytgaoxinqu. gov. cn）
9	国家工业和信息化部（www. miit. gov. cn）
10	中国政府网（www. gov. cn）

百词	十八大
1	中国政府网（www. gov. cn）
2	平湖组工网（phycjy. pinghu. gov. cn）
3	来安先锋网（la. ahxf. gov. cn）
4	岳普湖县政府网（www. yph. gov. cn）
5	衡水政府网（www. hengshui. gov. cn）
6	全国党员干部现代远程教育网（www. dygbjy. gov. cn）
7	石家庄市文联（www. sjzwl. gov. cn）
8	扬州政协网（www. yzzx. gov. cn）
9	南京市机关建设网（www. jgjs. gov. cn）
10	福建气象网（www. fjqx. gov. cn）

百词	蛟　龙
1	国家海洋局（www. soa. gov. cn）
2	国务院国有资产监督管理委员会（www. sasac. gov. cn）
3	咸阳政府网（www. xianyang. gov. cn）
4	马鞍山市环保局（www. ahmasepa. gov. cn）
5	嘉兴政府网（www. jiaxing. gov. cn）
6	国家重大技术装备网（www. chinaequip. gov. cn）
7	中国政府网（www. gov. cn）
8	南通市通州区平湖镇政府网（pcz. tz. gov. cn）
9	国家国土局（www. mlr. gov. cn）
10	中国睢宁市姚集镇蛟龙村（ql. snjw. gov. cn）

续表

百词	节能产品
1	武汉节能监察网 (www. whecs. gov. cn)
2	广西工业和信息化委员会 (www. gxgxw. gov. cn)
3	中国政府采购网 (www. ccgp. gov. cn)
4	国家发改委 (www. ndrc. gov. cn)
5	国家财政部 (www. mof. gov. cn)
6	厦门节能公共服务网 (www. xmsme. gov. cn)
7	国家质量监督检验局 (www. aqsiq. gov. cn)
8	国家工业和信息化部 (www. miit. gov. cn)
9	国家税务总局 (www. chinatax. gov. cn)
10	山东经济和信息化委员会 (www. sdetn. gov. cn)

百词	反腐倡廉
1	荔城反腐倡廉网 (www. lcffcl. gov. cn)
2	株洲反腐倡廉网 (zzlzw. zznews. gov. cn)
3	北京市反腐倡廉法制教育中心 (jidi. bj. jcy. gov. cn)
4	石狮市反腐倡廉网 (www. shishi. gov. cn)
5	承德反腐倡廉教育网 (www. cdwllzdx. gov. cn)
6	赣州党务公开网 (www. gzdw. gov. cn)
7	陕西党建网 (www. sx – dj. gov. cn)
8	十堰市环境保护局 (www. hbsyepb. gov. cn)
9	钦州政府网 (www. qinzhou. gov. cn)
10	西宁反腐倡廉宣传网 (ffcl. xining. gov. cn)

百词	群众路线
1	国家民族事务委员会 (www. seac. gov. cn)
2	西安阎良民政 (yanliang. mca. gov. cn)
3	陕西群众路线网 (qzlx. sx – dj. gov. cn)
4	安徽党建网 (www. ahxf. gov. cn)
5	杭州价格网 (www. hzjg. gov. cn)
6	大关党建网 (www. dgdj. zt. gov. cn)
7	浙江领导干部网络学院 (www. zjce. gov. cn)
8	大学生村官博客 (cz. suqian. gov. cn)
9	河北统计局 (www. hetj. gov. cn)
10	贵州省万村千乡 (www. gzjcdj. gov. cn)

百词	人民币汇率
1	中国人民银行 (www. pbc. gov. cn)
2	国家外汇管理局 (www. safe. gov. cn)
3	汕头市国家税务局 (portal. gd – n – tax. gov. cn)

百词	人民币汇率
4	中山市对外贸易经济合作局（www.zsboftec.gov.cn）
5	国家外汇管理局（www.safe.gov.cn）
6	中国政府网（www.gov.cn）
7	国家发改委（www.sdpc.gov.cn）
8	宁波市对外贸易经济合作局（www.nbfet.gov.cn）
9	安徽省政府发展研究中心（www.dss.gov.cn）
10	济宁政府网（www.jining.gov.cn）
百词	**改革开放**
1	吉林省政府网（www.jl.gov.cn）
2	乌海政府网（www.wuhai.gov.cn）
3	河南省发改委网站（www.hndrc.gov.cn）
4	唐山（www.tsdrc.gov.cn）
5	国家国土局（www.mlr.gov.cn）
6	国家统计局（www.stats.gov.cn）
7	漳州教育信息网（www.fjzzjy.gov.cn）
8	广州党史（zggzds.gov.cn）
9	四川政府网（www.sc.gov.cn）
10	哈尔滨政府网（www.harbin.gov.cn）
百词	**房价**
1	中国荆门市物价局（www.jmpic.gov.cn）
2	天津市国土局（www2.tjfdc.gov.cn）
3	鹰潭市政府网（www.yingtan.gov.cn）
4	中共雅安市委书记信箱（mail.yaan.gov.cn）
5	彬县政府网（www.snbinxian.gov.cn）
6	中国房地产信息网（www.realestate.cei.gov.cn）
7	德清县物价局（price.dqdc.gov.cn）
8	河南政府网（www.henan.gov.cn）
9	深圳市国土局（ris.szfdc.gov.cn）
10	福州市便民呼叫中心（www.fz12345.gov.cn）
百词	**暴雨**
1	广东省人民政府应急管理办公室（http://www.gdemo.gov.cn/yjflcx/yjfl/zrzh/qtzrzh/200712/t20071203_36299.htm）
2	中国气象局（http://www.cma.gov.cn/2011qxfw/2011qqxkp/2011qkpdt/201205/t20120508_172024.html）
3	陕西省人民政府（http://www.shaanxi.gov.cn/IssuedContentAction.do?dispatch=vContent SelfByContid&contentid=61033）

续表

百词	暴　雨
4	中华人民共和国水利部（http://www.nmc.gov.cn/publish/country/warning/downpour.html）
5	中央气象台（http://www.nmc.gov.cn/publish/country/warning/downpour.html）
6	中国中山政府门户网站（http://www.zs.gov.cn/main/farm/newsview/index.action? id = 40880）
7	开封气象局（http://www.kaifengqx.gov.cn/qixiangkepu/2012 - 05 - 08/1420.html）
8	中国湘乡网（http://www.xiangxiang.gov.cn/）
9	深圳气象局（http://www.szmb.gov.cn/article/ZaiHaiYuJing/YuJingXinHaoFaBuGuiDing/2009/09/09/4aa76ff522584.html）
10	首都之窗（http://zhengwu.beijing.gov.cn/zwzt/yjzh/by/default.htm）

百词	楼堂馆所
1	福建省发展和改革委员会（http://www.fjdpc.gov.cn/showZrxx.aspx? Id = 944）
2	阿拉善盟门户网站（http://www.als.gov.cn/main/government/administrative/xswj/f896803d - d272 - 46b2 - a222 - 181b36e3d66d/default.shtml）
3	湘潭市人民政府（http://www.xiangtan.gov.cn/new/wszf/wjgz/zfwj/swszfwj/content _ 10172.html）
4	广东省人民政府（http://www.gd.gov.cn/govpub/zfwj/zfxxgk/gfxwj/yfb/200809/t20080910_63877.htm）
5	北京市规划委员会（http://www.bjghw.gov.cn/web/static/articles/catalog_12600/article _ 2c94ec9e22970ee00122970f22ed003d/2c94ec9e22970ee00122970f22ed003d.html）
6	中国政府网（http://www.gov.cn/xxgk/pub/govpublic/mrlm/201108/t20110830_64016.html）
7	陕西省人民政府（http://www.shaanxi.gov.cn/0/104/10055.htm）
8	锡林郭勒盟发展和改革委员会（http://www.xlgldrc.gov.cn/zcfg/tzwj/dzjgbgl/）
9	四川省人民政府政务服务中心（http://www.sczw.gov.cn/Article/HTML/11718.shtml）
10	天津政务网（http://www.tj.gov.cn/zwgk/zwxx/zwyw/201307/t20130724_219202.htm）

百词	艾滋病
1	国家卫生和计划生育委员会（http://www.moh.gov.cn/cmsresources/mohyzs/cmsrsdocument/doc13944.pdf）
2	滨州市人口和计划生育委员会（http://www.bzrk.gov.cn/Html/HuiMin/hf/yfaz/5682.html）
3	国家中医药管理局（http://www.satcm.gov.cn/zhuanti/aids/）
4	内蒙古人口网（http://www.nmgpop.gov.cn/rdzt/tgcsrksz/fkazb/295812.shtml）
5	甘肃省人口和计划生育委员会（http://www.gsjsw.gov.cn/html/man/08 _ 46 _ 00 _ 878.html）
6	楚雄州人口和计划生育委员（http://www.cxrkjsw.gov.cn/file_read.aspx? ID = 88）

续表

百词	艾滋病	
7	西安人口网（http://www.xianfp.gov.cn/Index/Catalog122.aspx）	
8	贵州人口网（http://www.gzrenkou.gov.cn/Info.aspx？ModelId=1&Id=21468）	
9	广西卫生信息网（http://www.gxws.gov.cn/cszc/axc/aizibingfanghuzhishi/）	
10	广东省卫生厅（http://www.gdwst.gov.cn/a/zwxw/201111309428.html）	
百词	**高速公路**	
1	中国公路信息服务网（http://www.chinahighway.gov.cn/html/index.html）	
2	湖北高速公路服务区（http://www.ggj.hbjt.gov.cn/fwq/）	
3	重庆市政府公众信息网（http://www.cq.gov.cn/bwzf/104/Default.htm）	
4	浙江交通（http://gzcx.zjt.gov.cn/zje/gaosushoufei/）	
5	成都市交通运输委员会（http://www.cdjt.gov.cn/gsgl.jsp？type=2&bigClassID=7372329301503293918）	
6	陕西省高速公路收费管理中心（http://www.sxsfgl.gov.cn/LuKuang/message.php？root_lanmu=30&sub_lanmu=67）	
7	辽宁省高速公路管理局（http://gsj.lncom.gov.cn/）	
8	河北高速公路管理局（http://www.hbgs.com.cn/）	
9	青岛市高速公路管理处（http://ggc.qdjt.gov.cn/index.html）	
10	湖州交通网（http://www.hujt.gov.cn/n1096/n2272/n2349/n2636/）	
百词	**股市**	
1	安徽金融网（http://www.ahjr.gov.cn/html/wjsp/jrgs/）	
2	中国政府网（http://www.gov.cn/jrzg/2013-06/13/content_2425359.htm）	
3	决策支持网（http://www.dss.gov.cn/Article_Print.asp？ArticleID=208042）	
4	贵港档案信息网（http://ggda.gxi.gov.cn/fwzn/xggd/nxpl/news278.asp）	
5	中国政府网（http://www.gov.cn/jrzg/2013-06/24/content_2432925.htm）	
6	郑州市金水区人民政府（http://www.jinshui.gov.cn/llz/rootfiles/2010/05/31/1275043708799465-1275043708801712.txt）	
7	安徽农网（http://www.ahnw.gov.cn/xxg/bxlb/bmfw/gushihq.htm）	
8	商务部（http://www.mofcom.gov.cn/aarticle/i/jyjl/k/201206/20120608178052.html）	
9	中国证券监督管理委员会（http://www.csrc.gov.cn/pub/guangdong/xxfw/tzzsyd/zqtz/200909/t20090902_122214.htm）	
10	涨停先锋（http://www.wfhy.gov.cn/lz/）	
百词	**新能源**	
1	国家能源局（http://www.nea.gov.cn/sjzz/xny/）	
2	中国汽车工业信息网（http://www.autoinfo.gov.cn/autoinfo_cn/qjnyqc/A0131index_1.htm）	
3	国家重大技术装备网（http://www.chinaequip.gov.cn/xnykjzb/）	
4	呼和浩特市人民政府办公厅（http://www.huhhot.gov.cn/zht/index.asp？web_id=10）	

续表

百词	新能源
5	工 业 和 信 息 化 部 （http://www.miit.gov.cn/n11293472/n11293832/n11294057/n11302390/12427300.html）
6	中国国际科技合作网（http://www.cistc.gov.cn/xinnengyuan/）
7	邯郸新能源网（http://xny.hd.gov.cn/）
8	河北农业信息网（http://www2.heagri.gov.cn/hbagri/web_nengyuan/）
9	邯郸新能源网（http://xny.hd.gov.cn/）
10	辽宁省科学技术厅（http://www.lninfo.gov.cn/kjzx/list.php?catid=11）

百词	芦山地震
1	四川省农业厅（http://www.scagri.gov.cn/ztzl/tyxl/）
2	四川省地震局（http://www.eqsc.gov.cn/zt/ljysdzzt_2191/）
3	四川人大网（http://www.scspc.gov.cn/html/420dz/index.html）
4	中国政府网（http://www.gov.cn/2013yaan/index.htm）
5	中 国 地 震 局 （http://www.cea.gov.cn/publish/dizhenj/464/478/2013052417550653671019/index.html）
6	四 川 省 人 民 政 府 网 站 （http://www.sc.gov.cn/10462/10464/10797/2013/4/24/10259108.shtml）
7	四川省环境保护厅（http://www.schj.gov.cn/ztzl/lsdz/）
8	陕 西 地 震 信 息 网 （http://www.eqsn.gov.cn/manage/html/8abd83af1c88b3f2011c88b74299001f/_content/13_04/26/1366943614841.html）
9	成都市人民政府门户网站（http://www.chengdu.gov.cn/news/detail.jsp?id=726323）
10	滨海新闻网（http://www.bhxww.gov.cn/shownews.asp?id=11775）

百词	中国经济升级版
1	江 西 省 发 展 和 改 革 委 员 会 （http://www.jxdpc.gov.cn/hgjj/jxjj/201303/t20130322_93800.htm）
2	中国政府网（http://www.gov.cn/jrzg/2013-04/02/content_2368748.htm）
3	四川经济信息网（http://www.sc.cei.gov.cn/dir1022/DOWNLOADS/11774.doc）
4	决策支持网（http://www.dss.gov.cn/News_wenzhang.asp?ArticleID=331138）
5	东莞市中小企业网（http://www.dgsme.gov.cn/dgsme/zw_v3/511/2/148883.html）
6	国 务 院 发 展 研 究 中 心 （http://www.drc.gov.cn/xsyzcfx/20130418/4-459-2874711.htm）
7	国土资源部（http://www.mlr.gov.cn/xwdt/jrxw/201309/t20130916_1271624.htm）
8	泾县机构编制网（http://www.ahjxbb.gov.cn/E_ReadNews.asp?NewsID=1170）
9	国家统计局（http://www.stats.gov.cn/tjdt/gjtjjdt/t20130703_402908347.htm）
10	浙江省发改委（http://www.zjdpc.gov.cn/art/2013/4/23/art_791_526754.html）

续表

百词	新交规
1	启东市人民政府（http://www.qidong.gov.cn/art/2012/12/24/art_2382_153652.html）
2	天涯法律网（http://www.hicourt.gov.cn/homepage/show2_content.asp?id=786）
3	公安部（http://www.mps.gov.cn/n16/n1282/n3493/n3823/n442207/3386943.html）
4	新疆拜城县政府（http://www.xjbc.gov.cn/Item.aspx?id=8738）
5	六盘水市人民政府（http://www.gzlps.gov.cn/art/2013/1/7/art_18578_502167.html）
6	杭州市人民政府（http://www.hangzhou.gov.cn/main/zwdt/bmdt/cj/T433341.shtml）
7	中国政府网（http://www.gov.cn/jrzg/2013-01/03/content_2304071.htm）
8	嘉兴市公安局（http://www.jxgaj.gov.cn/act/yjhf_detail.aspx?IGUID=21428&Code=w201301070002&action=1）
9	芜湖市交警支队公共关系网（http://www.whtppr.gov.cn/LeaveBack.aspx?pID=3534）
10	吕婆村门户网站（http://wcwy.ahxf.gov.cn/village/Content.asp?WebID=21102&Class_ID=160999&id=819283）

百词	自贸区
1	中国自由贸易区服务网（http://ftatax.mofcom.gov.cn/）
2	国家质量监督检验检疫总局（http://gjhzs.aqsiq.gov.cn/sbhz/zmqhz/）
3	发改委城市和小城镇改革发展中心（http://www.town.gov.cn/cszx/201305/03/t20130503_726040.shtml）
4	宜宾商务局（http://www.ybcom.gov.cn/ebook/id,2010,5,12,5399.aspx）
5	福建出入境检验检疫局（http://www.fjciq.gov.cn/subject/FTA/index.html）
6	萧山出入境检验检疫局（http://www.xs.ziq.gov.cn/dqj/xiaoshan/Item/Show.asp?m=1&d=5022）
7	山东省商务厅（http://www.shandongbusiness.gov.cn/index/content/sid/215187.html）
8	中国政府网（http://www.gov.cn/jrzg/2010-05/30/content_1616835.htm）
9	扬州门户网站（http://www.yangzhou.gov.cn/zwyw/201307/9b62387bc0b541f89db0ab75ef6685c0.shtml）
10	浙江省发改委（http://www.zjdpc.gov.cn/art/2013/7/26/art_282_561851.html）

百词	国际金融
1	中国人民银行（http://www.pbc.gov.cn/publish/goujisi/722/index.html）
2	财政部（http://www.mof.gov.cn/zhuantihuigu/cw30/ywgkC/201009/t20100907_337814.html）
3	商务部人事司（http://training.mofcom.gov.cn/jsp/sites/ketang.jsp?le_id=10045&bd_id=12000）
4	发改委（http://www.sdpc.gov.cn/gzdt/P020120130364941199915.pdf）
5	中国银行业监督管理委员会（http://www.cbrc.gov.cn/chinese/home/docView/2849.html）

百词	国际金融
6	中共宝应县委党校网站（http://www.baoying.gov.cn/xwdx/showxw.asp? id = 317）
7	国土资源部（http://www.mlr.gov.cn/zt/kuangye2002/shixing.PDF）
8	全国哲学社会科学规划办公室（http://www.npopss - cn.gov.cn/n/2013/0131/c352080 - 20391318.html）
9	南京市红谷滩新区信息网（http://www.hgtcbd.gov.cn/Item/Show.asp? m = 114&d = 26）
10	永州新闻网（http://www.yongzhou.gov.cn/2013/0407/115938.html）

百词	国足
1	中国企业网（http://www.qiye.gov.cn/news/061G3G2013_1371.html）
2	中国政府网（http://www.gov.cn/jrzg/2013 - 07/15/content_2448384.htm）
3	国家体育总局（http://www.sport.gov.cn/n16/n33193/n33223/n35424/n38282/155388.html）
4	国家预防腐败局（http://www.nbcp.gov.cn/article/rdzz/201206/20120600017781.shtml）
5	广西壮族自治区体育局（http://www.gxsports.gov.cn/Item.aspx? id = 394）
6	青岛政务网（http://www.qingdao.gov.cn/n172/n1530/n3177360/10338946.html）
7	榆林新闻网（http://www.xyl.gov.cn/news/JSSDBD/2013/324/1332491640C4KH238A17A1HDIA3B4H.html）
8	中国政府采购网（http://www.ccgp.gov.cn/site13/cgbx/zybx/2010/1126969.shtml）
9	公安部（http://www.mps.gov.cn/n16/n1252/n916512/3295259.html）
10	国家体育总局（http://www.sport.gov.cn/n16/n33193/n33223/n34884/n2283573/3823238.html）

百词	钓鱼岛
1	中国政府网（http://www.gov.cn/jrzg/2012 - 09/25/content_2232710.htm）
2	中国驻印度大使馆（http://www.fmprc.gov.cn/ce/cein/chn/gdxw/t969481.htm）
3	福州市鼓楼区人民政府网站（http://www.gl.gov.cn/archive/2012/9/16/344793.html）
4	中国气象局（http://www.cma.gov.cn/2011xzt/2012zhuant/20120911/2012091102/201209/t20120911_184917.html）
5	成都市人民政府行政效能建设办公室（http://www.chengdu.gov.cn/dayixian/caishancun/detail.jsp? id = 768221）
6	中国海洋信息网（http://www.coi.gov.cn/news/zhuanti/dyd/）
7	中国气象台（http://www.nmc.gov.cn/publish/forecast/ASD/diaoyudao.html）
8	威海老干部局（http://www.whlgbj.gov.cn/in/yis_xx.asp? id = 225）
9	中国驻波兰大使馆（http://www.fmprc.gov.cn/ce/cepl/chn/zt/dyd/t979557.htm）
10	中国驻孟买总领事馆（http://www.fmprc.gov.cn/ce/cgmb/chn/xw/t968337.htm）

续表

百词	战斗力
1	国防部（http://news. mod. gov. cn/defense/2009 - 09/14/content_4087783. htm）
2	余姚市城市管理行政执法局（http://www. cgj. yy. gov. cn/art/2011/10/21/art_13774_965911. html）
3	中国人大网（http://www. npc. gov. cn/npc/dbdhhy/12 _ 1/2013 - 03/15/content _ 1784413. htm）
4	金华市人民政府（http://www. jinhua. gov. cn/art/2012/7/3/art_138_122538. html）
5	国家土地督查网（http://www. gjtddc. gov. cn/xxyd/jypx/200812/t20081208 _ 510779. htm）
6	六盘水人民政府（http://www. gzlps. gov. cn/art/2012/4/6/art_18578_467661. html）
7	滁州市林业信息网（http://www. ahczly. gov. cn/main/model/newinfo/newinfo. do? infoId = 8414）
8	梅州市人民政府（http://www. meizhou. gov. cn/zwgk/zwdt/mzyw/2011 - 01 - 29/1296265078d77759. html）
9	国防动员网（http://www. gfdy. gov. cn/headlines/2013 - 08/26/content_5452925. htm）
10	凤台县商务局（http://shangyeju. ft. gov. cn/include/news_view. php? ID = 14478）

百词	八项规定
1	天津市人民检察院第二分院（http://www. tjjcy2. jcy. gov. cn/NewsHTML/20121271013942136. shtml）
2	贵州农业信息网（http://www. qagri. gov. cn/Html/2013_01_23/2_47195_2013_01_23_93239. html）
3	山东省共青团（http://www. sdyl. gov. cn/webs/NewsView. aspx? id = feed2287 - 4414 - 42e5 - 9d0d - add25d985c44）
4	镇远门户网站（http://www. zhenyuan. gov. cn/show. php? contentid = 13224）
5	子陵铺镇人民政府（http://zl. jmdbq. gov. cn/Html/? 34679. html）
6	明光市水产局（http://www. czzwgk. gov. cn/XxgkNewsHtml/MJ117/201301/MJ117020301201301028. html）
7	达川人民政府（http://www. daxian. gov. cn/wz/zwgk/xxgkInfo. jsp? ID = 52849）
8	六安纪检监察（http://www. lajjjc. gov. cn/article. php? MsgId = 58993）
9	丹东金农网（http://dd. lnjn. gov. cn/zwgk/tzgg/2013/5/485031. shtml）
10	阜阳市委市政府接待处（http://www. fyjd. gov. cn/default. php? mod = article&do = detail&tid = 630070）

百词	中国梦
1	教育部门户网站（http://www. moe. gov. cn/publicfiles/business/htmlfiles/moe/s7344/）
2	陕西省渭南市人民政府（http://top. weinan. gov. cn/dream/）
3	四川扶贫与移民网（http://www. scfpym. gov. cn/topicnews. aspx? tid = 26）
4	凉山州科技局（http://www. lszst. gov. cn/zgm/index. jhtml）

续表

百词	中国梦
5	中国干部学习网（http：//www. ccln. gov. cn/zonghezhuanti/szzt/chinadream/）
6	首都文明网（http：//zt. bjwmb. gov. cn/wdmzgm/）
7	四川省人民政府法制信息网（http：//www. scfz. gov. cn/legal/display. php？aid = 7266）
8	中共辽源市直属机关工作委员会（http：//jggw. 0437. gov. cn/A/？C - 1 - 350. Html）
9	平江县老干部工作网（http：//pingjiang. gov. cn/PjLgj/ShowArticle. asp？ArticleID = 15621）
10	会理县人民政府（http：//hl. lsz. gov. cn/cszt _ pagelist. jsp？urltype = tree. TreeTempUrl&wbtreeid = 1721）

百词	四 风
1	杨村先锋网（http：//wcwy. ahxf. gov. cn/village/newcontent. asp？WebID = 8694&Class_ID = 110624&id = 1015911）
2	天津政务网（http：//www. tj. gov. cn/zwgk/zwxx/zwyw/201306/t20130622_192943. htm）
3	江西省农村党员干部现代远程教育网（http：//www. jgxfw. gov. cn/djgz/djyj/201306/t20130626_38325. htm）
4	安徽铜陵市郊区纪检监察网（http：//www. tljqjw. gov. cn/article. php？MsgId = 69023）
5	河南省人民政府（http：//www. henan. gov. cn/jrhn/system/2013/07/12/010408413. shtml）
6	中国广州网（http：//www. guangzhou. gov. cn/node _ 2190/node _ 2215/2013/07/04/1372898197410371. shtml）
7	中国机构编制网（http：//www. scopsr. gov. cn/mtgl/zzxx/ldkx/201307/t20130703 _ 228617. html）
8	四川省住房和城乡建设厅（http：//www. scjst. gov. cn/webSite/main/pageDetail. aspx？fid = fda48434 - f92a - 4b24 - 9436 - d1f46d59f8ba）
9	蜀光网（http：//www. scge. gov. cn/Item/24143. aspx）
10	自贡纪检监察网（http：//www. zgjw. gov. cn/news/show/play/5311）

百词	互联互通
1	浙江省通信管理局（http：//www. zca. gov. cn/fileup/File/20080320051754843. doc）
2	工业和信息化部（http：//www. miit. gov. cn/n11293472/n11295276/n11297728/index. html）
3	山东省通信管理局（http：//www. sdca. gov. cn/content/1/07/181. html）
4	安徽省通信管理局（http：//www. ahta. gov. cn/gzlc/458. htm）
5	广东省通信管理局（http：//www. gdca. gov. cn/connect/index. asp）
6	四川省通信管理局（http：//www. scca. gov. cn/weboa/xxfb. nsf/hlhtform？openform&View = hlhtview）
7	决策支持网（http：//www. dss. gov. cn/Article_Print. asp？ArticleID = 250116）
8	浙江省交通运输厅（http：//www. zjt. gov. cn/art/2012/7/25/art_17_470515. html）
9	河北省通信管理局（http：//www. heca. gov. cn/banshi. aspx？cata_id = 303）
10	北京市人民政府外事办公室（http：//www. bjfao. gov. cn/wsdt/wjdt/35310. htm）

续表

百词	郭美美
1	三农直通车（http://www.gdcct.gov.cn/life/wbjh/201106/t20110623_511603_1.html）
2	吕梁网（http://www.ll.gov.cn/news/201106/062H1212011.html）
3	株洲新闻网（http://www.zznews.gov.cn/news/2013/0707/article_96792.html）
4	泰州市政府门户网站（http://whllt.taizhou.gov.cn/thread-564353-1-1.html）
5	市民心声 芜湖市人民政府（http://www.smxs.gov.cn/uc_view.asp?id=1871641）
6	中国政府网（http://www.gov.cn/jrzg/2011-06/29/content_1895495.htm）
7	杭州市人民政府（http://www.hangzhou.gov.cn/main/zwdt/bmdt/ww/T439758.shtml）
8	中国彭水网（http://www.cqps.gov.cn/ps_content/2011-07/27/content_1567642.htm）
9	岳西县政府门户（http://ahyx.gov.cn/news/jj/gmxw/201306/97629.html）
10	国务院新闻办公室（http://www.scio.gov.cn/zhzc/8/5/Document/1344520/1344520.htm）

百词	京广高铁
1	中国政府网（http://www.gov.cn/jrzg/2012-12/14/content_2290609.htm）
2	河南省人民政府（http://www.henan.gov.cn/jrhn/system/2012/12/25/010355183.shtml）
3	株洲新闻网（http://www.zznews.gov.cn/news/2012/0221/article_51744.html）
4	湖南发改委（http://www.hnfgw.gov.cn/gmjj/jcss/36042.html）
5	鹤壁市人民政府（http://www.hebi.gov.cn/gaotie/gaotie.html）
6	湖北省人民政府（http://www.hubei.gov.cn/zwgk/zwtpxw/201212/t20121226_427344.shtml）
7	国务院国有资产监督管理委员会（http://www.sasac.gov.cn/n1180/n1226/n2410/n314244/15048251.html）
8	武汉市交通运输委员会主办（http://www.whjt.gov.cn/jtzx/whjt/2012/12/18/43121.htm）
9	河北省政府门户（http://www.hebei.gov.cn/index.htm）
10	石家庄政府门户（http://www.sjz.gov.cn/col/1274410601973/2012/12/15/1355535912941.html）

百词	正能量
1	杭州市文化广电新闻出版局（http://www.hzwh.gov.cn/ggfw/jctj/sj/201208/t20120809_332746.html）
2	山东省共青团（http://www.sdyl.gov.cn/webs/NewsView.aspx?id=a5cab79a-2bc9-4561-809e-9c35c607dcb8）
3	湖州市行政服务网（http://ztb.huzhou.gov.cn/art/2013/1/25/art_3912_172905.html）
4	三门峡市人民政府（http://www.smx.gov.cn/jryw/zwyw/64550.htm）
5	湖北省国家税务局（http://www.hb-n-tax.gov.cn/art/2013/4/23/art_15454_338950.html）

百词	正能量
6	淮安人才网（http://www.harczx.gov.cn/hdy.asp）
7	莱芜市人民政府（http://www.laiwu.gov.cn/contents/537/57721.html）
8	外交部（http://www.fmprc.gov.cn/mfa_chn/zwbd_602255/t1013338.shtml）
9	江苏南通市工商行政管理局（http://www.ntgsj.gov.cn/baweb/show/shiju/bawebFile/249514.html）
10	奉节县党政务村(居)务公开网（http://www.fjdzgk.gov.cn/html/fwgk/ggfw/whty/xstj/12/08/5764.html）

百词	基本养老金
1	深圳市社会保险基金管理局（http://www.szsi.gov.cn/sbjxxgk/sbrdjd/ylxz/）
2	浙江省人力资源和社会保障厅（http://www.zjhrss.gov.cn/art/2013/3/6/art_1161_4741.html）
3	河北省地方税务局（http://www.hebds.gov.cn/SSZS/JJFJS/201003/t20100326_192754.html）
4	北京市人力资源和社会保障局（http://www.bjld.gov.cn/LDJAPP/search/fgdetail.jsp?no=10713）
5	劳动和社会保障部（http://www.molss.gov.cn/gb/ywzn/2005-12/02/content_95212.htm）
6	中国人大网（http://www.npc.gov.cn/npc/zt/2008-12/22/content_1463515.htm）
7	中国政府网（http://www.gov.cn/zwgk/2005-12/14/content_127311.htm）
8	合肥市人力资源和社会保障网（http://www.hefei.gov.cn/n1105/n32819/n169126/n171638/n171728/5421994.html）
9	市民心声 芜湖市人民政府（http://www.smxs.gov.cn/sviewtext.asp?id=583862）
10	吉林省人力资源和社会保障厅（http://hrss.jl.gov.cn/zcwj/201001/t20100128_682453.html）

百词	通货膨胀
1	国家统计局（http://www.stats.gov.cn/tjsj/zjCPI/t20110613_402731556.htm）
2	陕西省物价局（http://www.spic.gov.cn/admin/pub_newsshow.asp?id=1004786&chid=100185）
3	新农村商网（http://nc.mofcom.gov.cn/news/4365206.html）
4	杭州市人民政府（http://www.hangzhou.gov.cn/main/tszf/dywj/T351377.shtml）
5	江西省物价局（http://www.jgsc.gov.cn/JGYK/110903.htm）
6	中国人大网（http://www.npc.gov.cn/npc/xinwen/2010-02/25/content_1543935.htm）
7	商务部（http://www.mofcom.gov.cn/aarticle/i/jyjl/m/201210/20121008381366.html）
8	新农村商网（http://nc.mofcom.gov.cn/articlexw/xw/plgd/201204/18261650_1.html）
9	新疆信息网（http://www.xj.cei.gov.cn/index3.jsp?urltype=news.NewsContentUrl&wbnewsid=206120&wbtreeid=10858）
10	北京社科门户网站（http://www.bjpssw.gov.cn/bjpssweb/n30723c48.aspx）

续表

百词	薄熙来
1	中央政府网（http://www.gov.cn/jrzg/2013-08/24/content_2473132.htm）
2	中国当红网（http://news.12371.gov.cn/html/html/dj/ld/2009-12/133191.htm）
3	秦风网（http://www.qinfeng.gov.cn/info/1028/88855.htm）
4	咨询网（http://chinawto.mofcom.gov.cn/aarticle/g/ab/200712/20071205261262.html）
5	财政部（http://www.mof.gov.cn/preview/czzz/zhongguocaizhengzazhishe_daohanglanmu/zhongguocaizhengzazhishe_caikuaishijie/201003/t20100318_277482.html）
6	商务部（http://chinawto.mofcom.gov.cn/aarticle/g/ab/200712/20071205261262.html）
7	工信部（http://www.miit.gov.cn/n11293472/n11293832/n11293907/n11368223/13619358.html）
8	巨鹿平安网（http://www.jlpa.gov.cn/）
9	云南网络党建（http://wldj.yn.gov.cn/html/2013/wangwentianxia_0828/19219_6.html）
10	开封市政协委员会（http://www.kfzx.gov.cn/wenzhang_xx.asp?TypeNumber=00110004&ID=4387）
百词	小微企业
1	聊城市国家税务局（http://liaocheng.sd-n-tax.gov.cn/art/2012/4/6/art_50733_703603.html）
2	成都市人民政府（http://www.chengdu.gov.cn/GovInfoOpens2/detail_allpurpose.jsp?id=yIZOYgzc6aLsD66NhbYX）
3	辽宁省国家税务局（http://ln-n-tax.gov.cn/hdpt/front/mailpubdetail.jsp?vc_id=6679f34c-b9fd-4c73-a3da-f1639b8ee5e2&sysid=003&sess=0）
4	德州市庆云县国家税务局（http://fangtan.sd-n-tax.gov.cn/vipchat/home/site/1/3023/）
5	中国进出口银行（http://www.eximbank.gov.cn/Gcp_386.html）
6	潍坊市国家税务局（http://weifang.sd-n-tax.gov.cn/art/2013/4/26/art_47874_769780.html）
7	厦门市小微企业还贷应急资金管理系统（http://yjzj.xmsme.gov.cn/）
8	国家发展和改革委员会（http://www.sdpc.gov.cn/zcfb/zcfbtz/2013tz/t20130725_551471.htm）
9	中国银行业监督管理委会（http://www.cbrc.gov.cn/chinese/home/docView/1435AD2DA8A14FEE9B8B09C7C9A6B556.html）
10	中国政府网（http://www.gov.cn/zwgk/2013-08/12/content_2465243.htm）
百词	刘铁男
1	中国政府网（http://www.gov.cn/gjjg/2011-01/20/content_1789253.htm）
2	振兴东北网（http://www.chinaeast.gov.cn/ltn/）
3	国家发展和改革委员会（http://www.sdpc.gov.cn/xwfb/t20111230_453804.htm）
4	吉林市人民政府（http://www.jlcity.gov.cn/jlszf_web/xxgk/zfwjnew.jsp?wzid=76132）

续表

百词	刘铁男
5	国家发展和改革委员会（http://www.sdpc.gov.cn/gzdt/t20050720_37609.htm）
6	七一网（http://www.12371.gov.cn/html/hypl/zl/dmpx/2013/05/13/100416258964.html）
7	固始网（http://www.gsw.gov.cn/html/xinwenzhongxin/yulexinwen/57454.html）
8	株洲新闻网（http://www.zznews.gov.cn/news/2013/0513/article_91576.html）
9	国家能源局（http://www.nea.gov.cn/2012-09/11/c_131843340.htm）
10	安徽岳西网（http://ahyx.gov.cn/news/jj/gmxw/201308/104714.html）

百词	黄金价格
1	德清县人民政府（http://www.deqing.gov.cn/art/2013/1/8/art_22_217901.html）
2	金华市人民政府（http://www.jinhua.gov.cn/art/2013/4/18/art_1293_214594.html）
3	昆明市门户网站（http://www.km.gov.cn/structure/xtzkm/tzdtnr_226611_2.htm）
4	商务部（http://www.mofcom.gov.cn/aarticle/difang/jilin/200811/20081105867499.html）
5	中国三亚门户网（http://www.sanya.gov.cn/publicfiles/business/htmlfiles/mastersite/syyw/201307/103752.html）
6	中国政府网（http://www.gov.cn/jrzg/2013-04/18/content_2381614.htm）
7	黑龙江省人民政府（http://www.hlj.gov.cn/zwdt/system/2013/04/22/010523628.shtml）
8	泉州市人民政府（http://www.fjqz.gov.cn/1B7561DFD919916027D9B922CE83FAC1/2012-08-17/1E314129684E6543E35F8259DCE21B56.htm）
9	文成县人民政府（http://www.wencheng.gov.cn/shzxsc/201303/01/47751.html）
10	咸阳市政府网站（http://www.xianyang.gov.cn/channel_1/2010/1115/94815.html）

百词	物联网
1	安徽农业物联网（http://wlw.ahnw.gov.cn/）
2	陕西物联网（http://www.sei.gov.cn/wlw.asp）
3	中国政府网（http://www.gov.cn/zwgk/2012-02/14/content_2065999.htm）
4	国家人事人才培训网（http://www.chinanet.gov.cn/pxzy/jpkc/253759.shtml）
5	乌海政府门户网（http://www.wuhai.gov.cn/szwh/wlwjd/）
6	中国高级公务员培训中心（http://gp.chinanet.gov.cn/a/jingpinkecheng/2011/1216/180.html）
7	中国林业物联网（http://www.forestry.gov.cn/ZhuantiAction.do?dispatch=index&name=lywlw）
8	国务院法制办公室（http://www.chinalaw.gov.cn/article/xwzx/szkx/201302/20130200383905.shtml）
9	中关村国家自主创新示范区（http://www.zgc.gov.cn/jztd1/wqhdsc/zdzlhd/2010nbjkbh1/59278.htm）
10	陕经网（http://www.sei.gov.cn/ShowArticle2008.asp?ArticleID=195584）

百词	中美关系
1	外交部（http://www.fmprc.gov.cn/chn/other/premade/26714/sino-us1.htm）
2	泗阳县领导干部学习网坛（http://xxwt.siyang.gov.cn/?569/viewspace-11566）
3	阳泉矿区政府门户网站（http://www.yqkq.gov.cn/web/bmwz_read.aspx?xh=13468）
4	中国政府网（http://www.gov.cn/ztzl/zmdh/content_624369.htm）
5	漳州市教育信息网（http://www.fjzzjy.gov.cn/images/uploadfiles/20070504114442.doc）
6	国防部网站（http://www.mod.gov.cn/gflt/2011-05/09/content_4240677.htm）
7	国家统计局（http://www.stats.gov.cn/tjshujia/zggqgl/t20090910_402586088.htm）
8	国家宗教事务局（http://www.sara.gov.cn/llyj/4489.htm）
9	国家知识产权局（http://www.sipo.gov.cn/mtjj/2011/201103/t20110308_585132.html）
10	国务院台湾事务办公室（http://www.gwytb.gov.cn/speech/speech/201101/t20110123_1724083.htm）

百词	刘志军
1	株洲新闻网（http://www.zznews.gov.cn/news/2013/0207/article_82299.html）
2	七一网（http://www.12371.gov.cn/html/djbl/ffcl/2012/05/30/094720175793.html）
3	（）
4	中国政府网（http://www.gov.cn/gzdt/2008-09/03/content_1086405.htm）
5	江西省高级人民法院（http://www.jxfy.gov.cn/content.asp?ID=664）
6	商务部（http://www.mofcom.gov.cn/article/difang/henan/201307/20130700197554.shtml）
7	三农直通车（http://probity.gdcct.gov.cn/tpxw/201107/t20110726_530267.html）
8	中国普法网（http://www.legalinfo.gov.cn/index/content/2013-07/09/content_4630834.htm）
9	四川质量监督局（http://www.sczj.gov.cn/zldt/tpxw/201206/t20120608_152703.html）
10	国防部（http://news.mod.gov.cn/forces/2009-06/10/content_4006991.htm）

百词	孙杨
1	国家体育总局（http://www.sport.gov.cn/n16/n1077/n1467/n3092033/n3092453/3129771.html）
2	中国机构编制网（http://www.scopsr.gov.cn/whsh/mtjj/kjw/wt/201309/t20130912_239733.html）
3	株洲新闻网（http://www.zznews.gov.cn/news/2013/0117/article_80518.html）
4	杭州市人民政府（http://www.hangzhou.gov.cn/main/zwdt/bzbd/szcf/T452986.shtml）
5	柳州晚报（http://www.lznews.gov.cn:9999/epaper/lzwb/html/2013/09/02/22/22_27.htm）
6	中山体育信息网（http://www.zssports.gov.cn/news/2013/09/12/2516083.shtml）
7	湖州市人民政府（http://www.huzhou.gov.cn/art/2013/8/3/art_32_223914.html）
8	浙江省人民政府（http://www.zj.gov.cn/）
9	杭州市人民政府台湾事务办公室（http://stb.hangzhou.gov.cn/news_detail.asp?id=906）
10	长春新闻网（http://www.ccnews.gov.cn/ty/zh/201309/t20130913_1111003.htm）

续表

百词	美丽中国
1	中国林业网（http://www. forestry. gov. cn/portal/main/zhuanti/201301mlzg/mlzg. html）
2	美丽中国（http://www. mlzg. gov. cn/）
3	国家旅游局（http://www. cnta. gov. cn/html/2013 – 2/2013 – 2 – 6 – 17 – 21 – 68594. html）
4	黄石市人民政府（http://www. huangshi. cn/jrhs/jrgz/201306/t20130624_151772. html）
5	蕉岭县人民政府（http://www. jiaoling. gov. cn/fll/News_View. asp? NewsID = 16796）
6	盐城市公安局（http://www. ycga. gov. cn/default. php? mod = article&do = detail&tid = 16807）
7	中国林业网（http://www. forestry. gov. cn/main/72/content – 606287. html）
8	咸阳市人民政府（http://www. xianyang. gov. cn/channel_1/2012/1116/111003. html）
9	大理纪检监察网（http://www. dljjjc. gov. cn/wenyuanqingfeng/2012 – 12 – 18/9547. html）
10	国土资源部（http://www. mlr. gov. cn/xwdt/jrxw/201309/t20130912_1270079. htm）

百词	神舟十号
1	中国载人航天工程网（http://www. cmse. gov. cn/Shenzhou10/）
2	中国气象局（http://www. cma. gov. cn/2011xzt/2013zhuant/20130606/index. html）
3	中国政府网（http://www. gov. cn/jrzg/2013 – 03/31/content_2367082. htm）
4	国家知识产权局（http://www. sipo. gov. cn/mtjj/2013/201306/t20130614_803030. html）
5	国务院国有资产监督管理委员会（http://www. sasac. gov. cn/n1180/n1226/n2410/n314244/15384459. html）
6	国防部网站（http://www. mod. gov. cn/photo/2013 – 06/26/content_4456451. htm）
7	上海市政府门户网（http://www. shanghai. gov. cn/shanghai/node2314/node2315/node4411/u21ai757409. html）
8	工信部网站（http://www. miit. gov. cn/n11293472/n11295193/n11312030/15473928. html）
9	国家重大技术装备网（http://www. chinaequip. gov. cn/2013 – 06/26/c_132488072. htm）
10	教育部（http://www. moe. gov. cn/publicfiles/business/htmlfiles/moe/moe_1492/201306/153279. html）

百词	博鳌亚洲论坛
1	海南省人民政府网（http://www. hainan. gov. cn/hn/zt/balt/）
2	海南省琼海市人民政府（http://2011. qionghai. gov. cn/zwgk/read. asp? newsId = 20372）
3	商务部（http://www. mofcom. gov. cn/article/difang/anhui/201308/20130800233059. shtml）
4	海南省外事侨务办公室（http://dfoca. hainan. gov. cn/wsqbzw/bwzt/boao2013/mtgz/201302/t20130201_904705. html）
5	中国政府网（http://www. gov. cn/jrzg/2012 – 04/03/content_2106247. htm）

百词	博鳌亚洲论坛
6	株洲新闻网（http://www.zznews.gov.cn/news/2013/0407/article_87921_1.html）
7	中国驻菲律宾大使馆（http://www.fmprc.gov.cn/ce/ceph/chn/zt/bayzlt/t67928.htm）
8	中国企业网（http://www.qiye.gov.cn/news/20120402073615_13885.html）
9	三亚市政府门户网（http://xxgk.sanya.gov.cn:17003/publicfiles/business/htmlfiles/76035859-0/5/201112/17874.html）
10	河南省政府网（http://www.henan.gov.cn/jrhn/system/2012/04/01/010299922.shtml）
百词	地方债
1	宁波市审计局（http://www.nbsj.gov.cn/gcygxl_view.asp?id=420）
2	内蒙古经济信息网（http://www.nmg.cei.gov.cn/tbgz/201111/t20111116_35344.html）
3	商务部（http://www.mofcom.gov.cn/article/difang/henan/201306/20130600168996.shtml）
4	中国房地产信息网（http://www.realestate.cei.gov.cn/files/20137/20130721192210.html）
5	城市中国网（http://www.town.gov.cn/cspl/201307/29/t20130729_1003641.shtml）
6	中国政府网（http://www.gov.cn/gzdt/att/att/site1/20130104/1c6f6506c7f812510ab901.doc）
7	新农村商网（http://nc.mofcom.gov.cn/articlexw/xw/plgd/201309/18572271_1.html）
8	安徽省政府网站（http://www.ah.gov.cn/）
9	重庆市公众信息网（http://www.cq.gov.cn/today/news/403615.htm）
10	财政部（http://gks.mof.gov.cn/redianzhuanti/guozaiguanli/gzglzcfg/201306/t20130603_902495.html）
百词	财富全球论坛
1	中国政府网（http://www.gov.cn/ldhd/2013-06/07/content_2421516.htm）
2	商务部（http://www.mofcom.gov.cn/aarticle/resume/n/201204/20120408059900.html）
3	四川文明网（http://www.scwmw.gov.cn/topic/2013/cflt/）
4	四川省人民政府网站（http://www.sc.gov.cn/10462/10464/10797/2013/4/16/10256479.shtml）
5	国务院新闻办公室（http://www.scio.gov.cn/ztk/dtzt/2013/06/index.htm）
6	成都市人民政府（http://www.chengdu.gov.cn/news/detail.jsp?id=715859）
7	共青团北京市委员会（http://www.bjyouth.gov.cn/）
8	成都市食品药品监督管理局（http://www.cdfda.gov.cn/plus/view.php?aid=3470）
9	外交部（http://www.fmprc.gov.cn/mfa_chn/zyxw_602251/t1048308.shtml）
10	成都市锦江区（http://www.fmprc.gov.cn/mfa_chn/zyxw_602251/t1048308.shtml）
百词	国五条
1	中国嘉兴门户网站（http://www.jiaxing.gov.cn/art/2013/3/12/art_101_148602.html）
2	中国房地产信息网（http://www.realestate.cei.gov.cn/files/20133/2013030809574.html）

续表

百词	国五条
3	宁波财税（http：//www. nbcs. gov. cn/art/2013/4/3/art_4339_60417. html）
4	山西省住房和城乡建设厅（http：//www. sxjs. gov. cn/Article/NewsRead. aspx？CataLogId = 107&RefId = 23252）
5	武汉市青山区人民政府信息网（http：//www. qingshan. gov. cn/bmfw/zfly/zfzx/201303/t20130307_29554. htm）
6	新疆维吾尔自治区信息网（http：//www. xj. cei. gov. cn/index3. jsp？urltype = news. NewsContentUrl&wbnewsid = 229365&wbtreeid = 10858）
7	乐山市地方税务局（http：//www. leshan. gov. cn/site/SiteDiShuiJu/NewsView. asp？ID = 165524）
8	振兴东北（http：//www. chinaeast. gov. cn/2013 − 04/01/c_132275451. htm）
9	中国政府网（http：//www. gov. cn/jrzg/2013 − 03/31/content_2367074. htm）
10	浙江省人民政府（http：//www. zj. gov. cn/art/2013/4/2/art_6695_637839. html）

百词	镉超标大米
1	三农直通车（http：//zhongshan. gdcct. gov. cn/news/201305/t20130523_773381. html）
2	石家庄市政府（http：//www. sjz. gov. cn/col/1275548558365/2013/05/21/1369100783315. html）
3	四川农村信息网（http：//www. scnjw. gov. cn/export/sites/szx/scsw/scjs/20130604035722964. html）
4	成都市人民政府门户网站（http：//www. chengdu. gov. cn/GovInfoOpens2/detail _ allpurpose. jsp？id = 09yWynQEHIi2GCMYHhyz）
5	中国普法网（http：//www. legalinfo. gov. cn/index/content/2013 − 05/27/content _ 4495598. htm？node = 7879）
6	肇庆市人民政府（http：//www. zhaoqing. gov. cn/jjzq2011/xwdt/zqyw/201305/t20130523_ 206711. html）
7	长春新闻网（http：//www. ccnews. gov. cn/zcxw/yljd/201303/t20130322_1027490. htm）
8	贵港市人民政府（http：//www. gxgg. gov. cn/news/2013 − 06/41198. htm）
9	南宁市粮食局（http：//www. nanning. gov. cn/n725531/n733746/n751714/15621091. html）
10	中国农业信息网（http：//www. agri. gov. cn/V20/SC/jjps/201305/t20130524 _3473183. htm）

百词	最难就业季
1	中国江西省人民政府（http：//www. jiangxi. gov. cn/xgwt/jjlt/201305/t20130517_874251. htm）
2	柳州新闻网（http：//www. lznews. gov. cn/show − 32 − 75913 − 1. html）
3	河南省人民政府（http：//www. henan. gov. cn/bsfw/system/2013/08/08/010415785. shtml）

百词	最难就业季
4	中国政府网（http://www.gov.cn/jrzg/2013-07/14/content_2447420.htm）
5	财政部（http://www.mof.gov.cn/zhengwuxinxi/caijingshidian/zgcjb/201307/t20130723_968197.html）
6	杭州市人民政府（http://www.hangzhou.gov.cn/main/zwdt/bzbd/szcf/T447245.shtml）
7	教育部（http://www.moe.gov.cn/publicfiles/business/htmlfiles/moe/s5147/201306/152977.html）
8	凤岗镇人民政府（http://www.fenggang.gov.cn/rencai/zx/2013-08-05/55611.html）
9	青岛政务网（http://www.qingdao.gov.cn/n172/n1530/n32936/29054193.html）
10	河南省人民政府（http://www.henan.gov.cn/jrhn/system/2013/07/09/010407373.shtml）

百词	农信社
1	高青阳光党务（http://www.gaoqing.gov.cn/col/col5361/index.html）
2	莒州网（http://www.jzw.gov.cn/bbs/thread.php?fid-150.html）
3	漯河市人民政府门户网站（http://www.luohe.gov.cn/html/12112010/111027165701.html）
4	广东省政府门户网站（http://www.gd.gov.cn/govpub/jg/snxs/200709/t20070924_20727.htm）
5	内蒙古区情网（http://www.nmqq.gov.cn/fagui/ShowArticle.asp?ArticleID=3825）
6	黑龙江农业信息网（http://www.hljagri.gov.cn/rdgz/xgxx/201207/t20120712_467369.htm）
7	中共新疆维吾尔自治区委员会农村工作办公室（http://www.xjnb.gov.cn/news/Show.asp?id=13357）
8	中国供销合作网（http://www.chinacoop.gov.cn/html/2010/08/12/52521.html）
9	财政部（http://www.mof.gov.cn/pub/jinrongsi/zhengwuxinxi/diaochayanjiu/200806/t20080619_47079.html）
10	中国政府网（http://www.gov.cn/gzdt/2012-05/16/content_2138282.htm）

百词	气功大师
1	株洲新闻网（http://www.zznews.gov.cn/news/2013/0725/article_98506.html）
2	河间廉政在线（http://www.hjlzzx.gov.cn/wM_ReadNews.asp?NewsID=394）
3	中国永州新闻网（http://www.yongzhou.gov.cn/2013/0724/224783.html）
4	三农直通车（http://www.gdcct.gov.cn/politics/memory/201010/t20101029_362895.html）
5	七一网（http://www.12371.gov.cn/html/hypl/sh/2013/07/29/163958272067.html）
6	广元青年网（http://www.gygqt.gov.cn/Article.asp?id=95671）
7	云南网络党建（http://wldj.yn.gov.cn/html/2013/wangyanwangyu_0729/18494.html）
8	四川文明网（http://www.scwmw.gov.cn/sfpl/yc/201307/t20130730_212823.htm）
9	榆林新闻网（http://www.xyl.gov.cn/news/JSSDBD/2013/85/1385102836A71JC34A55F8KD4B12F4_2.html）
10	德宏市政府网（http://www.dehong.gov.cn/）

续表

百词	出租车涨价
1	淄博公安交警网（http://www.zbjj.gov.cn/html/news/detail_2013_04/02/3124.shtml）
2	辽宁省科学技术厅（http://www.lninfo.gov.cn/kjzx/show.php?itemid=432178）
3	乌鲁木齐之窗（http://www.urumqi.gov.cn/info/4612/397479.htm）
4	长沙市政府门户网站（http://www.changsha.gov.cn/xxgk/qsxxxgkml/nxx/gzdt_5237/201308/t20130823_483636.html）
5	中国汽车工业信息网（http://www.autoinfo.gov.cn/autoinfo_cn/phb/webinfo/2013/05/1367713908275228.htm）
6	中国政府网（http://www.gov.cn/jrzg/2009-10/11/content_1436176.htm）
7	商务部（http://www.mofcom.gov.cn/aarticle/difang/chongqing/200504/20050400052612.html）
8	湖北省交通运输厅（http://www.hbys.gov.cn/zgys/kycj/9651.htm）
9	成都市人民政府门户网站（http://www.chengdu.gov.cn/moban/comment.jsp?id=339532）
10	桃源政府门户网站（http://bbs.taoyuan.gov.cn/thread-42420-1-1.html）
百词	特大城市
1	四川省人民政府政务服务中心（http://www.sc.gov.cn/scgk1/sq/dl/200905/t20090514_735233.shtml）
2	攀枝花市公众信息网（http://www.panzhihua.gov.cn/ztzl/ftzd-kjzk/jczx/293922.shtml）
3	上海发展改革信息网（http://www.fgw.gov.cn/fgwjsp/csyx_content.jsp?docid=380152）
4	合肥决策咨询网（http://www.hefei.gov.cn/n1105/n19603399/n19603538/n19603887/n20236511/20239970.html）
5	中国襄阳政府网（http://www.xf.gov.cn/news/txyl/gnyw/201303/t20130320_382828.shtml）
6	江苏省人民政府（http://www.jiangsu.gov.cn/jsyw/201211/t20121127_768369.html）
7	城市中国网（http://www.town.gov.cn/2013zhuanti/xiajichengshiluntan/201308/04/t20130804_1015062.shtml）
8	湖北建设信息网（http://www.hbcic.gov.cn/Web/Article/2012/10/24/0951394531.aspx?ArticleID=5074e7fa-7bad-4b37-9cb8-a7624452fc06）
9	中国人大网（http://www.npc.gov.cn/npc/dbdhhy/12_1/2013-03/15/content_1784702.htm）
10	宜昌政府门户网（http://www.yichang.gov.cn/art/2012/1/9/art_28457_343535.html）
百词	单独二胎
1	福州市便民呼叫中心12345（http://www.fz12345.gov.cn/detail.jsp?callid=11080300623）
2	重庆市人民政府（http://www.cq.gov.cn/publicmail/citizen/ViewReleaseMail.aspx?intReleaseID=470236）

续表

百词	单独二胎
3	城市中国网（http：//www. town. gov. cn/cszx/201308/02/t20130802_1012441. shtml）
4	怀柔信息网（http：//www. bjhr. gov. cn/publish/main/hrdt/mtjj/20130823081807334657416/index. html）
5	砀山司法网（http：//ds. szsfj. gov. cn/ViewInfo. asp? id = 8977）
6	远安县人民政府（http：//www. yuanan. gov. cn/lm/front/mailpubdetail. jsp? vc_id = 5f958993 - 04bb - 4072 - b7a5 - 2dd52922806d&sysid = 002&sess = 0）
7	安徽省人民政府网（http：//www. ah. gov. cn/UserData/DocHtml/1/2013/8/2/3853803329521. html）
8	三农直通车（http：//www. gdcct. gov. cn/politics/feature/ertai/ertai1/201308/t20130816_789725. html）
9	苏州政府网站（http：//www. suzhou. gov. cn/asite/asp/gzjd/show. asp? id = 220253）
10	广东省人民政府政务论坛（http：//bbs. gd. gov. cn/thread - 6916120 - 1 - 1. html）
百词	辽宁号航母
1	国防部网站（http：//news. mod. gov. cn/pla/2012 - 11/01/content_4410267. htm）
2	辽宁省人民政府（http：//www. ln. gov. cn/zfxx/jrln/ttxg/201209/t20120926 _ 963542. html）
3	南京旅游信息网（http：//www. nju. gov. cn/web _ xx/public _ detail/detail/108/29233. shtml）
4	中国广元双拥网（http：//www. gysy. gov. cn/list. asp? NewsID = 666）
5	广东省人民政府（http：//bbs. gd. gov. cn/thread - 6929287 - 1 - 1. html）
6	河南平安网（http：//www. hapa. gov. cn/Article/pajszt/fzyw/201308/362171. html）
7	人民代表网（http：//www. rmdbw. gov. cn/htmls/2013 - 04/01/content_128400. htm）
8	上海市人民政府（http：//www. shanghai. gov. cn/shanghai/node2314/node2315/node4411/u21ai747870. html）
9	长沙县共产党员网（http：//www. csxdyw. gov. cn/u/18020124/Blog. aspx/ListBlogThreadsByUserTag? tagName = % E6% 94% AF% E6% 8C% 81% E8% BE% BD% E5% AE% 81% E5% 8F% B7% E8% 88% AA% E6% AF% 8D% E8% 88% B0）
10	宁波市江东区人民政府（http：//www. nbjd. gov. cn/art/2013/7/30/art _ 3111 _ 447013. html）
百词	韩亚客机失事
1	中国机构编制网（http：//www. scopsr. gov. cn/xwrc/201307/t20130708 _ 229226. html）
2	株洲新闻网（http：//www. zznews. gov. cn/news/2013/0707/article_96795. html）
3	岳西网（http：//ahyx. gov. cn/news/jj/gjxw/201307/100483. html）
4	中国政府网（http：//www. gov. cn/jrzg/2013 - 07/07/content_2442085. htm）
5	中国政府网（http：//www. gov. cn/jrzg/2013 - 07/07/content_2442177. htm）
6	盛泽镇人民政府门户网（http：//www. shengze. gov. cn/VideoDetails/1768. html）

百词	韩亚客机失事
7	呼和浩特新城（http://www.hhxc.gov.cn/sqfw/dspd/rdgz/9de7b4fb－3e7f－458e－82a7－a1f500c397ad.html）
8	温州法院网（http://www.wzfy.gov.cn/system/2013/07/07/011315960.shtml）
9	闸北区政法综治网（http://www.shjcw.gov.cn/node2/zhabei/node1461/u1ai365909.html）
10	嘉兴政府门户网站（http://www.jiaxing.gov.cn/art/2013/7/8/art_22_167322.html）

百词	意识形态
1	中国无锡市委宣传部（http://xcb.wuxi.gov.cn/templates/wxxc1014522.shtml）
2	北京社科规划（http://www.bjpopss.gov.cn/bjpssweb/n33282c62.aspx）
3	浙江省广播电影电视局（http://www.zrt.gov.cn/art/2010/12/29/art_30_3629.html）
4	甘肃共青团（http://www.gsgqt.gov.cn/dcyj/ShowArticle.asp?ArticleID=35273）
5	长顺县政府门户网（http://www.gzcsx.gov.cn/web_qnrx/xwzxzxx_1422_3691.html）
6	中国气象局（http://www.cma.gov.cn/2011xwzx/2011xqxxw/2011xylsp/201308/t20130828_224584.html）
7	安徽农组 http://oa.ahxf.gov.cn/nzyd/show.asp?id=2830
8	新疆维吾尔自治区交通厅（http://subsite.xjjt.gov.cn/djgzyjh/show.aspx?ID=23724）
9	石家庄市政府网站（http://www.sjz.gov.cn/col/1345627074197/2012/08/23/1345690531763.html）
10	文化部（http://www.ccnt.gov.cn/xxfbnew2011/xwzx/lmsj/201308/t20130821_386743.html）

百词	丝绸之路经济带
1	榆林新闻网（http://www.xyl.gov.cn/news/JSSDBD/2013/98/13981014209E753B40IBE57CA967AF.html）
2	青岛政务网（http://www.qingdao.gov.cn/n172/n1530/n32936/29255943.html）
3	中国干部学习网（http://ccln.gov.cn/zizheng/jingjicankao/dqjj/37285.shtml）
4	重庆两江新区 http://www.liangjiang.gov.cn/ljxw/class_1_3/2013911/2013911103317.htm
5	天津政务网（http://www.tj.gov.cn/zwgk/zwxx/zwyw/201309/t20130908_221316.htm）
6	泾县茂林溪里凤村（http://wcwy.ahxf.gov.cn/village/Content.asp?WebID=10494&Class_ID=161491&id=1088725）
7	甘肃商务网（http://www.gsdofcom.gov.cn/channels/ldjh/20139/895108120.html）
8	中国商品网（http://ccn.mofcom.gov.cn/swxw/show.php?eid=43273）
9	湖南蚕桑科学研究院（http://www.hnagri.gov.cn/web/cskxyjs/gzdt/cyzx/content_120001.html）
10	江西省人民政府（http://www.jiangxi.gov.cn/zfgz/hgjj/gjjjkx/201309/t20130909_915008.htm）

百词	轨道交通
1	重庆市城乡建设委员会（http://www. ccc. gov. cn/xygl/gdjt/）
2	杭州市人民政府（http://www. hangzhou. gov. cn/main/zjhz/hzlj/2006/csjsgl/T210866. shtml）
3	北京顺义区人民政府（http://www. bjshy. gov. cn/Category_1226/Index. aspx）
4	南京市投资促进委员会（http://www. njfiw. gov. cn/tzsj/njcy/xxcy/gdjt/index. htm）
5	北京市规划委（http://www. bjghw. gov. cn/web/gdjt/）
6	成都市交通委员会（http://www. cdjt. gov. cn/list. jsp? type = 4&bigClassID = 5435685722794400254）
7	宁波市人民政府（http://gtoc. ningbo. gov. cn/col/col11332/index. html）
8	深圳市规划和国土资源委员会（http://www. szpl. gov. cn/main/gdgh/）
9	北京市交通委员会运输管理局（http://www. bjysj. gov. cn/management/ysxt/）
10	中国政府网（http://www. gov. cn/gongbao/content/2003/content_62476. htm）

百词	互联网金融
1	上海浦东政府网（http://www. pudong. gov. cn/WebSite/html/shpd/pudongNews_TBCH_201308/Info/Detail_484769. htm）
2	上海市政府网站（http://www. shanghai. gov. cn/shanghai/node2314/node2315/node4411/u21ai752353. html）
3	上海市经济和信息化委员会（http://www. sheitc. gov. cn/jjyw/660563. htm）
4	上海金融网（http://sjr. sh. gov. cn/shjrbweb/html/shjrb/xwzx_jryw/2013 – 07 – 25/Detail_95706. htm）
5	江西省人民政府（http://www. jiangxi. gov. cn/xgwt/jjlt/201308/t20130826_910765. htm）
6	中国机构编制网（http://www. scopsr. gov. cn/jjgc/zhfx/201308/t20130827_236906. html）
7	商务部（http://www. mofcom. gov. cn/article/difang/henan/201308/20130800247935. shtml）
8	杭州市政府网站（http://www. hangzhou. gov. cn/main/zwdt/bmdt/gongjing/T455547. shtml）
9	赣州市林业局（http://www. gnly. gov. cn/bencandy. php? fid = 220&id = 116965）
10	丽水政务网（http://www. lishui. gov. cn/ztfw/qyfw/cjyw/t20130819_912316. html）

百词	现代农业
1	农业部（http://www. moa. gov. cn/ztzl/xdnysfq/）
2	北京现代农业信息网（http://www. 221. gov. cn/）
3	射阳农业信息网（http://www. syagri. gov. cn/html/XDNY/）
4	上海农委政务网（http://e – nw. shac. gov. cn/zfxxgk/zhuanti/xdny/index. htm）
5	富阳市农业局（http://nongyj. fuyang. gov. cn/15639/index. shtml）
6	宿迁市农业委员会（http://www. sqagri. gov. cn/service/ShowClass. asp? ClassID = 18）
7	辽宁省科学技术厅（http://www. lninfo. gov. cn/kjzx/list. php? catid = 9）
8	池州政府网（http://www. chizhou. gov. cn/xncpd/xdny/index. html）
9	辽宁北镇现代农业信息网（http://www. lnbz. agri. gov. cn/xdny/）
10	湖南农业厅（http://www. hnagri. gov. cn/web/zzs/zzlr/xxcd/kpzs/content_75255. html）

续表

百词	安全生产
1	国家安全生产监督管理局（http://www.chinasafety.gov.cn/newpage/）
2	江苏安全生产监督管理局（http://www.jssafety.gov.cn/main/index.htm）
3	浙江安全生产监督管理局（http://www.zjsafety.gov.cn/cn/）
4	河南安全生产监督管理局（http://www.hnsaqscw.gov.cn/）
5	温州安全生产监督管理局（http://www.wzsafety.gov.cn/site/index.htm）
6	宁波市安全生产网（http://www.nbsafe.gov.cn/site/index.htm）
7	黑龙江省安全生产信息网（http://www.hlsafety.gov.cn/）
8	安徽省安全生产安全教育网（http://www.hlsafety.gov.cn/）
9	登封市安全生产网（http://www.dfsafety.gov.cn/）
10	工信部（http://aqs.miit.gov.cn/n11293472/n11295108/index.html）

百词	行政制度改革
1	江苏省发改委（http://www.jsdpc.gov.cn/pub/jsdpc/tzgg/xzgltzgg/）
2	中国政府网（http://www.gov.cn/jrzg/2008-12/18/content_1181201.htm）
3	中国机构编制网（http://www.scopsr.gov.cn/rdzt/xzspzd/）
4	河南省机构编制委员会（http://www.hnsbb.gov.cn/xztzgg.htm）
5	来凤县行政服务中心（http://www.laifeng.gov.cn/xzfw/zwgk/xzspzdgg/）
6	国家发改委（http://www.sdpc.gov.cn/rdzt/gggj/dfxx/t20080327_200517.htm）
7	湖南省发改委（http://www.hnfgw.gov.cn/ggkf/jjtzgg/33950.html）
8	哈密地区编委办党务公开网（http://www.hami.gov.cn/10180/10453/15743/2013/262477.htm）
9	克拉玛依市机构编制委员会（http://bwb.klmy.gov.cn/jgzsbzjd/xztzgghjggg/jggg/Pages/default.aspx）
10	广东机构编制网（http://www.gdbb.gov.cn/detail.jsp?infoid=12847）

百词	信息化
1	中国政务信息化网（http://www.chinaeg.gov.cn/）
2	工信部（http://www.miit.gov.cn/n11293472/index.html）
3	深圳市中小企业服务中心（http://www.szsmb.gov.cn/xxh.asp）
4	国土资源部（http://www.mlr.gov.cn/xxh/）
5	江苏信息化协会（http://www.jsia.gov.cn/）
6	农业部（http://www.moa.gov.cn/fwllm/xxhjs/）
7	辽宁省经信委（http://www.lneic.gov.cn/lnjxw/index.html）
8	福建省信息化局（http://www.fjit.gov.cn/）
9	海南省工信厅（http://www.itb.hainan.gov.cn/hnsgxt/）
10	山东省经信委（http://www.sdeic.gov.cn/xxhtj/index.htm）

百词	反恐
1	北京市公安局（http://www.bjgaj.gov.cn/web/detail_getArticleInfo_222757_col1169.html）
2	武强县政府网（http://xxgk.hengshui.gov.cn/zfxxgk/html/7/200911253178/2011/2011-30697.html）
3	浙江公安（http://www.zjsgat.gov.cn/jwzx/ztzl/afzs/fkbhd/）
4	黄山市住建委（http://zw.huangshan.gov.cn/Index/TitleView.aspx? ClassCode = 0502& UnitCode = JA015&Id = 53529）
5	平遥政府网（http://xxgk.pingyao.gov.cn/info.asp? id = 5884&infoclassid = 550）
6	漯河市政府网（http://www.luohe.gov.cn/html/131903/080910092704.html）
7	公安部（http://www.mps.gov.cn/n16/n894593/n895609/2858335.html）
8	国防部（http://www.mod.gov.cn/photo/2012-03/27/content_4354269.htm）
9	商务部（http://liaoning3.mofcom.gov.cn/aarticle/sjdixiansw/200908/20090806453890.html）
10	台安县公安局（http://www.taxgaj.gov.cn/zx/ShowArticle.asp? ArticleID = 5995）
百词	网络反腐
1	中共远安县纪委（http://jw.yuanan.gov.cn/art/2010/12/24/art_1271_134453.html）
2	国家预防腐败局（http://www.nbcp.gov.cn/article/lltt/200907/20090700003175.shtml）
3	孝南政府网（http://www.xiaonan.gov.cn/xnweb/government-getMessageForm.whbs? messageId = W1339D4B070793FE5DD0A9EA）
4	中国政府网（http://www.gov.cn/jrzg/2013-01/16/content_2313124.htm）
5	中国政务信息化网（http://www.chinaeg.gov.cn/show-4662.html）
6	贵州农经网（http://www.gznw.gov.cn/ncdj/detailInfoDjw.jsp? id = 83047）
7	武义廉政网（http://www.wylz.gov.cn/view.aspx? id = 991）
8	中国普法网（http://www.legalinfo.gov.cn/index/content/2013-02/20/content_4211387.htm? node = 7879）
9	泗阳县领导干部学习网（http://xxwt.siyang.gov.cn/? 724/viewspace-12536）
10	秦风网（http://www.qinfeng.gov.cn/info/1451/86712.htm）

二 百词政府网站互联网影响力案例

课题组从政府网站年度百词中抽取了 14 个词，对其互联网影响力的实际情况进行具体分析。

（一） 中国梦

1. 背景介绍

2012 年 11 月 29 日，中共中央总书记习近平在参观国家博物馆"复习之路"展览时，第一次阐释了"中国梦"的概念。他说"大家都在讨论中国梦，我认为，实现中华民族的伟大复兴，就是中华民族近代以来最伟大的梦想。"总书记指出，到中国共产党成立 100 年时全面建成小康社会的目标一定能实现，到新中国成立 100 年时建成富强民主文明和谐的社会主义现代化国家的目标一定能实现，中华民族伟大复兴的梦想一定能实现。

2013 年 3 月 17 日，中共中央总书记、国家主席、中央军委主席习近平在十二届全国人大一次会议闭幕会讲话中九次提到"中国梦"，庄严承诺："中国梦归根到底是人民的梦，必须紧紧依靠人民来实现，必须不断为人民造福。"

2013 年 4 月 28 日，劳动节前夕，习近平在全国总工会机关同全国劳动模范代表座谈，在发表讲话时提出工人阶级要"把个人梦与中国梦紧密联系，始终做坚持中国道路的柱石、弘扬中国精神的楷模、凝聚中国力量的中坚"。

2013年5月4日青年节之际，习近平在中国航天科技集团公司中国空间技术研究院同青年代表座谈，他在发表讲话时称要"用中国梦打牢青少年共同思想基础"。

自中共新一届领导集体上任以来，"中国梦"一词正式进入官方词库并迅速走红，在全国各地干部群众中持续引起强烈反响，海内外新闻媒体大量报道，微博等社交媒介热烈讨论。习总书记的讲话引起了广大网民的强烈共鸣，"中国梦"成为网络上最热门的话题之一。

2. 网民搜索热度

百度指数显示，新一届中央领导集体集中阐述"中国梦"三个月中（2013年3月至5月），"中国梦"的日均搜索次数约达15000次，并且搜索次数逐月显著上升。

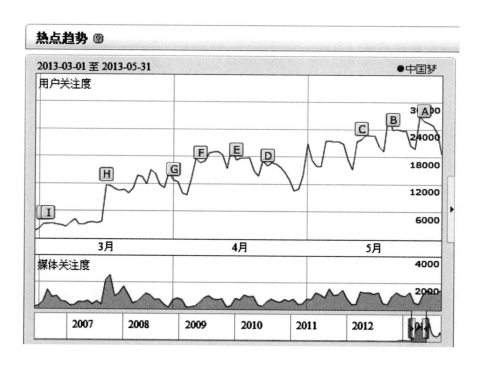

图3-8 "中国梦"百度指数

同时，与"中国梦"相关的搜索关键词，如中国梦演讲稿、我的中国梦资料、同心共筑中国梦、青春向上中国梦等也成为了网民的热点搜索词，上升幅度均高于150%。可见，网民不仅对中国梦保持了高度关注，而且积极参与相关学习、讨论活动，如中国梦演讲、征文等。

上升最快相关检索词 ⑦

1	中国梦之声	🔍	⬆ 大于600%
2	中国梦演讲稿	🔍	⬆ 大于600%
3	我的梦中国梦演讲稿	🔍	⬆ 大于600%
4	我的中国梦资料	🔍	⬆ 大于600%
5	中国梦想秀	🔍	⬆ 543%
6	我的梦中国梦作文	🔍	⬆ 538%
7	同心共筑中国梦	🔍	⬆ 364%
8	我的中国梦演讲稿	🔍	⬆ 241%
9	我的中国梦手抄报	🔍	⬆ 209%
10	青春向上中国梦	🔍	⬆ 156%

图 3 - 9 上升最快的相关搜索词

3. 政府网站关于"中国梦"的搜索影响力

（1）政府网站关于"中国梦"的搜索引擎收录情况

数据显示，目前互联网上"中国梦"相关网页的百度收录数约1亿个，其中政府网站相关网页百度收录数2870万个，政府网站百度收录比为28.7%。但是在百度搜索"中国梦"关键词时，返回结果前三页中来自政府网站的页面数为0个。这说明目前政府网站虽然提供了数量较为可观的"中国梦"相关内容，但是未能在搜索引擎中占据最有利位置，从而难以充分发挥其影响力，失去了直接影响大多数网民的机会。

为进一步分析各省政府门户网站"中国梦"相关页面收录情况，以"site：URL 中国梦"为搜索词（说明：URL 为具体政府网站的网络地址，下同），在百度上搜索，结果如表 3 - 4 所示。

表 3-4　各省市区政府门户网站"中国梦"相关页面百度收录情况

省份	URL	百度收录数
上　海	www. shanghai. gov. cn	8400
河　南	www. henan. gov. cn	7960
陕　西	www. shaanxi. gov. cn	5460
四　川	www. sc. gov. cn	4960
北　京	www. beijing. gov. cn	4810
辽　宁	www. ln. gov. cn	4730
湖　南	www. hunan. gov. cn	4360
河　北	www. hebei. gov. cn	3250
贵　州	www. gzgov. gov. cn	2890
黑龙江	www. hlj. gov. cn	2580
江　西	www. jiangxi. gov. cn	2210
湖　北	www. hubei. gov. cn	2160
福　建	www. fujian. gov. cn	1920
天　津	www. tj. gov. cn	1480
山　西	www. shanxigov. cn	1360
甘　肃	www. gansu. gov. cn	1310
江　苏	www. jiangsu. gov. cn	1260
海　南	www. hainan. gov. cn	918
重　庆	www. cq. gov. cn	846
吉　林	www. jl. gov. cn	610
青　海	www. qh. gov. cn	566
内蒙古	www. nmg. gov. cn	538
西　藏	www. xizang. gov. cn	527
广　东	www. gd. gov. cn	392
宁　夏	www. nx. gov. cn	355
安　徽	www. ah. gov. cn	312
云　南	www. yn. gov. cn	138
广　西	www. gxzf. gov. cn	79
浙　江	www. zhejiang. gov. cn	39
山　东	www. shandong. gov. cn	30
新　疆	www. xinjiang. gov. cn	0

　　由表 3-4 可以发现，各省市区政府门户网站"中国梦"有关页面收录情况总体相对良好，其中有 17 个省市区政府门户网站有关页面收录数在 1000 以上。但各省市区收录水平差异明显，上海、河南、陕西三省市

政府门户网站收录量均超过 5000 条。个别网站收录数较低，应当尽快采取有效措施加以优化改进。

（2）搜索结果表现

当前，搜索引擎已经成为网民在互联网上获取信息的主要途径之一。以"site：gov. cn 中国梦"为搜索词对搜索引擎收录来自政府网站的中国梦相关网页进行考察，在百度、谷歌和 360 这三大主流搜索引擎上查看搜索结果。其中百度搜索结果约为 28700000 条，谷歌约为 8790000 条，360 搜索约为 1100000 条。各搜索结果中排名前十位的政府网站列表如表 3－5。

表 3－5　主要搜索引擎搜索结果排名

序号	百度	谷歌	360
1	渭南市人民政府（www. weinan. gov. cn）	中国文明网（www. wenming. cn）	淮南市审计局（www. hnsj. gov. cn）
2	凉山州科技局（www. lszst. gov. cn）	中共雅江县宣传部（www. yjxcb. gov. cn）	汨罗教育网（jiaoyu. mlnews. gov. cn）
3	中共辽源市直属机关工作委员会（jggw. 0437. gov. cn）	首都之窗（www. beijing. gov. cn）	四川省交通运输厅（www. scjt. gov. cn）
4	宿迁人民政府（www. suqian. gov. cn）	教育部门户网站（www. moe. gov. cn）	龙岩青年网（www. lyqn. gov. cn）
5	山东省商务厅门户网站（www. shandongbusiness. gov. cn）	教育部门户网站（www. moe. gov. cn）	中江县教育局官方网站（www. zjjyw. gov. cn）
6	四川省人民政府法制办公室（www. scfz. gov. cn）	曹县政府门户网站（www. cxdjx. gov. cn）	中国政府网（www. gov. cn）
7	荆州市江陵县地方税务局（www. hb－1－tax. gov. cn）	教育部门户网站（www. moe. gov. cn）	中国政府网（www. gov. cn）
8	宿州市环境保护局（www. ahszepb. gov. cn）	教育部门户网站（www. moe. gov. cn）	河南长安网（www. hapa. gov. cn）
9	平江县老干部工作网（pingjiang. gov. cn/PjLgj）	教育部门户网站（www. moe. gov. cn）	陕西省人民政府门户网站（www. shaanxi. gov. cn）
10	四川扶贫与移民网（www. scfpym. gov. cn）	国家知识产权局（www. sipo. gov. cn）	盐津网（www. ynyj. gov. cn）

可以看出，从中央各部委到地方各省市、区县，各机关部门网站都积极宣传"中国梦"理念，特别是教育部门户网站和地方教育网站（如汨罗教育网、中江县教育网等）表现良好。

进一步分析教育部网站发现，其网站中"中国梦"主题内容丰富，不仅有大量资讯，而且有多个针对青少年学生的中国梦专题教育活动（见图3-10）。

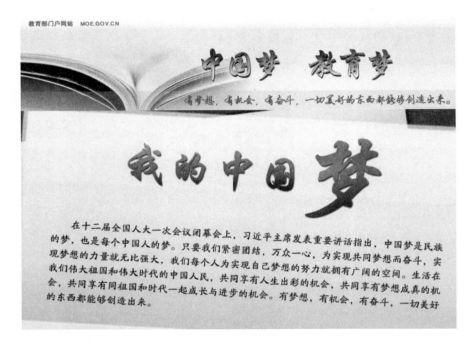

图3-10 教育部网站"中国梦"专题

4. 结论

目前政府网站"中国梦"相关页面收录数量相对较多，各级政府部门网站都积极宣传"中国梦"理念，正面引导网民参与相关讨论和学习活动，传播正能量。特别是以教育部为代表的全国教育系统网站，采取丰富多彩的形式开展"中国梦"主题教育活动，引导广大学生为实现国家富强、民族复兴、人民幸福的伟大"中国梦"而发奋学习、不懈奋斗。但从整体上来说，政府网站关于"中国梦"这一主题的互联网影响力有待提升，特别是部分政府门户网站上尽管发布了大量与"中国梦"相关的网页内容，但绝大多数未被主流搜索引擎收录，网民无法通过搜索等常规手段找到这些内容，使得其互联网影响力的发挥受到较大影响，值得引起有关部门关注。

（二）群众路线

1. 背景介绍

2013 年 4 月 19 日，中共中央召开政治局会议，决定从下半年开始，用一年左右时间，在全党自上而下分批开展党的群众路线教育实践活动。会议强调，党的十八大明确提出，围绕保持党的先进性和纯洁性，在全党深入开展以为民务实清廉为主要内容的党的群众路线教育实践活动，这是新形势下坚持党要管党、从严治党的重大决策，是顺应群众期盼、加强学习型服务型创新型马克思主义执政党建设的重大部署，是推进中国特色社会主义伟大事业的重大举措。

6 月 18 日，党的群众路线教育实践活动工作会议在北京召开，中共中央总书记、国家主席、中央军委主席习近平出席会议并发表重要讲话，对全党开展教育实践活动进行部署。他强调指出，开展党的群众路线教育实践活动，是实现党的十八大确定的奋斗目标的必然要求，是保持党的先进性和纯洁性、巩固党的执政基础和执政地位的必然要求，是解决群众反映强烈的突出问题的必然要求。全党同志要积极参与到活动中来，以实际行动密切党群干群关系，取得群众满意的成效。

6 月 21 日，中央党的群众路线教育实践活动领导小组印发《关于认真学习贯彻习近平总书记在党的群众路线教育实践活动工作会议上的讲话的通知》，要求各级党组织和广大党员、干部把认真学习贯彻讲话作为当前的一项重要政治任务，自觉把思想和行动统一到中央要求上来。

在中央领导的有力部署下，我国各级各类党政机关均认真深入开展党的群众路线教育实践活动，并通过多种途径对活动进行了宣传，取得了良好的社会反响。其中，政府网站在党的群众路线教育实践活动的宣传中发挥了重大积极作用，大批政府网站开设了有关群众路线教育实践活动的专题专栏，而且，网站信息被新闻媒体、主流微博等转发转载，有力地发挥了互联网影响力。

2. 网民搜索热度

自 2013 年 4 月党的群众路线教育实践活动开展以来，"群众路线"一词一度成为网民搜索的热点。

百度指数显示，近三个月来，"群众路线"的搜索次数约达 146340 人次，并且，搜索次数逐月显著上升。

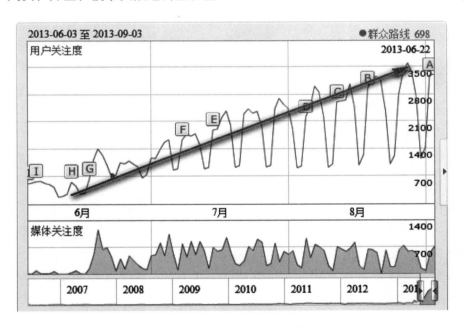

图 3 – 11　"群众路线" 百度指数

同时，与"群众路线"相关的搜索关键词，如群众路线学习心得、群众路线心得体会、党的群众路线、群众路线网等也成为网民的搜索热词，部分搜索词的上升幅度高于 600%。可见，网民对什么是群众路线、群众路线的学习心得体会等信息保持了高度关注。

上升最快相关检索词 ⑦

1	群众路线学习心得	🔍	⬆ 大于600%
2	什么是群众路线	🔍	⬆ 大于600%
3	群众路线网	🔍	⬆ 大于600%
4	党的群众路线	🔍	⬆ 大于600%
5	党的群众路线教育	🔍	⬆ 大于600%
6	群众路线教育	🔍	⬆ 大于600%
7	党的群众路线是什么	🔍	⬆ 大于600%
8	群众路线教育实践	🔍	⬆ 大于600%
9	群众路线心得体会	🔍	⬆ 大于600%
10	党的群众路线 心得	🔍	⬆ 大于600%

图 3 - 12　上升最快的相关搜索词

3. 政府网站关于"群众路线"的搜索影响力

（1）政府网站群众路线的搜索引擎收录情况

在百度中搜索"群众路线"这一关键词，相关网页的收录数是19100000，其中，来自政府网站的网页数是7800000，占比48.84%，但其返回结果前三页中政府网站收录数仅为 1 条，这表明了在该主题上政府网站虽然贡献了可观的内容，但由于未能在搜索引擎上占据发挥其影响力的最有利位置，从而失去了直接影响大多数相关受众的机会。

（2）搜索结果表现

当前，搜索引擎已成为网民在互联网上查找信息的主要途径。我国多数政府网站在"群众路线"上的搜索结果表现良好。

以"site：gov. cn 群众路线"为搜索词，在百度、谷歌、360 这三大主流搜索引擎上查看搜索结果，排在前十位的政府网站列表如表3 - 6。

从表3 - 6 可以看出，部委网站在谷歌搜索引擎搜索结果中的排名较靠前，如教育部、国家安全生产监督管理局、交通部、中国人民银行、中国政府网等均排在了谷歌搜索结果的前十位。而在百度、360 的搜索引擎搜索结果中，地方政府网站的排名与部委网站相比，较为靠前。此外，在各类政府网站中，党建方面的群众路线网的搜索排名较靠前，如陕西省委组织部针对群众路线教育实践活动专门建设的陕西群众路线网，其在三个主流搜索引擎的搜索结果中均处在前十位，发挥了十分显著的正面宣传作用，值得各地加以借鉴。

表 3 − 6　各政府门户网站"中国梦"相关页面百度收录情况

排名	百度	谷歌	360
1	国家民族事务委员会（www.seac.gov.cn）	教育部（www.moe.gov.cn）	中国茶陵县委宣传部（xcb.chaling.gov.cn）
2	西安阎良民政（yanliang.mca.gov.cn）	国家安全生产监督管理局（www.chinasafety.gov.cn）	中国政府网（www.gov.cn）
3	陕西群众路线（qzlx.sx-dj.gov.cn）	群众路线（qzlx.people.com.cn）	贵州党建网（www.gzjcdj.gov.cn）
4	安徽党建网（www.ahxf.gov.cn）	群众路线（qzlx.people.com.cn）	陕西群众路线网（qzlx.sx-dj.gov.cn）
5	杭州价格网（www.hzjg.gov.cn）	群众路线（qzlx.people.com.cn）	中国政府网（www.gov.cn）
6	大关党建网（www.dgdj.zt.gov.cn）	中国政府网（www.gov.cn）	冷水滩区党务公开网（www.lstdww.gov.cn）
7	浙江领导干部网络学院（www.zjce.gov.cn）	交通部（www.moc.gov.cn）	科技部（www.most.gov.cn）
8	大学生村官博客（cz.suqian.gov.cn）	陕西群众路线网（qzlx.sx-dj.gov.cn）	镇海纪委、监察局网站（www.zhjw.gov.cn）
9	河北统计局（www.hetj.gov.cn）	中国人民银行（www.pbc.gov.cn）	英吉沙县政府网（www.yjs.gov.cn）
10	贵州省万村千乡（www.gzjcdj.gov.cn）	中国政府网（www.gov.cn）	渭南市人民政府网（www.weinan.gov.cn）

4. 政府网站关于"群众路线"的网络传播度

（1）政务微博表现情况分析

随着群众路线教育实践活动的不断深入开展，除政府网站这一宣传主阵地之外，各地政府部门主办的政务微博也在群众路线宣传中发挥了重要作用。以新浪微博为例，以"群众路线"为搜索词，在搜索返回结果首页的 21 条微博中，有 17 条微博来自政务微博，占比达 81%。

佳县公安 ✔ 【佳县公安消防大队"走好五步"助推消防执法工作群众路线】为了做好群众工作，佳县公安消防大队"走好五步"助推消防执法工作群众路线。一是要服务人民践宗旨；二是要加强学习提素质；三是要心怀群众改作风；四是要常接地气听民声；五是要廉洁奉公守法纪。

26分钟前　来自专业版微博　　👍 | 转发 | 收藏 | 评论

南皮论坛 ✔ 持续关注中！//@沧州全攻略://@泥腿子记者:践行党的群众路线，《河北农民报》再发力。//@泥腿子记者:@田刺刺 @团小菜 @政协委员王有才 @沧州那些事儿 @沧州全攻略 @南皮论坛 @沧州晚报 @沧州资讯台 @燕赵都市报 @燕赵身边事 @燕阵沧州 @韩泽祥 @河北日报 @ada精灵 @河北农民广播 @河北新闻网官方 //@

>
> @河北农民报微博 ✔ 【本报独家】《是发包种粮，还是卖地盖厂？》■河北农民报记者 郭庆峰 3亩多地，承包费高达8万多元。沧州市南皮县南皮镇汤庄村发包耕地被指"卖地"，而村干部则坚称"是承包"。而且该村对140名新增人口使用了同样的办法。
> http://t.cn/z8oyAkF
>
> 9月9日13:21　来自新浪微博　　转发(17) | 评论(3)

31分钟前　来自Android客户端　　👍 | 转发 | 收藏 | 评论(1)

中国航信团委 ✔ #党的群众路线教育实践活动知识竞赛#集团公司综合管理部党员志选流了计步代末叫，3 众年赛法手，他们是综合管理部 +

图 3-13　"群众路线"微博截图

（2）新闻媒体

通过分析发现，政府网站发布的党的群众路线教育实践活动信息，得到了主流新闻媒体的高度关注，并进行了大量转载。以新浪网转载的有关"群众路线"的新闻信息为例，有近 20% 的新闻信息转载自政府网站。

部分新闻信息列表如表 3-7。

（3）结论

政府网站在"群众路线"这一主题上的互联网影响力总体表现较好，

其对搜索引擎的可见性较优，微博用户的关注度较高，在新闻媒体网站的转载力度较大。部分地方政府部门通过依托现有资源建设群众路线专题网站等方式开展灵活多样的宣传活动，取得了良好效果。可见，在党的群众路线教育实践活动中，以政府网站为核心的政府网上宣传体系发挥了较大的互联网影响力，为群众路线教育实践活动的成功开展营造了较好的互联网环境。

表 3 - 7　新浪网关于"群众路线"的政府网站信息

标题	来源	日期
看湖北厅如何开展群众路线教育实践活动	国土资源部网站	2013 - 09 - 09
四川省粮食局召开党的群众路线教育实践活动推进会	国家粮食局网站	2013 - 09 - 09
中国林科院沙林中心开展党的群众路线教育实践活动第二单元工作	国家林业局网站	2013 - 09 - 09
省委巡视组就开展群众路线活动在我县征求意见	商务部网站	2013 - 09 - 09
华夏银行成都分行开展党的群众路线教育实践活动	四川在线	2013 - 09 - 06
农业部召开党的群众路线教育实践活动座谈会	农业部网站	2013 - 09 - 05
赵乐际强调：做自觉践行党的群众路线的好干部	中国政府网	2013 - 09 - 05
韩长赋在农业部党的群众路线教育实践活动座谈会上强调认真贯彻落实中央八项规定有关要求切实刹住中秋国庆公款送礼不正之风	农业部网站	2013 - 09 - 05
中国矿业报启动党的群众路线教育实践活动	国土资源部网站	2013 - 09 - 05
青海省粮食局举办党的群众路线教育实践活动读书笔记展评交流会	国家粮食局网站	2013 - 09 - 05
体育总局彩票中心召开群众路线教育实践活动专题会	中华人民共和国中央人民政府网站	2013 - 09 - 05

（三）八项规定

1. 背景介绍

八项规定是习近平总书记于 2012 年 12 月 4 日主持召开的中共中央政治局会议中，审议通过的中央政治局关于改进工作作风、密切联系群众的一项决议。在八项规定之前，中央政治局就曾明确提出，抓作风建设，首先要从中央政治局做起，要求别人做到的自己先要做到，要求别人不做的自己坚决不做，以良好党风带动政风民风建设。

规定要求中央政治局全体同志深入基层调研，要轻车简从，不安排群众迎送；要求精简会议活动，切实改进会风；要求精简文件简报，切实改进文风；要求规范出访活动，严格控制出访随行人员；要求改进警卫工作，减少交通管制，一般情况下不得封路、不清场闭馆；要求改进新闻报道，压缩中央政治局同志出席会议和活动的报道；要求严格文稿发表；要求厉行勤俭节约，严格遵守廉洁从政相关规定。

"八项规定"是一个庄严承诺，体现了从严治党的根本要求。新一届中央领导集体正以身体力行的方式，为端正党风政风率先垂范。"八项规定"出台后，各地方的公款吃喝风明显降温。来自中国烹饪协会的报告称，规定出台后北京地区的高端酒店生意下降了 35%。规定所涉范围之广、内容之细，彰显力度之大、决心之坚，在网上引起强烈的反响。

2. 网民搜索热度

百度指数提供的数据显示，自 2012 年 12 月以来，"八项规定"一度成为网民搜索的一个重要热词。规定出台次日，即 2012 年 12 月 5 日，网民在百度上搜索"八项规定"次数暴增，多达 40585 次，形成明显的关注高峰（见图 3 - 14）。同时，与"八项规定"相关的搜索关键词，如中央八项规定、八项规定内容、八项规定心得体会、中共中央八项规定等也成为网民的搜索热词，部分搜索词上升幅度均高于 600%（如图 3 - 15 所示）。

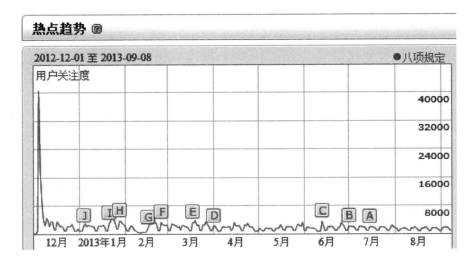

图 3－14　“八项规定”百度指数

相关检索词　八项规定　全国 201212-201309

相关检索词		上升最快相关检索词	
1	中央八项规定	1	八项规定内容 大于600%
2	八项规定内容	2	中央八项规定 大于600%
3	八项规定 六项禁令	3	中央八项规定全文 大于600%
4	中央八项规定全文	4	中央八项规定精神 大于600%
5	中央八项规定内容	5	八项规定 六项禁令 大于600%
6	八项规定心得体会	6	八项规定心得体会 大于600%
7	八项规定学习心得	7	中央八项规定内容 大于600%
8	中共中央八项规定	8	中纪委八项规定 大于600%
9	中纪委八项规定	9	中共中央八项规定 大于600%
10	八项规定具体内容	10	八项规定学习心得 大于600%

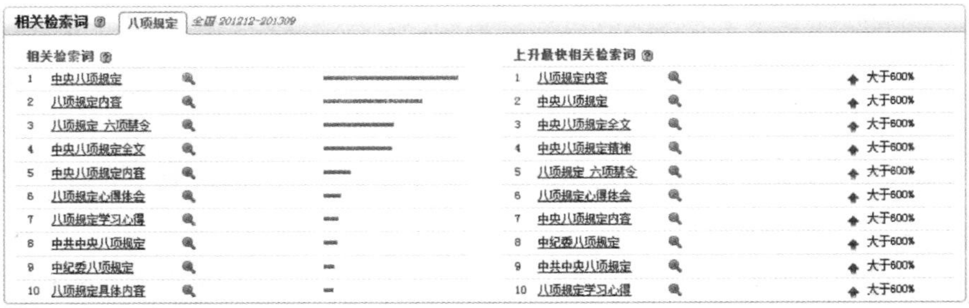

图 3－15　相关搜索词

3. 政府网站关于“八项规定”信息的搜索引擎影响力

（1）政府网站关于“八项规定”的搜索引擎收录情况

截至 2013 年 9 月 10 日，“八项规定”相关网页百度收录数为 7 千万个，政府网站相关页面百度收录数为 890 万个，政府网站百度收录比为 12.7%，处于较高水平。可见，各级政府网站围绕八项规定有关的工作部署和政策宣传等发布了大量信息，成为关于八项规定相关内容最权威的互联网信息来源渠道。

（2）搜索结果表现

以"site：gov. cn 八项规定"为搜索词，在百度、谷歌和 360 这三大主流搜索引擎上查看搜索结果，排名前十位的网站如表 3 - 8 所示。

表 3 - 8　主要搜索引擎搜索结果排名

排名	百度	谷歌	360
1	天津市人民检察院第二分院（www. tjjcy2. jcy. gov. cn）	昆明市工商行政管理局（www. kmaic. gov. cn）	天津市人民检察院第二分院（www. tjjcy2. jcy. gov. cn）
2	山东省共青团（www. sdyl. gov. cn）	湘西自治州机构编制网（www. xxzbb. gov. cn）	额敏县人民政府公众信息网（www. xjem. gov. cn）
3	贵州农业信息网（www. qagri. gov. cn）	中国政府网（www. gov. cn）	中国政府网（www. gov. cn）
4	福州市鼓楼区人民政府门户网站（www. gl. gov. cn）	中共中央国家机关工作委员会网站（www. zgg. gov. cn）	中国政府网（www. gov. cn）
5	镇远门户网站（www. zhenyuan. gov. cn）	中国政府网（www. gov. cn）	达县电子政务网（egov. scdxzw. gov. cn）
6	丹东金农网（dd. lnjn. gov. cn）	国资委网站（www. sasac. gov. cn）	荆门市东宝区子陵铺镇（zl. jmdbq. gov. cn）
7	达县电子政务网（egov. scdxzw. gov. cn）	中华人民共和国监察部（www. ccdi. gov. cn）	衡水市政府信息公开（www. hengshui. gov. cn）
8	六安市纪检监察（www. lajjjc. gov. cn）	中国政府网（www. gov. cn）	孝昌人民政府网站（www. xiaochang. gov. cn）
9	阜阳市委市政府接待处（www. fyjd. gov. cn）	中国政府网（www. gov. cn）	延边州发改委（www. ybxx. gov. cn）
10	明光市政府信息公开网（www. ahmg. gov. cn）	中华人民共和国监察部（www. ccdi. gov. cn）	合肥市食品药品监督管理局（yjj. hefei. gov. cn）

由上表可以发现，中国政府网作为中央政府门户网站，是宣传八项规定精神、监督各地落实情况的重要平台。此外，各地纪检监察部门网站也发布了大量关于"八项规定"的信息，相关页面搜索结果表现良好。

4. 结论

目前政府网站"八项规定"主题相关页面在主流搜索引擎中收录情

况良好，政府网站提供的相关信息占据了互联网上有关"八项规定"主题的话语主导权。各地政府网站都大力宣传中央八项规定精神，特别是纪检监察部门网站，通报、曝光典型违规案例，努力让作风建设落到实处。政府网站"八项规定"相关信息在互联网上具备较大的影响力，对于提升从严治党工作宣传效果、彰显端正党风政风决心起到了良好的促进作用。

（四）战斗力

1. 背景介绍

3月11日，中共中央总书记、中共中央军委主席习近平在出席十二届全国人大一次会议解放军代表团全体会议时指出："建设一支听党指挥、能打胜仗、作风优良的人民军队，是党在新形势下的强军目标。""要抓住能打仗、打胜仗这个强军之要，强化官兵当兵打仗、带兵打仗、练兵打仗思想，牢固树立战斗力这个唯一的根本的标准，按照打仗的要求搞建设、抓准备，确保部队招之即来、来之能战、战之必胜。作风优良是我军的鲜明特色和政治优势。"

八一建军前夕，习近平到北京军区机关视察，他强调"要始终坚持战斗力这个唯一的根本的标准，全部心思向打仗聚焦，各项工作向打仗用劲，真正使战斗队意识在官兵头脑中深深扎根。要坚持信息化的发展方向，推动信息化建设加速发展，增强基于信息系统的体系作战能力。要坚决贯彻战训一致原则，切实端正训风、演风、考风。要进一步抓好训练基地建设和使用，充分发挥训练基地在提高部队实战化水平方面的重要作用。"

十二届全运会开幕式前夕，习近平专门视察了沈阳战区部队。他登上辽宁舰，并指示"你们要牢记职责，不辱使命，早日形成战斗力和保障力，为建设强大的人民海军作贡献。"

有外媒盘点了习近平近十个月的治军轨迹，分析称他密集视察各大一线军区部队、二炮、空军、海军多兵种和武警官兵，提出

"强军梦"和"三个牢记"的总要求,鲜明提出"军人还得有血性",依法从严治军,在钓鱼岛、南海等敏感争议地区有理有节地"亮剑"等。

新加坡《联合早报》指出,习近平在视察北京军区讲话中,概括了他自担任中共中央总书记以来所展现的治军思路。他的思想表述可分为两大块,一是强调战斗力是"唯一的根本的标准",聚焦"能打仗、打胜仗",更大目的在于为中国所面对的日趋复杂的安全局势做好准备;二是对军队整风提出高要求,最终目的也指向提高战斗力。

2. 政府网站关于"(军队)战斗力"话题的影响力表现

(1)政府网站关于该话题信息总体呈现"不可见"状态

"战斗力"与一些政府部门的工作紧密关联,相关政府网站就此发布多条信息。在百度搜索"战斗力",共得到82100000条反馈结果,在百度搜索"site:gov.cn战斗力",共得到7460000条反馈结果,该关键词的百度收录页中政府网站占比仅为9.09%(见表3-9),且百度搜索"战斗力"返回结果前三页中政府网站结果数为0个(见图3-16)。表明了在该主题上政府网站内容被百度收录的数量和在搜索结果中的排名均不理想。这就意味着,网民通过百度等主要互联网信息查找渠道无法找到来自政府官方发布的有关提高军队战斗力的相关内容,在该主题上,政府网站的内容在主流搜索引擎上基本为"不可见"状态。

同样的,数据显示谷歌搜索"战斗力",共得到48300000条反馈结果,谷歌搜索"site:gov.cn战斗力",共得到8530000条反馈结果,该关键词的谷歌收录页中政府网站占比达到17.60%(见表3-9),总体优于百度,但是在谷歌搜索"战斗力"返回结果的前三页中依然没有找到来自政府网站的信息,表明了在该主题上政府网站虽然为谷歌贡献了可观的内容,但由于未能在谷歌上占据发挥其影响力的最有利位置,从而失去了直接影响大多数相关受众的机会。

表 3 - 9　政府网站"战斗力"主题信息被搜索引擎收录情况

	百度	谷歌
搜索"战斗力"	82100000	48300000
搜索"site：gov. cn 战斗力"	7460000	8530000
比例(%)	9. 09	17. 60

从综合分析来看，政府网站关于"（军队）战斗力"话题的信息资源在搜索引擎上总体处于"不可见"状态。

（2）省级政府网站在该话题上信息资源的可见性不高

为进一步观察各政府网站的表现，我们以"site：gov. cn 战斗力"为搜索词，在百度、谷歌、360 这三大主流搜索引擎上查看搜索结果，排在前十位的政府网站见表 3 - 10。

表 3 - 10　关于"战斗力"话题信息排名前十的政府网站

	百度	谷歌	360
1	中国国防部（www. mod. gov. cn）	中国国防部（www. mod. gov. cn）	中国国防部（www. mod. gov. cn）
2	如皋政法网（www. rgzfw. gov. cn）	中国硒都网（www. hbenshi. gov. cn）	国土资源部（www. mlr. gov. cn）
3	余姚城管执法局（www. cgj. yy. gov. cn）	辰溪党建网（www. hncxdj. gov. cn）	黔西南州政府网（www. qxn. gov. cn）
4	平安佛山（www. fsga. gov. cn）	台州政府网（www. zjtz. gov. cn）	陕西党建网（www. sx - dj. gov. cn）
5	金华政府网站（www. jinhua. gov. cn）	马武镇人民政府公众信息网（www. flmw. gov. cn）	福清市人民政府网站（www. fuqing. gov. cn）
6	中国国防动员网（www. gfdy. gov. cn）	四川文明网（www. scwmw. gov. cn）	中国政府网（www. gov. cn）
7	凤台县商务局（shangyeju. ft. gov. cn）	信阳网（www. xyw. gov. cn）	营口经济技术开发区（www. ykdz. gov. cn）
8	国家土地督察（www. gjtddc. gov. cn）	安康市公安局（gaj. ankang. gov. cn）	贵州省万村千乡网页工程（www. gzjcdj. gov. cn）
9	柳北党建（lbq. lzdj. gov. cn）	临沂市兰山区区直机关党工委（www. lylsjggw. gov. cn）	长春新闻网（www. ccnews. gov. cn）
10	梅州市人民政府门户网站（www. meizhou. gov. cn）	中华人民共和国公安部（www. mps. gov. cn）	石家庄市委党校（www. sjzdx. gov. cn）

Baidu百度 新闻 网页 贴吧 知道 音乐 图片 视频 地图 文库 更多»

战斗力　　　　　　　　　　　　　　　[百度一下]　　推荐：用手机随时随地上百度

　　　　　　　　　　　　　　　　　　　　　　　　　▶来百度做推广
　　　　　　　　　　　　　　　　　　　　　　　　　咨询热线：400-800-8888
　　　　　　　　　　　　　　　　　　　　　　　　　e.baidu.com

坦克世界战斗力计算方法_百度文库
★★★★★评分:4.5/5 3页
场均发现 - 仅限于敌人第一次被点亮时才被记录 计算战斗力的方法,是先计算单车战斗力,然后再通过简单的平均运算,将所有的单车战斗力整合平均为一个总战斗力...
wenku.baidu.com/view/b81a80cd58f5f51...2013-3-3-百度快照

卡卡罗特战斗力分析_七龙珠吧_百度贴吧
64条回复 - 发帖时间:2011年11月27日
(1)在深山老林时孙悟空的战斗力据估计只有50左右,根据是龙珠z中透露出孙悟空一出世战斗力就只有2左右,属于赛亚人中最低级的,换句话说是个废物,因此被送往...
tieba.baidu.com/p/1300074...2012-8-11-百度快照 5

lol战斗力提升方法_百度经验
lol战斗力提升方法,不少玩家会遭遇因为战斗力低而被队友无故口舌的经历,多玩盒子也因为可以便捷查询战斗力及玩家平日表现情况而被联盟玩家广泛纳为lol游戏必备辅助...
jingyan.baidu.com/article/6079ad0e46...2012-8-20-百度快照 4

龙珠人物战斗力 - 搜搜百科
龙珠战斗力分析 七龙珠所有人的战斗力的数据 龙珠最强!注意:18000战斗力能摧毁地球 七龙珠Z、GT人物的战斗力数值 1.说明:本文所涉及的战斗力,是以弗利萨集团所...
baike.soso.com/v5195...htm 2013-7-4-百度快照

龙珠全人物战斗力排行,太牛了!
65、佩佩:看她发怒时的战斗力,我觉得她应该和娜美克星上最后使出10北界王拳的孙悟空差不多。 66、大界王:看他那速度和眼力,估计他的力量应该比佩佩弱一些。
www.douban.com/group/topic/156533...2010-11-15-百度快照

七龙珠z人物战斗力排行榜 - 已解决 - 搜搜问问
3个回答 - 最新回答:2012年4月5日
为什么我大乐斗的战斗力已经比排行榜上的高了可我依然在榜上看不到我…我一直都是 →=soso.com//=726dy.cc==←的忠实用户n53T6x
wenwen.soso.com/z/q3659671...htm 2013-8-17-百度快照

测测你的战斗力!看看厉害不厉害
测测你的战斗力!看看厉害不厉害 请输入你或你朋友的名字或其他东西:如果你觉得本测试很好玩,可以复制下表,推荐给你的好友喔!...
www.mcbao.com/yy/9...php 2007-11-6-百度快照

lol战斗力查询 lol战力指数查询 lol盒子战斗力查询 lol战绩查询
lol战斗力查询 lol盒子战斗力查询 战斗力排行榜:某科学的伪葛炮 一怒为尼玛、泡芙北鼻 JoKer J GunBuster 我是笨蛋 lol战斗力查询方法...
www.3454.com/lol 2012-1-1-百度快照 9408

前100名!七龙珠战斗力排行榜! 贴图区 猫扑贴图区 猫扑网
99条回复 - 发帖时间:2012年7月25日
前100名!七龙珠战斗力排行榜! 做为一个龙珠迷,个人认为应…90、贝吉塔王:他没有小时侯的贝吉塔强,而小时侯的贝吉塔战斗力估计在10000左右,所以贝吉塔王的战斗...
dzh.mop.com/ttq/20120725/0/z8g37zl2a...2012-7-25-百度快照

对于出现改名后战斗力下降的情况说明!!!!!!-BUG提交问题反馈-LOL-...
14条回复 - 发帖时间:2013年1月23日
对于出现改名后战斗力下降的情况说明!!!!!!-改名后,只赛开盒子用老号上有的比赛类型(如匹配、人机、各种排位等)各打一场即可恢复战斗力,而原来的评价前数据无法...
bbs.duowan.com/thread-30280943-1...html 2013-1-23-百度快照

[上一页] 1 2 **3** 4 5 6 7 8 9 10 11 12 [下一页]　　　　　　百度为您找到相关结果约82,100,000个

图 3 - 16　百度搜索"战斗力"的反馈结果

　　由表 3 - 10 我们可以看出在不同搜索引擎中,排在前十位的政府网站明显不同,且政府网站所属单位级别差异较大,且多为市、区县级政府单

位，有国家级机关单位如国防部、公安部，也有乡镇级政府单位如马武镇人民政府公众信息网。值得注意的是，在各个搜索引擎的前十位政府网站中，几乎没有看到省级政府网站，说明省级政府网站在"（军队）战斗力"话题上信息资源的可见性还有待提升。

（3）国防部网站百度收录量较为理想，搜索结果排名情况仍需优化

由表3-10可以看出，国防部网站关于"（军队）战斗力"信息资源在不同搜索引擎中的可见性相对其他政府网站来说表现较好。

访问国防部的网站，通过站内搜索功能搜索"战斗力"相关信息，共得到25311条搜索结果，在百度中以"site：www.mod.gov.cn战斗力"作为关键词进行搜索，共得到21600条搜索结果，占比为85.34%，说明国防部关于"战斗力"的信息资源有85.34%为百度收录，这一结果比较理想；但是在搜索结果排名方面如前所述，政府网站表现并不理想，包括国防部网站；我们将搜索关键词进一步明确为"军队战斗力"，发现搜索结果的前三页中依然没有来自国防部的信息。

另外，通过观察我们发现，前三页内容多为论坛、社区、新闻媒体网站的内容，如天涯社区、百度贴吧、凯迪社区、凤凰论坛等，且讨论的多为消极否定的内容，表现出对我国军事实力的怀疑和不自信。

3. 总结

通过综合分析发现，在"（军队）战斗力"话题上，我国政府网站资源在搜索引擎上总体处于"不可见"状态，国防部网站信息在百度的收录情况较好，但是在搜索结果排名方面表现欠佳。相反，一些来自商业论坛的负面、消极信息出现在与"军队战斗力"相关的搜索结果前列。这使得人民群众不仅难以通过互联网渠道及时、全面地了解党和政府为提高"军队战斗力"而做的努力，反而有可能被个别网友所发布的消极片面甚至否定质疑的信息所迷惑。

造成这一情形的原因，除了相关政府网站由技术层面因素导致网站信息无法被搜索引擎等有效抓取以外，缺少主动引导互联网舆论的意识和能力，没有有意识地主动参与并及时应对相关话题和讨论，缺少对相关正面内容的有效组织是我国政府网站互联网影响力不大的主要原因。

（五）　正能量

1. 背景介绍

"正能量"本是物理学名词，而"正能量"的流行源于英国心理学家理查德·怀斯曼的专著《正能量》，其中将人体比作一个能量场，通过激发内在潜能，可以使人表现出一个新的自我，从而更加自信、更加充满活力。"正能量"指的是一种健康乐观、积极向上的动力和情感。当下，中国人为所有积极的、健康的、催人奋进的、给人力量的、充满希望的人和事，贴上"正能量"标签。它已经上升为一个充满象征意义的符号。如今，正能量也频频出现在政府新闻报道和领导讲话中。

2013 年 3 月 6 日在十二届全国人大一次会议和全国政协十二届一次会议中，习近平参加了辽宁代表团审议，他在会上强调"雷锋、郭明义、罗阳身上所具有的信念的能量、大爱的胸怀、忘我的精神、进取的锐气，正是我们民族精神的最好写照，他们都是我们'民族的脊梁'。要充分发挥各方面英模人物的榜样作用，大力激发社会正能量，为实现'中国梦'提供强大精神动力。"俞正声参加了港澳地区全国政协委员联组会。他指出：港澳地区全国政协委员要坚守爱国爱港、爱国爱澳的立场，旗帜鲜明地反对各种违背"一国两制"和基本法的言行，巩固爱国爱港、爱国爱澳力量的团结，支持行政长官依法施政，倡导社会正气，不断夯实爱国爱港、爱国爱澳的社会政治基础，为港澳长期繁荣稳定凝聚更多正能量。

尤其是在中央制定和出台一些制度和规定之后，"新作风"吹进各个角落：没有了彩旗、标语、警车和鲜花，简化了会议、用餐等环节，各级政府朴素务实的新面貌让与会者和民众感受到"正能量"。各级政府还纷纷开展相关工作，寻找正能量人物，传递正能量，积极塑造充满正能量的社会风气。

2. 政府网站关于"正能量"话题的影响力表现

（1）政府网站关于该话题信息总体呈现"不可见"状态

在百度搜索"正能量"，共得到70100000条反馈结果，在百度搜索"site：gov.cn 正能量"，共得到8040000条反馈结果，该关键词的百度收录页中政府网站占比为11.47%，以同样的方法得到该关键词的谷歌收录页中政府网站占比达到1.19%，（见表3-11），且百度和谷歌搜索"正能量"返回结果前三页中政府网站结果数均为0。这表明了在该主题上政府网站内容被百度收录的数量和在搜索结果中的排名均不理想，可以说在该主题上，政府网站的内容在百度搜索引擎上基本为不可见状态，从而失去了直接影响大多数相关受众的机会。

表3-11　政府网站"正能量"主题信息被搜索引擎收录情况

	百度	谷歌
"正能量"网页收录数	70100000	121000000
"正能量"政府网站页面收录数	8040000	1440000
政府网站页面收录数与网页收录是的比(%)	11.47	1.19

（2）政府网站关于该话题信息更新滞后

通过观察百度和360搜索"正能量"的结果发现，在正能量的最新相关信息中，以新闻媒体的内容为主，但也包含了个别政府网站的内容，如陕西省人民政府网站（见图3-17、图3-18），说明政府网站在相关主题内容更新上比较滞后。

（3）各级政府网站主动发布该主题相关信息，但存在"可见性"不足问题

为进一步观察各政府网站的表现，我们以"site：gov.cn 正能量"为搜索词，在百度、谷歌、360这三大主流搜索引擎上查看搜索结果，排在前十位的政府网站见表3-12。

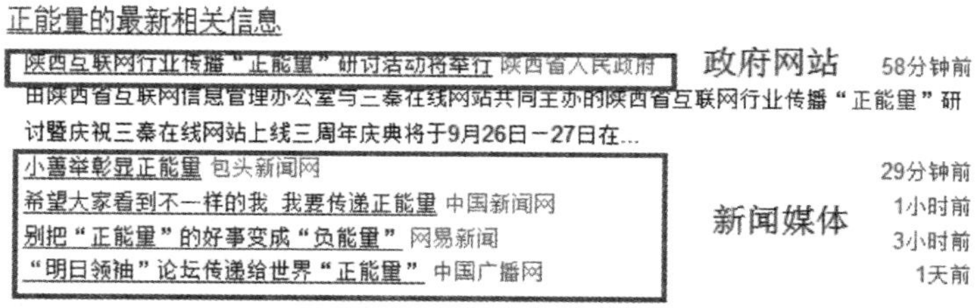

正能量的最新相关信息

> 陕西互联网行业传播"正能量"研讨活动将举行 陕西省人民政府　　　政府网站　　58分钟前
> 由陕西省互联网信息管理办公室与三秦在线网站共同主办的陕西省互联网行业传播"正能量"研讨暨庆祝三秦在线网站上线三周年庆典将于9月26日－27日在...
> 小蕾举彰显正能量 包头新闻网　　　　　　　　　　　　　　　　　29分钟前
> 希望大家看到不一样的我 我要传递正能量 中国新闻网　　　新闻媒体　　1小时前
> 别把"正能量"的好事变成"负能量"网易新闻　　　　　　　　　　3小时前
> "明日领袖"论坛传递给世界"正能量"中国广播网　　　　　　　　1天前

图 3 - 17　百度搜索"正能量"的最新相关信息

正能量的最新相关新闻

> 凝聚共圆中国梦的正能量 内蒙古新闻网　15分钟前
> 让他们切身感受伊金霍洛旗经济社会的巨变，增强他们发展的信心，激发他们热爱家乡、关心家乡、建设家乡的积极性和主动性，广泛凝聚建设宜居、宜业、宜游伊金霍洛的正能量。苏...　　　　　　　　　　　　　　　　　　　新闻媒体
> 外界高度评价习近平G20峰会讲话:向国际社会传递正能量 中新网 17分钟前
> 帆船比赛挂起正能量 马娇退赛营救对手选进国家队 东方网 21分钟前
> 陕西互联网行业传播"正能量"研讨活动将举行 人民网 25分钟前

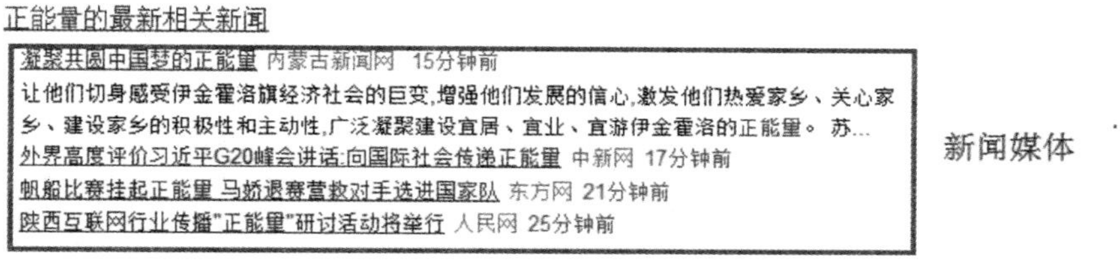

图 3 - 18　360 搜索"正能量"的最新相关新闻

由表 3 - 12 我们可以看出在不同搜索引擎中，排在前十位的政府网站明显不同，且政府网站所属单位级别差异较大，从国家级单位到省市级机关再到区县级单位。这表明正能量话题已经引起各级政府领导的注意，渗透到政府工作中。

一些政府网站甚至设有关于正能量的专题互动，如渭南市政府网站设有"释放正能量建设新渭南"专题，在站内搜索"正能量"，共得到 1466 条返回结果，百度搜索"site：www. weinan. gov. cn 正能量"得到 1430 条结果，占前者的比例为 97.54%，说明渭南市政府网站关于正能量的 97.54% 的信息资源被百度收录，这一比例是非常理想的，但是在搜索结果排名上面如前所述，不甚理想。

同样的，我们选择国防部网站作为国家级政府网站代表进行了研究，在站内搜索"正能量"，共得到 278780 条搜索结果，百度搜索"site：www. mod. gov. cn 正能量"共得到 2030 条结果，占前者比例为 0.72%，说明国防部网站关于正能量的信息资源只有 0.72% 被百度所收录，也就是 99.28% 的相关资源百度用户无法看到，同时如前所述，在百度搜索结果排名中，在前三页找不到来自政府网站的相关信息，换句话说，尽管部

分网站上关于正能量的信息被搜索引擎收录，但由于未能在搜索结果中占据有利位置，这些信息依然被互联网海量信息所"淹没"，难以被用户便捷地找到。

表 3 – 12　关于"正能量"话题信息排名前十的政府网站

排名	百度	谷歌	360
1	杭州市文化广电新闻出版局（www.hzwh.gov.cn）	陕西省政府公众信息网（www.shaanxi.gov.cn）	柳州新闻网（www.lznews.gov.cn）
2	中国共产主义青年团山东省委员会（www.sdyl.gov.cn）	岳阳市政务公开网（www.yueyang.gov.cn）	共青团龙岩市委员会（www.lyqn.gov.cn）
3	湖州市行政服务网（ztb.huzhou.gov.cn）	国家国防部（www.mod.gov.cn）	四川省地震局（www.eqsc.gov.cn）
4	淮安人才网（www.harczx.gov.cn）	中国政府网（www.gov.cn）	辉县市人民政府（www.huixianshi.gov.cn）
5	三门峡市人民政府（www.smx.gov.cn）	陕县人民政府（shanxian.smx.gov.cn）	三门峡市政府网（www.smx.gov.cn）
6	湖北省国家税务局（www.hb-n-tax.gov.cn）	最高人民检察院（www.spp.gov.cn）	余姚市教育局（www.yyedu.gov.cn）
7	渭南政府网（www.weinan.gov.cn）	江西省公安厅（www.jxga.gov.cn）	中国体彩网（www.lottery.gov.cn）
8	江苏省南通工商行政管理局（www.nthmgsj.gov.cn）	莲湖卫生信息网（www.lhws.gov.cn）	中国政府网（www.gov.cn）
9	文化传通网（www.culturalink.gov.cn）	中华人民共和国监察部（www.ccdi.gov.cn）	余杭政府门户网站（www.yuhang.gov.cn）
10	上海两新互动网（www.shlxhd.gov.cn）	四川文明网（www.scwmw.gov.cn）	攀枝花市公众信息网（www.panzhihua.gov.cn）

3. 总结

通过综合分析发现，各级政府纷纷主动并及时地发布正能量相关信息，有些网站建立了专题来征集正能量人物故事，传播正能量。但是总体来看，政府网站上发布的大量信息在搜索引擎等信息传播渠道中传播的效率不高，互联网网民难以通过搜索等方式准确、便捷地找到上述信息。一方面，部分政府网站上发布的大量与正能量相关的信息仅有少数被搜索引擎收录；另一方面，由于政府网站信息排名比较靠后，又导致少量被搜索引擎收录的信息同样被互联网上的海量页面"淹没"。这些情况的出现，都导致政府网站花费大量人力物力宣传的"正能量"内容远未发挥出其应有的影响力。

（六）　钓鱼岛

1. 背景介绍

近年来，中日就钓鱼岛问题的争议及摩擦越来越频繁，政府及民间的态度也越来越强烈。尤其是 2013 年以来，钓鱼岛成为国内外最热议的关键词之一，中日政府通过各种媒介进行着舆论角力。

在岛权归属上，钓鱼诸岛自古以来就是我国的领土，是我国领土不可分割的一部分，这一点上我国有着充分的历史和法律依据，我国对钓鱼诸岛及其附近海域拥有无可争辩的主权。

从钓鱼岛的战略意义来看，钓鱼岛列岛虽为无人岛，但处中、日两国间的冲绳海槽（琉球海槽）。在大陆架划分上，中国和日本是相向而不共架的大陆架，由冲绳（琉球）海槽分隔，但钓鱼岛位于冲绳（琉球）海槽的西侧上沿。一旦日本拥有钓鱼岛的行政管辖权，不只是占领钓鱼岛列岛的问题，更是让其领土踏在中国大陆架上，中日就变成了相向而共架的大陆架。中国军事科学学会副秘书长罗援少将指出，根据《国际海洋法公约》，如果钓鱼岛被日本非法占据，中日就得按中间线原则划分大陆架，中国不仅丢失大量的海洋管辖区和海底资源，而且美日对中国的战略封堵线，将从第一岛链前推到中间线以西。

2. 我国政府网站在钓鱼岛问题上的国际舆论影响力表现

以谷歌作为考量中日两国政府网站在钓鱼岛（日方称为 Senkaku island）问题上的国际舆论影响力的主要平台，分别查询中日两国政府网站在钓鱼岛问题上的相关信息内容的被收录情况。通过搜索与"Diaoyu"和"Senkaku"相对应的中日两国政府网站相关网页在谷歌的收录情况可以发现，在钓鱼岛问题上我国政府网站中的主要国际影响源为外交部网站、国防部网站以及中央政府门户网站，而日本政府网站的主要国际影响源为其外务省网站及其驻外使领馆网站。

相比而言，我国政府网站（＊.gov.cn）关于"Diaoyu"关键词的收录页明显较日本政府网站（＊.go.jp）关于"Senkaku"的收录页要多（如图3-19所示）。

图3-19 中日两国政府网站关于"Diaoyu"和"Senkaku"的收录页数

值得一提的是，我国政府网站在引用日方称谓（Senkaku）来发布和收录的信息也远比日本政府引用我方称谓（Diaoyu）的要多（如图3-20所示），这为我方占据话题主动权，吸引更大的话题关注者，获得更大的舆论影响力提供了强有力的支撑。

但需要引起注意的是，日方虽然被收录的页面较我方少，但其被收录页中有大量文件型文档，而这类文档的信息价值往往会被认为较纯网页的要高，因此其发挥的影响力不容小觑。

再从搜索"Diaoyu island"和"Senkaku island"的具体搜索结果来看，当搜索"Senkakuisland"时，返回结果首页中出现了一条日本外务省网站的

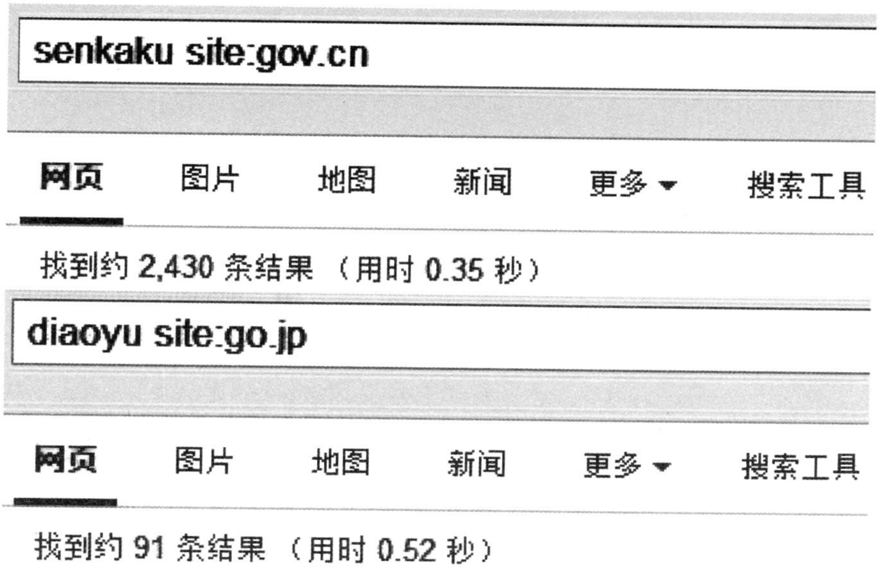

senkaku site:gov.cn

| 网页 | 图片 | 地图 | 新闻 | 更多 ▼ | 搜索工具 |

找到约 2,430 条结果 （用时 0.35 秒）

diaoyu site:go.jp

| 网页 | 图片 | 地图 | 新闻 | 更多 ▼ | 搜索工具 |

找到约 91 条结果 （用时 0.52 秒）

图 3 - 20　中日两国政府网站关于"Senkaku"和"Diaoyu"的收录页数

页面，相反，搜索"Diaoyu island"时反馈结果首页中未能出现我国政府网站的页面结果，从这一点上看，我国政府网站的影响力还有待加强。

从搜索的"反制"效果来看，搜索"Senkaku island"时在搜索结果首页出现了两条标题为"Diaoyu island"的页面，分别来自中国网和中国日报网站，而搜索"Diaoyu island"时搜索结果首页也出现了两条标题包含"Senkaku island"的页面，分别来自维基百科和 Youtube。两国的政府网站均未在搜索"反制"上起到直接的作用，反而是非官方媒体在其中发挥了更重要的作用。

3. 我国政府网站"钓鱼岛"影响力评估

基于上述分析，我国政府网站在钓鱼岛问题上做了相当多的互联网舆论引导工作，围绕相关的关键词提供了大量的信息内容并在众多政府网站中发布。从谷歌总的收录量上看，我国政府网站相比日本政府网站有着更好的表现，尤其是在引用日方称谓上，我国政府网站能够更好地将舆论宣传的"红旗"插到话题中立甚至对立的人群中去。但从搜索的实际效果来看，我国政府网站在相关词的搜索结果排序上并未占据最关键的位置，内容发布量大并未较好地转化为有效的搜索"曝光"，相反，非官方网站起到了更好的舆论引导作用，我国政府可以考虑通过加强我国非官方媒体的力量，以及与国外百科类网站和社交媒体网站等国际平台的合作，来进一步增强钓鱼岛话题的互联网影响力。

（七） 小微企业

1. 背景介绍

小微企业是小型企业、微型企业、家庭作坊式企业、个体工商户的统称，是由中国首席经济学家郎咸平教授提出的。2011 年 11 月，财政部和国家发改委曾发出通知，决定在未来 3 年免征小微型企业 22 项行政事业性收费，以减轻小微型企业负担。

2012 年 2 月 1 日国务院常务会议专门研究部署进一步支持小型和微型企业健康发展，并明确指出，小微企业是提供新增就业岗位的主要渠道，是企业家创业成长的主要平台，是科技创新的重要力量。强调通过多样化的短期贷款服务，帮助小微企业增强抗风险能力，及时把握市场机遇，抓住发展机会。

2013 年 7 月 15 日，中共中央政治局委员、国务院副总理马凯出席全国小微企业金融服务经验交流电视电话会议并讲话。他指出，小微企业是国民经济的生力军，在稳定增长、扩大就业、促进创新、繁荣市场和满足人民群众多方面需求方面，发挥着重要作用。强调要认真贯彻落实国务院常务会议精神，多策并举，多管齐下，多方给力，提高小微企业金融服务水平，支持小微企业发展。

2013 年 7 月 24 日国务院总理李克强主持召开国务院常务会议，决定进一步公平税负，从 2013 年 8 月 1 日起，对小微企业中月销售额不超过 2 万元的增值税小规模纳税人和营业税纳税人，暂免征收增值税和营业税，并抓紧研究相关长效机制。这将使符合条件的小微企业享受与个体工商户同样的税收政策，为超过 600 万户小微企业带来实惠，直接关系几千万人的就业和收入。

2013 年 8 月 8 日，国务院办公厅发布了国办发〔2013〕87 号文《国务院办公厅关于金融支持小微企业发展的实施意见》，强调加快丰富和创新小微企业金融服务方式，着力强化对小微企业的增信服务和信息服务。

国务院近期关于支持小微企业发展的一系列措施，被媒体称为"小微新政"，再度引起广大网民对小微企业的关注和讨论。

2. 网民搜索热度

百度指数显示，2013 年 6 月至 9 月，小微企业一直是网民关注的热点之一。特别是在 7 月 25 日，国务院常务会议决定暂免部分小微企业增值税和营业税次日，有 3631 人次在百度搜索上搜索"小微企业"。

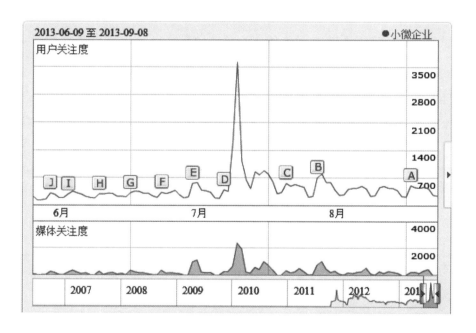

图 3-21 "小微企业"百度指数

同时，与"小微企业"相关的关键词，如什么是小微企业、小微企业免税、小微企业优惠政策、小微企业标准等也成为网民的热点搜索词，部分上升幅度高于 600%。可见网民对小微企业的发展及其免税政策保持了高度关注。

上升最快相关检索词 ⑦

1	企业文化	🔍	▲ 大于600%
2	什么是小微企业	🔍	▲ 大于600%
3	小微企业免税	🔍	▲ 大于600%
4	小微企业优惠政策	🔍	▲ 大于600%
5	小微企业免征两税	🔍	▲ 大于600%
6	小微企业标准	🔍	▲ 大于600%
7	小微企业发展	🔍	▲ 182%
8	扶持小微企业	🔍	▲ 48%

图 3 – 22 相关搜索词

3. 政府网站关于"小微企业"话题的影响力

数据显示，"小微企业"相关网页百度收录数为 3390000 个，其中政府网站相关网页百度收录数为 1050000 个，政府网站百度收录比为30.97%，收录情况良好。

为了分析中央政府和部委网站"小微企业"相关网页收录情况，选取相关度较高的财政部、国税总局和中国人民银行网站，以"site：URL 小微企业"为搜索词，在百度上搜索，结果如表 3 – 13 所示。

表 3 – 13 中央政府、部委网站相关页面百度收录情况

网站	URL	百度收录数
中 央 政 府	www. gov. cn	28100
财 政 部	www. mof. gov. cn	8530
国 税 总 局	www. chinatax. gov. cn	1980
中国人民银行	www. pbc. gov. cn	2840

由表 3 – 13 可见，中央政府和部委网站收录情况良好，中央政府门户网站关于"小微企业"的百度收录数高达 28100 个，三大部委网站百度

收录数也均在 1900 个以上。其中，财政部和中国人民银行搜索引擎收录情况优于国税总局。

同时，选取了小微企业分布相对密集的浙江省和广东省，分析地方政府和部门网站"小微企业"相关网页收录情况，结果如表 3 - 14 所示。

表 3 - 14　地方政府、部门网站相关页面百度收录情况

网站	URL	百度收录数（个）
浙江省政府	www. zhejiang. gov. cn	30
浙江财政厅	www. zjczt. gov. cn	443
浙江国税局	www. zjtax. gov. cn	3560
广东省政府	www. gd. gov. cn	643
广东财政厅	www. gdczt. gov. cn	12
广东国税局	portal. gd-n-tax. gov. cn	3750

对比表 3 - 13 和表 3 - 14 可以发现，地方政府和部门相关网页收录情况相对较差，特别是两省政府门户网站的百度收录数远低于中央政府。此外，与中央部委不同，地方国税局关于"小微企业"话题页面收录数要明显高于财政厅。这在一定程度上反映了地方政府更侧重从税收优惠的角度扶持小微企业。

4. 结论

目前政府网站关于"小微企业"主题网页的主流搜索引擎收录情况良好，特别是中央政府和部委网站收录数相对较高。在地方政府网站中，关于"小微企业"话题，国税局网站的网上影响力明显强于财政厅。

（八）　中国经济升级版

1. 背景介绍

在 2013 年 3 月 17 日的中外记者见面会上，李克强总理首次提出

"打造中国经济升级版"的概念。3月20日，在新一届政府第一次全体会议上，李总理再次强调了这一概念，他说："中国的经济到了今天，不转型我们难以为继。"他提出，要把改革的红利、内需的潜力、创新的活力叠加起来，形成新动力，打造中国经济的升级版。从3月17日记者招待会上第一次提出打造中国经济升级版的概念，到在20日国务院第一次全体会议上重申这个话题，新任总理李克强在短短3天时间内，两次在重要场合强调"打造中国经济升级版"，引发外界普遍关注。

"升级版"一词最初是从互联网上流传开来的。一般而言，电脑软件在运行一段时间后，开发商都会针对其在应用过程中暴露出的缺点和不足，进行修改和完善，推出功能更强大、性能更均衡的升级版本来。中国经济也犹如电脑软件，高速运行这么多年下来，整体性能不错，但也存在诸如发展方式粗放、人口红利缩减、收入差距扩大、社会矛盾增多等"Bug"（缺点、不足）需要纠正。若不及时解决掉这些"Bug"，日积月累，漏洞增多，势必影响到系统的正常运行。按照李克强总理的阐述，打造中国经济升级版，关键在推动经济转型，把改革的红利、内需的潜力、创新的活力叠加起来，形成新动力，并且使质量和效益、就业和收入、环境保护和资源节约有新提升。

总的来说，打造"中国经济升级版"，是中国经济高速增长30多年后"百尺竿头，更进一步"的必然选择，也是实现"中国梦"的重要路径。中国经济走到今天，增长中潜伏着风险，成就中积累着矛盾，不转型升级则举步维艰。打造中国经济升级版，就是要改变粗放的经济发展方式，调整不合理的经济结构，在经济的质量和效益、就业和收入、环境保护和资源节约等方面有新的大幅度提升。

2. 政府网站关于"中国经济升级版"的影响力表现

"中国经济升级版"这一关键词在百度搜索引擎的网页收录总数为9070000个，其中，来自政府网站的网页百度收录数为1260000个，占比13.89%，政府网站相关页面被百度收录的数量占比还有待提高。此外，在"中国经济升级版"搜索结果的前三页，来自政府网站的信息仅有一条，政府网站在"中国经济升级版"这一主题上的搜索引擎可见性还有待提高。

以"中国经济升级版 site：gov. cn"为搜索词，在百度、谷歌、360这三大搜索引擎上进行搜索，排在搜索结果前十位的网站如表 3 - 15所示。

表 3 - 15　　"中国经济升级版"话题的政府网站影响力前十名

	百度	谷歌	360
1	江西省国家税务局（www. jx - n - tax. gov. cn）	淮河水利网（www. hrc. gov. cn）	中国政府网（www. gov. cn）
2	中国政府网（www. gov. cn）	中国政府网（www. gov. cn）	中国政府网（www. gov. cn）
3	中国经济信息网（www. cei. cn）	中国政府网（www. gov. cn）	江西省发改委（www. jxdpc. gov. cn）
4	中国经济信息网（www. cei. cn）	中国国家统计局（www. stats. gov. cn）	江西省人民政府网（www. jiangxi. gov. cn）
5	中国政府网（www. gov. cn）	广州统计信息网（www. gzstats. gov. cn）	中国中小企业信息网（www. sme. gov. cn）
6	东莞市中小企业网（www. dgsme. gov. cn）	中共湖南省委老干部局（www. hnlgbj. gov. cn）	安徽省政府发展研究中心（www. dss. gov. cn）
7	泾县机构编制网（www. ahjxbb. gov. cn）	中国政府网（www. gov. cn）	玉山人民政府网（www. zgys. gov. cn）
8	外交部驻香港特别行政区特派员公署（www. fmcoprc. gov. hk）	财政部财政科学研究所（www. crifs. org. cn）	衡水人民政府网（www. hengshui. gov. cn）
9	中国政府网（www. gov. cn）	中国政府网（www. gov. cn）	株洲人民政府网（www. zhuzhou. gov. cn）
10	国务院发展研究中心（www. drc. gov. cn）	中国机构编制网（www. scopsr. gov. cn）	长治人民政府网（www. changzhi. gov. cn）

从以上三大搜索引擎对政府网站的搜索结果排名不难看出，中央政府门户网站在"中国经济升级版"的搜索上表现最好，网站上有多条关于"中国经济升级版"的信息均被搜索引擎收录，且排在搜索结果的靠前位置，发挥了中国第一政府门户网站应当发挥的作用。但除

中国政府网外，我国绝大多数政府网站的搜索引擎影响力还有待进一步提升。一些本该对"中国经济升级版"做出权威解读，以及在打造中国经济升级版的重任中承担主要责任的部门的声音还被埋没在互联网信息海洋之中。

3. 政府网站关于"中国经济升级版"的网络传播度

"中国经济升级版"的提出引发了社会的普遍关注，一度成为各大新闻媒体报道的热点。为更好地宣传、解读中国经济升级版，不少网络新闻媒体开设了相关专题专栏。例如，新华网开设的以"打造中国经济升级版"为主题的新华聚焦专题，中国广播网开设的"解读中国经济升级版"的专题等。而与此相比，政府网站对"中国经济升级版"的相关报道解读还略显薄弱。

以新浪网为例，该网站转载的有关"中国经济升级版"的新闻信息共有2025篇，但转自政府网站的新闻信息很少，占比仅1.89%。在排名较为靠前的100条新闻信息中，仅有来自中国政府网和国家统计局两家网站的三篇报道信息。其中，中国政府网两篇，分别是《营改增：打造中国经济升级版的一项重要战略举措》、《社科院研究员：中国经济升级版的内涵和打造路径》；国家统计局一篇，为《中国信息报系列评论之五：以改革为动力 加快打造中国经济升级版》。可见，政府网站关于"中国经济升级版"的网络传播度还有待提升。

4. 结论

"中国经济升级版"由李克强总理提出，是对中国经济社会发展的全新解读，对中国的经济发展有重要意义。政府网站本应是打造"中国经济升级版"主阵地，但由于网站本身对搜索引擎的可见性较低，使得政府网站整体的互联网影响力难以得到有效发挥，特别是有关部委网站尚未发挥出应有的宣传推动作用。与网络新闻媒体相比，政府网站在打造中国经济升级版问题上的内容保障力度和信息组织机制还有待进一步加强、改进，政府网上相关信息的互联网影响力还有待提升。

（九）　芦山地震

1. 背景介绍

根据中国地震网的消息，北京时间 2013 年 4 月 20 日 8 时 02 分四川省雅安市芦山县（北纬 30.3 度，东经 103.0 度）发生 7.0 级地震。震源深度 13 公里，震中距成都约 100 公里。成都、重庆及陕西的宝鸡、汉中、安康等地均有较强震感。据雅安市政府应急办通报，震中芦山县龙门乡99% 以上房屋垮塌，卫生院、住院部停止工作，停水停电。截至 5 月 7 日20 时，四川省庐山"4·20"7.0 级强烈地震共记录到余震 8182 次，其中 3.0 级以上余震 122 次，包括 5.0～5.9 级 4 次，4.0～4.9 级 22 次，3.0～3.9 级 96 次。截至 24 日 14 时 30 分，地震共计造成 196 人死亡，21人失踪，11470 人受伤，受灾人口 152 万，受灾面积 12500 平方公里。

2013 年 7 月 15 日上午，中华人民共和国中央人民政府官方网站公布了《芦山地震灾后恢复重建总体规划》（以下简称"规划"）。规划中明确指出了规划范围，分析了灾区特点及重建条件；明确了重建的指导思想、原则、目标；介绍了重建分区、城乡布局、土地利用等问题。同时还涉及了重建中有关居民住房和城乡建设、公共服务、基础设施、特色产业、生态家园、政策措施等方面的内容。规划用 860 亿元、三年时间，完成芦山地震重建工作。对于芦山地震的灾情以及灾后重建工作，网民十分关心。

2. 网民搜索热度

根据百度指数提供的近半年的网民搜索热度显示，自 2013 年 4 月地震以来，"芦山地震"曾经是网民搜索的一个重要热词。从图 3－23 中我们可以发现，网民对于"芦山地震"关键词的搜索主要集中在 4 月份，此外在 5 月、7 月也显示了相对显著的搜索热度，这跟 5、7 月有相关重大政策发布有关。

国家信息中心网络政府研究中心发布的《雅安震后 48 小时政府网站

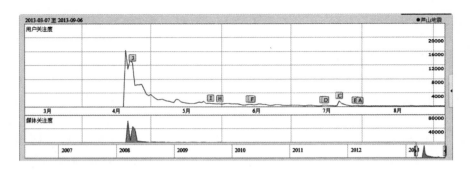

图 3 – 23　"芦山地震"百度指数

互联网响应能力分析报告》（下简称《报告》）数据显示，地震发生后网民的关注热点具有较为明显的阶段性特征。第一个 24 小时主要关注震情相关信息，第二个 24 小时关注救灾讯息。随着救灾和重建工作的深入，网民对政府相关信息的需求也发生了较大变化。

在相关搜索词方面，芦山县、芦山、芦山地震最新消息成为主要相关词，上升最快的主要有：芦山、四川芦山地震、芦山地震死亡人数和芦山县等热词，其中上升超过 500% 的有 5 个词，这充分说明，网民对芦山地震关注度相对较高。

图 3 – 24　"芦山地震"相关搜索词图

3. 政府网站关于"芦山地震"的搜索影响力

当前，搜索引擎成为网民在互联网上获取信息的主要来源之一，我国政府网站成为权威信息发布的主要渠道。

《报告》的数据显示，芦山地震发生 1 小时内，大量互联网用户通过搜索引擎、社交网络、导航网站等多种方式访问四川省相关政府网站，四川省政府网站和成都市防震减灾局网站访问量分别出现 8 倍和 816 倍的增长，政府网站成为网民第一时间获取地震相关信息的主渠道。

根据统计，三大主流搜索引擎对"芦山地震"的相关收录数分别为百度：10300000 条；谷歌：16400000 条；360：9590000 条，对相关政府网站收录数分别为百度：11900000 条；谷歌：444000 条；360：249000 条。很显然，百度关键词的政府网站收录数占比超过 100%，为 115%，这跟谷歌、360 搜索有着巨大差异。

我们用"site：gov. cn 芦山地震"分别在百度、谷歌和 360 搜索中进行搜索，其中排名前十的相关政府网站如表 3 - 16 所示。

表 3 - 16　"芦山地震"搜索引擎搜索结果网页排名前十网站

序号	百度	谷歌	360
1	四川省农业厅（www. scagri. gov. cn）	新华网（www. xinhuanet. com）	中国政府网（www. gov. cn）
2	四川人大网（四川人大网）	中国政府网（www. gov. cn）	中国政府网（www. gov. cn）
3	四川防震减灾信息网（www. eqsc. gov. cn）	中国政府网（www. gov. cn）	四川省地震局（www. eqsc. gov. cn）
4	四川省环境保护厅（www. schj. gov. cn）	中国政府网（www. gov. cn）	中国政府网（www. gov. cn）
5	中国政府网（www. gov. cn）	中国政府网（www. gov. cn）	中国政府网（www. gov. cn）
6	新疆维吾尔自治区教育厅（www. xjedu. gov. cn）	四川省人民政府网站（www. sc. gov. cn）	渭南市人民政府（www. weinan. gov. cn）
7	中国政府网（www. gov. cn）	中国政府网（www. gov. cn）	中国政府网（www. gov. cn）
8	四川省人民政府网站（www. sc. gov. cn）	四川省人民政府网站（www. sc. gov. cn）	中国政府网（www. gov. cn）
9	四川省住房和城乡建设厅（www. scjst. gov. cn）	四川省人民政府网站（www. sc. gov. cn）	中国政府网（www. gov. cn）
10	中国政府网（www. gov. cn）	中国政府网（www. gov. cn）	中国政府网（www. gov. cn）

从中我们不难发现，主要的信息发布政府网站为中央政府（中国政府网）、四川省级网站（农业厅、人大网、地震局、四川省人民政府网等），地方政府信息相对比较少，这说明地震信息主要来自中央政府和地震所在地省级政府网站，而其他省市关注热度则相对较低。

4. 政府网站关于 "芦山地震" 的网络传播度

（1）微博影响力

在网络问政日益发挥重要作用的时代，微博作为一个重要的信息发布、形象展示平台，愈来愈多地被政府机构所重视和利用。

 四川发布 **V**：【雅安灾区的童鞋9月2日全部开学啦！】@四川省教育厅微博说，芦山地震后，经过几个月的努力，雅安全市需加固维修的202所学校、548幢校舍、748745平方米已于9月1日前全部完成任务。全市16万中小学生昨天全部开学上课。希望灾区的童鞋们在新学期生活学习都天天向上哦 ！

9月3日16:05 来自四川发布平台　　　　　　👍(10) | 转发(20) | 收藏 | 评论(10)

图 3 - 25　四川发布 "芦山地震" 官网微博

在新浪微博中搜索 "芦山地震" 关键词，我们发现共有4931587条相关微博。综合结果显示，前3页共有18条相关政府机构信息，所占比例约为30%。政务微博的数据一般均来源于政府网站，"芦山地震" 的微博搜索结果表明了政府网站在芦山地震的信息传播中发挥了较大的互联网影响力。

（2）新闻媒体影响力

我们选择目前的主流新闻媒体作为研究对象，比较发布主要信息的政府网站，对各个相关网站的 "芦山地震" 相关数据进行分析，在百度搜索中使用 "site：xinhuanet. com 芦山地震" 对新华网进行搜索，并用该方法进行其他网站的关键词搜索，其相关收录数如表3 - 17所示。

表 3 - 17　"芦山地震"的新闻媒体和政府网站收录数（百度数据）

新闻媒体	收录数	政府网站	收录数
新华网	402000	中国政府网	30000
人民网	4820000	四川防震减灾信息网	3340
新　浪	341000	四川省人民政府网	20200
网　易	318000	四川省民政局	663

　　新华网、新浪网等网站收录范围比较广，主要有新闻资讯、图片视频报道、门户论坛等信息；中国政府网、四川省人民政府网主要收录领导活动、政策法规、信息发布等信息。

　　新浪、网易等新闻门户网站主要通过专题报告来进行芦山地震相关信息报道，其中权威信息的选择主要基于中国政府网、四川省人民政府网站、新华网、人民网等权威网站，这也充分说明政府网站对"芦山地震"的互联网影响力是显著的。

　　（3）政府网站影响力

　　地震发生后，四川省门户网站、成都市政府门户网站、成都市防震减灾局网站均第一时间发布了地震相关信息，以方便网民掌握最新情况，有效避免了谣言、失实信息对民众的误导。

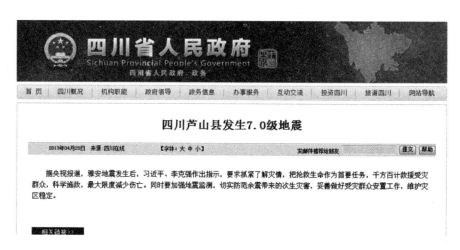

图 3 - 26　四川省政府门户网站发布的第一条地震信息

地震发生后，网民对四川省主要领导高度关注，他们的一举一动都直接代表了党和政府的形象。四川省政府门户网站、成都市政府门户网站均以文字、图片和视频等多种形式，对省领导在救灾现场的主要活动进行了实时报道，树立了贴近百姓、心系灾区的良好形象，有效传递了正能量。

图 3 – 27　四川省政府门户网站对省长魏宏的报道

5. 总结

在"芦山地震"中，中央政府门户网站、四川省政府门户网站、成都市政府门户网站等相关政府网站在信息发布、政策宣传、事故报告等权威性信息发布中起着绝对的主导作用，其信息的发布有着一定的时效性，其信息分布规律和地震发生的时间有着紧密联系，主要集中在地震后的一个月内，之后逐步淡出网民的视野，直到有新的政策或重大信息发布时才会引起受众的再次关注。总体来说，在芦山地震发生后，政府网站、政务微博等组成的政府工作宣传体系发挥了较强的互联网影响力。需要指出的是，在芦山地震相关话题中，尽管各级政务微博发挥了较好的互联网舆论宣传作用，但仍出现了大量垃圾无聊信息、负面信息甚至谣言信息在微博中大量传播的情况，对震后各项工作的开展产生了不利影响，需要引起相关部门的重视，以确保微博信息传播渠道的高效利用。

（十）　老年人权益保障法

1. 背景介绍

十一届全国人大常委会第三十次会议于 12 月 28 日表决通过修改后的老年人权益保障法。该法自 2013 年 7 月 1 起施行。

原老年人权益保障法是 1996 年颁布施行的。随着我国经济社会的发展、人口和家庭结构的变化，老年人权益保障出现了一些新情况新问题，需要在法律制度上进一步完善：一是人口老龄化快速发展。1999 年，我国 60 周岁以上老年人口占到总人口的 10%，按照国际标准，我国成为老年型国家。截至 2010 年底，我国 60 周岁以上老年人达到 1.78 亿，占总人口的 13.26%。据预测，到 2025 年我国老年人口将突破 3 亿，2055 年前后达到峰值 4.87 亿。二是困难老人数量增多。我国 80 岁以上高龄老人超过 2000 万，失能、半失能老人约 3300 多万，对社会照料的需求日益增大。三是家庭养老功能明显弱化。目前我国平均每个家庭只有 3.1 人，家庭小型化加上人口流动性的增强，使城乡"空巢"大幅增加，目前已接近 50%。

根据这一国情现状，十一届全国人大常委会第三十次会议于 12 月 28 日表决通过修改的老年人权益保障法。新法具有四大亮点："积极老龄化"理念贯穿始终；建立中国特色养老服务体系；设专章规定老年宜居环境建设；规定老年人监护制度。新老年人权益保障法颁布实施后，引起了社会的广泛关注。各级政府积极协调开展敬老爱老的相关活动，普及宣传有关知识，发扬尊老爱老的传统美德，并对多种方式的活动进行了宣传，取得了良好的社会反响。各类媒体对新法的施行进行了大力的报道，具有较大的社会影响力。

2. 网民搜索热度

自 2013 年 7 月 1 日新老年人权益保障法实施以来，"老年人权益保障法"、"新老年人权益保障法"一度成为网民的热搜关键词。百度指数显示，2013 年 6 月至 9 月这三个月内"老年人权益保障法"用户关注度上升 391%，媒体关注度上升 1629%。可见，网民及媒体对新法的实施保持了高度关注。

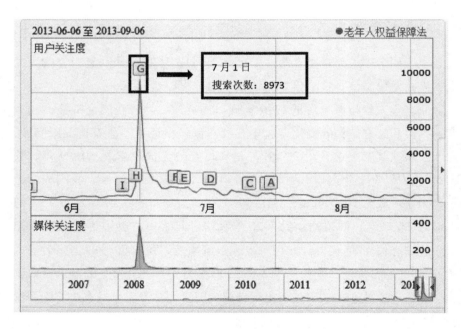

图 3-28　老年人权益保障法的百度指数

3. 网民关注焦点

新法实施以来，在得到社会广泛好评的同时，也引发了不少质疑，其中"常回家看看"成为媒体关注及网民热议的焦点。相关关键词"常回家看看写入法律"、"常回家看看入法"等一度成为上升最快的搜索词，上升幅度高于 600%，与之有关的新闻报道也大量增加。同时，"常回家看看"也一度成为微博的热议词。

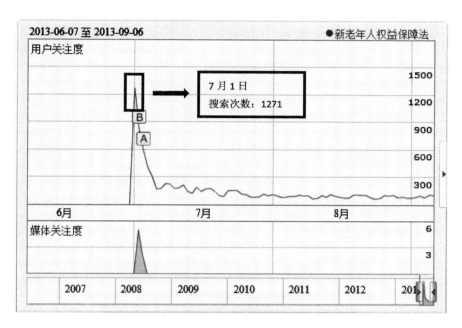

图 3-29　新老年人权益保障法的百度指数

图 3-30　老年人权益保障法的百度关注度变化趋势

4. 政府网站关于"老年人权益保障法"的搜索引擎影响力

（1）各省级政府门户网站"老年人权益保障法"搜索引擎收录情况

以"老年人权益保障法 site：URL"为搜索词，在三大主流搜索引擎百度、谷歌、360 分别搜索，各省级政府门户网站网页收录情况如表 3-18 所示。

分析各省级政府门户网站的相关页面收录情况，可以发现，不同地区政府网站的老年人权益保障法的收录水平有较大的差异。以百度收录为例，最高收录为上海政府门户网站，收录量达 1000 条，但还有 8 个省级

上升最快相关检索词 ⑦

1	常回家看看写入法律	🔍	↑	大于600%
2	常回家看看电视剧	🔍	↑	大于600%
3	常回家看看歌词	🔍	↑	大于600%
4	常回家看看入法	🔍	↑	大于600%
5	常回家看看简谱	🔍	↑	大于600%
6	常回家看看原唱	🔍	↑	大于600%
7	常回家看看抢银行版	🔍	↑	大于600%
8	常回家看看陈红	🔍	↑	大于600%
9	常回家看看歌曲	🔍	↑	大于600%

图 3 – 31　"常回家看看"话题上升最快的相关搜索词

相关新闻 ⑦　　　常回家看看　　　　　　　　　　　　更多>>

A	奉贤征集"父母的梦想" 六成受访…	东方早报网	2013-08-26	>>17条相关
B	八旬老夫妻起诉俩闺女 只为"常回…	网易新闻	2013-08-20	>>4条相关
C	过半受访人难"常回家看看"	和讯	2013-08-14	>>5条相关
D	5子女被判"常回家看看" 只在门…	凤凰网	2013-08-05	>>71条相关
E	老人死亡两天才被发现 儿女自责没…	腾讯	2013-07-29	>>7条相关
F	辽宁首例"常回家看看"诉讼宣判	新华网辽宁…	2013-07-24	>>29条相关
G	一年不探望 违反"常回家看看"	和讯	2013-07-15	>>8条相关
H	聚焦"常回家看看"第一案	每经网	2013-07-08	>>120条相关
I	白领吐槽"常回家看看"新法 称"…	中国新闻网	2013-07-01	>>19条相关
J	老人离世未被人发现 常回家看看尽…	中国日报	2013-06-13	>>13条相关

图 3 – 32　"常回家看看"话题相关新闻报道

政府网站相关页面被百度收录量低于 10 条，差异较为明显。

　　值得指出的是，课题组通过对各个政府网站的调研发现，实际上各大政府网站上发布的老年人权益保障法相关信息页面总条数大体相当，但由

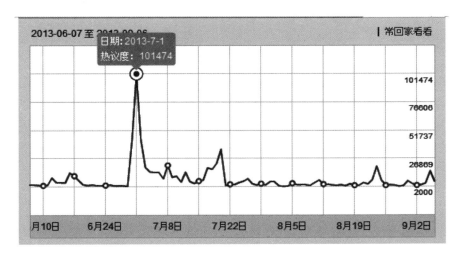

图 3 - 33　"常回家看看"话题的微指数

于部分政府网站采用的 CMS（内容管理系统）技术对搜索引擎等信息传播渠道适应性不佳，以致搜索引擎无法抓取到这些网站上的大量信息，造成了收录率过低的情况。

表 3 - 18　各省级政府门户网站"老年人权益保障法"收录情况

省市区	URL	百度	谷歌	360
北　京	www. beijing. gov. cn	25	119	23
天　津	www. tj. gov. cn	11	61	11
河　北	www. hebei. gov. cn	29	145	20
山　西	www. shanxigov. cn	15	67	18
内蒙古	www. nmg. gov. cn	13	112	15
辽　宁	www. ln. gov. cn	334	273	104
吉　林	www. jl. gov. cn	24	91	16
黑龙江	www. hlj. gov. cn	280	217	93
上　海	www. shanghai. gov. cn	1000	286	68
江　苏	www. jiangsu. gov. cn	16	53	8
浙　江	www. zhejiang. gov. cn	3	7	42
安　徽	www. ah. gov. cn	8	7	5
福　建	www. fujian. gov. cn	36	433	30
江　西	www. jiangxi. gov. cn	165	60	10
山　东	www. shandong. gov. cn	6	59	3

续表

省市区	URL	百度	谷歌	360
河 南	www. henan. gov. cn	168	112	61
湖 北	www. hubei. gov. cn	7	106	25
湖 南	www. hunan. gov. cn	241	79	23
广 东	www. gd. gov. cn	17	58	7
广 西	www. gxzf. gov. cn	6	32	3
海 南	www. hainan. gov. cn	343	643	121
重 庆	www. cq. gov. cn	12	290	9
四 川	www. sc. gov. cn	242	125	34
贵 州	www. gzgov. gov. cn	11	41	9
云 南	www. yn. gov. cn	5	26	2
西 藏	www. xizang. gov. cn	9	30	1
陕 西	www. shaanxi. gov. cn	259	99	16
甘 肃	www. gansu. gov. cn	14	32	13
宁 夏	www. nx. gov. cn	10	8	211
青 海	www. qh. gov. cn	11	59	2
新 疆	www. xinjiang. gov. cn	0	0	0

（2）搜索结果表现

以"老年人权益保障法 site：gov. cn"为搜索词，在百度、谷歌、360 这三大主流搜索引擎上查看搜索结果，搜索结果百度约为 150000 条，谷歌约为 126000 条，360 搜索约为 89000 条。各搜索结果中排在前十位的政府网站如表 3－19 所示。

表 3－19 "老年人权益保障法"的搜索结果

序号	百度	谷歌	360
1	中国政府网（www. gov. cn）	中国政府网（www. gov. cn）	中国政府网（www. gov. cn）
2	民政部（www. mca. gov. cn）中	中国政府网（www. gov. cn）	中国政府网（www. gov. cn）

序号	百度	谷歌	360
3	中国人大网（www. npc. gov. cn）	中国政府网（www. gov. cn）	中国人大网（www. npc. gov. cn）
4	中国普法网（www. legalinfo. gov. cn）	中国人大网（www. npc. gov. cn）	中国政府网（www. gov. cn）
5	北京平谷政府网（www. bjpg. gov. cn）	中国人大网（www. npc. gov. cn）	中国政府网（www. gov. cn）
6	山东人大立法网（www. sdrdlf. gov. cn）	民政部（www. mca. gov. cn）	浙江省人民政府法制办公室（www. zjfzb. gov. cn）
7	杭州政府网（www. hangzhou. gov. cn）	津市市政府办公室（zfb. jinshishi. gov. cn）	中国政府网（www. gov. cn）
8	南京市依法治市网站（www. yfzs. gov. cn）	中国普法网（www. legalinfo. gov. cn）	中共庆阳市委网（www. qysw. gov. cn）
9	四川南部县政府网（www. scnanbu. gov. cn）	司法部（www. moj. gov. cn）	轮台政府网（www. xjlt. gov. cn）
10	四川人大网（www. scspc. gov. cn）	全国老龄工作委员会办公室（www. cncaprc. gov. cn）	中国普法网（www. legalinfo. gov. cn）

5. 结论

由以上分析可以看出，《老年人权益保护法》的修改实施得到了社会各界的广泛关注，各级政府，尤其是基层党组织、社区等一线为老年人直接提供服务的机构，积极推行贯彻新法，为新法的宣传起到了巨大的作用。从统计数据来看，网民对于《老年人权益保障法》的关注度较高，尤其是在新《老年人权益保障法》实施前后，并于开始实施当天的 7 月 1 日达到最高。从网民对新法的关注内容来看，主要关注焦点为对老年人的精神关怀写入法律条文中，即"常回家看看写入法律"。总体而言，各级政府网站对新法的施行宣传力度和影响力较大，但也存在部分省份政府网站信息被搜索引擎收录率过低的情况，导致网站信息互联网影响力受到一定影响，建议相关政府网站尽快加以改进。

（十一） 单独二胎

1. 背景介绍

"单独二胎"是指夫妻双方一人为独生子女，即可生二胎，相比之前的"双独二胎"条件放宽了许多。计划生育30年来，独子政策为遏制中国人口快速增长发挥了重要作用，但是人口总量的愈来愈少也会伴生一系列的新问题，如"124"家庭的倒三角结构和老龄化、男女比例失调、社会青壮年劳动力短缺等诸多问题。

根据8月3日《南方都市报》的报道，延宕数年的"单独二胎"政策有望启动，如果进展顺利，将于2013年年底或2014年年初试行；同时，关于2015年之后全面放开"二胎"的政策也正在拟议中。国家卫生计生委回应说，"单独二胎"政策是否放开正在研究中，同时国家卫生计生委发言人毛群安表示，必须长期坚持计划生育基本国策不动摇。

根据最新部分地方的二胎政策，目前有如下九类人有条件生二胎：①夫妻双方都是独生子女；②农民；③男方入赘并赡养老人家庭；④矿工渔民等特殊职业；⑤少数民族；⑥归国华侨、港澳台同胞，夫妻一方是外国公民；⑦夫妻一方是伤残军人（或是基本丧失劳动能力的残疾人）；⑧第一个子女身体有残疾；⑨再婚夫妻。由于该话题涉及普通民众的基本利益，因而在互联网上引起了大批网民的关注和讨论。

2. 网民搜索热点

十八大召开期间，"单独二胎"曾经被作为议题讨论过，网民对于该话题也是颇为关注。

百度指数显示，2013年上半年网民对"单独二胎"的关注比较平稳，八月初达到一个顶峰，随后逐步恢复常态，但高于八月前的平均水平。不但如此，从媒体的关注度来看，也不难发现，媒体的关注度在2013年明显高于往年。

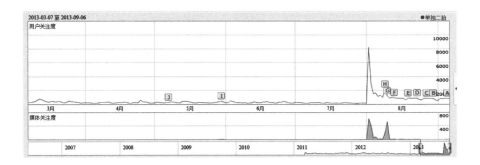

图 3 - 34 "单独二胎"的百度指数

相关搜索词中，与"单独二胎"最为密切的是"二胎"；上升最快的搜索词有："单独二胎政策"、"放开二胎"、"单独生二胎"等，除"广东单独生二胎"外，其他搜索词的上升率均超过 600%，这充分说明网民在这半年来对"单独二胎"是相当关注的。

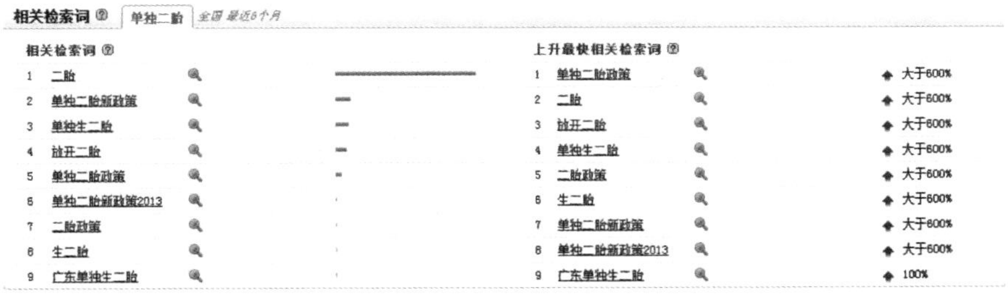

图 3 - 35 "单独二胎"相关搜索词

从百度搜索的关键词看，网民最为关注的话题是：单独二胎政策、单独二胎试点城市。说明政策主导性仍旧是政府网站的主要内容，也是网民最为关注的方面。

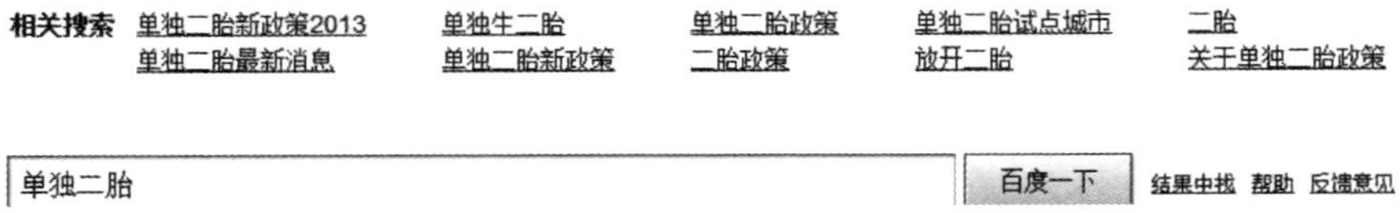

图 3 - 36 "单独二胎"的百度相关关键词

3. 政府网站对于"单独二胎"的影响力

根据前述"单独二胎"关键词的政府网站"百词"影响力基础数据，该关键词的百度收录页中政府网站占比达到 16.45%，但其返回结果前三页中政府网站结果数仅为 0，表明了在该主题上政府网站虽然发布了大量相关内容，但由于信息排名较为靠后，未能在搜索引擎上占据发挥其影响力的最有利位置，导致其对于搜索引擎用户的可见性受到很大影响，一定程度上妨碍了其互联网影响力的充分发挥。

以最为相关的部门网站——国家卫生计生委站为例，在其网站上最近发布的关于"单独二胎"的相关信息如图 3 - 37 所示。

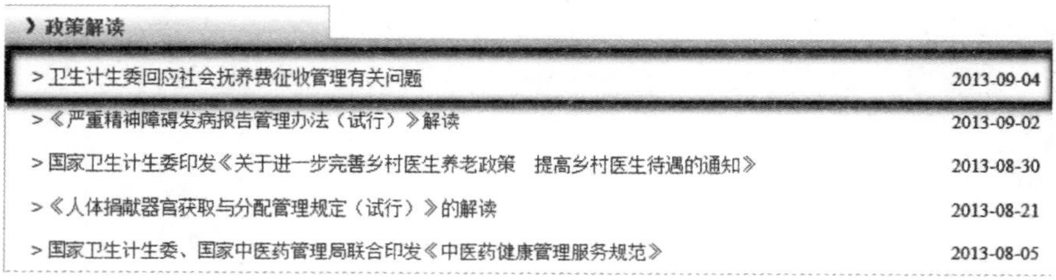

›政策解读	
› 卫生计生委回应社会抚养费征收管理有关问题	2013-09-04
› 《严重精神障碍发病报告管理办法（试行）》解读	2013-09-02
› 国家卫生计生委印发《关于进一步完善乡村医生养老政策　提高乡村医生待遇的通知》	2013-08-30
› 《人体捐献器官获取与分配管理规定（试行）》的解读	2013-08-21
› 国家卫生计生委、国家中医药管理局联合印发《中医药健康管理服务规范》	2013-08-05

图 3 - 37　"单独二胎"的部级网站政策图

我们在百度搜索中搜索"单独二胎"返回的搜索结果如图 3 - 38 所示。

从中我们不难发现，虽然国家卫生计生委相关的页面没有直接进入搜索结果的前几页，但是我们可以从"最新相关信息"中可知，对于社会抚养费征收管理的新闻引用来源都是卫生计生委网站，同时反馈的网易新闻中也有所引用，基于这点我们可看出，虽然卫生计生委网站没有直接进入相关页面，但是其间接的影响力还是存在的。一般而言，同等条件下，原创信息在搜索引擎中所占的比重要高于转载信息，政府网站上发布信息的排名之所以大大落后于商业网站，是与当前政府网站所采用的技术架构较为落后、不能很好亲和于主流搜索引擎这一普遍问题密不可分的。

同时，通过对搜索结果的进一步分析还发现：首页展出的网站更多是"地方网站"和部分"育子论坛"，这说明最关注单独二胎政策问题的还

图 3-38　"单独二胎"百度搜索结果

是基层普通民众。由于卫生计生委是在国家层面进行政策性把控引导，具体工作还需要各地根据本地区和本部门实际情况来组织落实，因此注意提升地方政府网站相关信息的互联网影响力，对于网民快速了解本地区单独二胎政策的适用范围、推进进度、具体要求等问题具有重要意义。

4. 总结

通过上述分析可以发现，在"单独二胎"相关政策的发布、解读方面，国家卫生计生委网站相比地方政府网站反应更加敏捷，官方网站上发布的信息起到了一定的政策解读和舆论引导作用。但是从发挥作用的机制上看，政府网站的原创信息只有被媒体转载并被搜索引擎收录之后才会被网民大量访问，因此只能间接发挥互联网影响力，而起作用最大的仍是各种商业媒体，如论坛、门户网站等。在政策解读方面，媒体往往会因为考虑问题的视角不够全面，甚至因为自身利益代言冲动等而对政策带来不同程度的"误读"，向社会公众传递不正确的信息，从而影响政策引导作用的正常发挥。因此这种间接发挥影响力的方式带有一定风险，一旦处置不当就会对政府公信力带来不利影响。因此，当前应当尽快采取必要措施，通过改进政府网站建站技术使其更加亲和于搜索引擎，通过标准规范约束等手段提高政府网站的技术建设和内容管理水平，从而有效提升政府网站信息资源对于互联网社会公众的直接影响力，既方便公众对政府网站上大量政务服务信息的获取，又可以真正发挥政府网站引导舆论、传递正能量的作用。

（十二） 基本养老金

1. 背景介绍

在我国实行养老保险制度改革以前，基本养老金也称退休金、退休费，是一种主要的养老保险待遇。国家有关文件规定，在劳动者年老或者丧失劳动能力后，根据他们对社会所作贡献和所具备的享受养老保险资格或退休条件，按月或一次性以货币形式支付保险待遇，主要用于保障职工退休后的基本生活需求。为保障企业退休人员生活，2005～2012 年，我国已连续 8 年较大幅度调整企业退休人员基本养老金水平。

2005～2007 年，国家连续三年提高企业退休人员基本养老金，企业月人均养老金从 714 元提高到 963 元。

2007 年，根据国务院常务会议部署，从 2008 年起，企业退休人员养老金将连涨 3 年。原劳动保障部有关负责人表示，全国企业退休人员养老金平均水平将超过每人每月 1200 元。

2010 年，企业退休人员养老金水平提高幅度按 2009 年月人均养老金的 10% 左右确定，全国月人均增加 120 元左右。

2011 年，企业退休人员养老金水平提高幅度按 2010 年月人均基本养老金的 10% 左右确定，全国月人均增加 140 元左右。

2012 年，企业退休人员月人均养老金达到 1721 元。

自 2013 年 1 月 1 日起，继续提高企业退休人员基本养老金水平，提高幅度按 2012 年企业退休人员月人均基本养老金的 10% 确定。

2. 网民搜索基本情况

百度指数显示，自 2013 年 1 月 1 日至 2013 年 9 月 7 日，网民对"基本养老金"每日平均搜索量波动不大，平均每天 100 次左右。其中，1 月 9 号出现最大搜索频次 504 次。

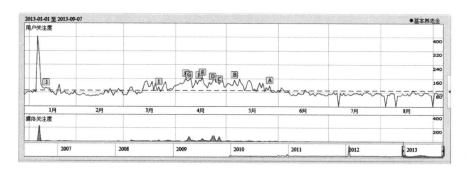

图 3 - 39　百度指数——基本养老金

与"基本养老金"相关的搜索词主要有"养老金"、"养老金计算方法"、"养老金查询"、"上海养老金查询"、"上海养老金"、"养老金双轨制"、"养老金缩水 6000 亿"（如图 3 - 40 所示）。其中，"养老金"、"养老金双轨制"、"养老金查询"、"养老金计算方法"，上升幅度均超过 600%，见图 3 - 41。

图 3 - 40　　"基本养老金"相关搜索词

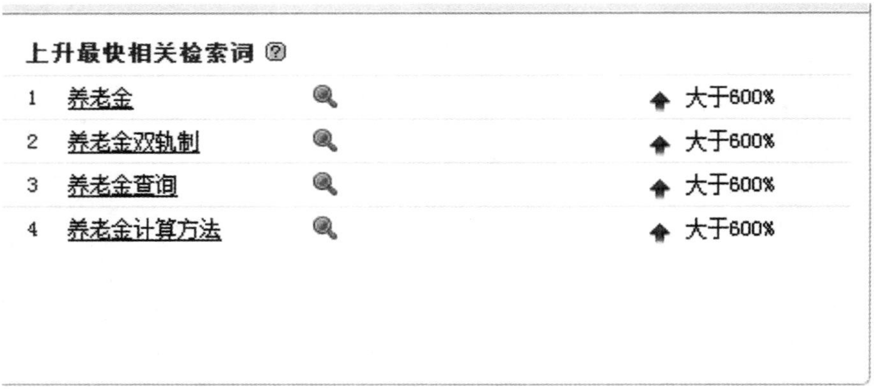

图 3 - 41　　"基本养老金"上升最快的相关搜索词

3. 网民关注焦点

由于基本养老金内容较广，可以包括养老金制度、养老金标准、养老金查询、养老金计算等诸多方面的内容，仅从以"基本养老金"作为搜索词的结果中，无法获知网民关心的具体内容。因此，本书利用了检索工具相关搜索词推荐功能以了解网民关注的具体内容和焦点。

以"基本养老金"为搜索词，分别在百度、360、谷歌等三大主流检索工具中进行搜索，相关的推荐如图 3 - 42、图 3 - 43、图 3 - 44 所示。

图 3 - 42 "基本养老金"百度相关搜索

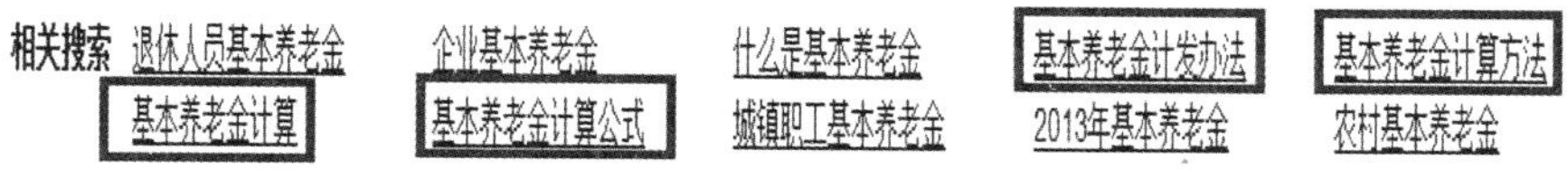

图 3 - 43 "基本养老金"的 360 相关搜索

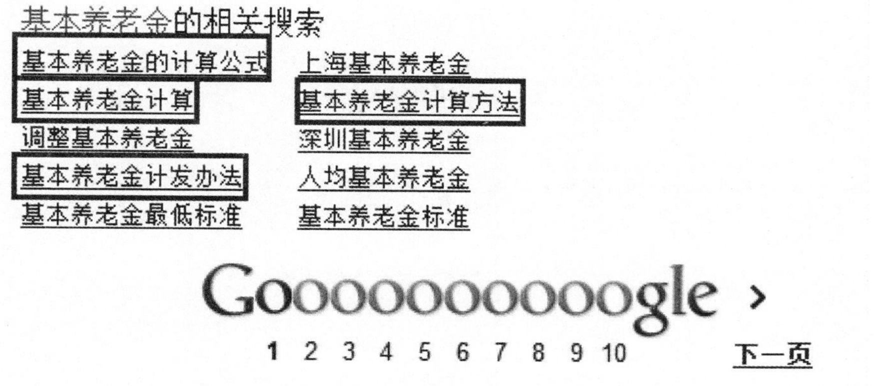

图 3 - 44 "基本养老金"的谷歌相关搜索

由以上三图可以看出，在相关搜索的 10 个搜索词中，均有 40% 的搜索词是关于养老金的计算，因此，可以看出，在基本养老金的内容方面，网民关注的焦点是关于养老金的计算问题。

4. 政府网站关于"基本养老金"网民搜索表现

（1）政府网站"基本养老金计算"搜索引擎收录情况

以网民最关注的"基本养老金计算"为搜索词，在百度中进行搜索，返回相关结果约 3490000 条；以"基本养老金计算 site：gov. cn"为搜索词进行相同的搜索，返回结果约 324000 条，约占 9.2%，政府网站提供的信息所占比重尚不够高。从"基本养老金计算"的搜索返回结果来看，前 5 页中政府网站数为 0。这表明，在该主题上，政府网站在搜索引擎上未能占据发挥其影响力的有利位置，未能很好地满足网民的需求。

（2）搜索结果表现

以"基本养老金计算 site：gov. cn"为搜索词，在百度、谷歌、360 这三大主流搜索引擎上查看搜索结果，排在前十位的政府网站列表如下。

表 3 – 20　"基本养老金"的政府网站搜索结果表现情况

序号	百度	谷歌	360 搜索
1	鞍山市人民政府门户网站（www. anshan. gov. cn）	上海市人民政府（www. shanghai. gov. cn）	云南省财政厅（www. ynf. gov. cn）
2	南昌市人力资源和社会保障局（rsj. nc. gov. cn）	平度市人力资源和社会保障网（www. pd12333. gov. cn）	南昌市人力资源和社会保障局（rsj. nc. gov. cn）
3	珠海市社会保障基金管理中心（www. zhsi. gov. cn）	成都市人力资源和社会保障局（www. cdhrss. gov. cn）	湖南省乡镇企业局（www. hnai. gov. cn）
4	中国柳州（www. liuzhou. gov. cn）	禅城区社会保险基金管理局（si. chancheng. gov. cn）	武汉硚口信息网（www. qiaokou. gov. cn）
5	盐城政府网（www. yancheng. gov. cn）	江门市社会保险基金管理局（sbj. jiangmen. gov. cn）	四川达县（www. daxian. gov. cn）
6	山东省人力资源和社会保障厅（www. sdhrss. gov. cn）	中国柳州（www. liuzhou. gov. cn）	中国南通政府门户网（www. nantong. gov. cn）
7	成都市成华区（www. cheng‐hua. gov. cn）	北京劳动保障网（www. bjld. gov. cn）	上海政府门户网站（www. shanghai. gov. cn）
8	四川达县政府信息公开平台（www. daxian. gov. cn）	中国桐城门户网站（www. tongcheng. gov. cn）	中国政府网（www. gov. cn）
9	中国南通政府门户网（www. nantong. gov. cn）	新疆生产建设兵团人力资源和社会保障局（www. xjbt. lss. gov. cn）	山东省人力资源和社会保障厅（www. sdhrss. gov. cn）
10	重庆市人力社保局（www. cqhrss. gov. cn）	重庆市政府网（www. cq. gov. cn）	中国政府网（www. gov. cn）

（3）人力资源和社会保障部门户网站表现情况

以与"基本养老金"话题关系较大的部门：人力资源和社会保障部的网站（www. mohrss. gov. cn）为例，在其网站内以"基本养老金"为关键词进行站内检索，仅返回 5 条相关结果且均为新闻报道。而以"基本养老金计算"为搜索词进行站内检索，则返回 0 条结果。有意思的是，以"基本养老金 site：www. mohrss. gov. cn"为搜索词在百度中进行搜索时，返回结果 302 条。可见，网站关于此类信息的站内搜索功能还有待完善。这说明：一方面，政府网站自身站内搜索功能普遍存在较大提升空间，搜索的覆盖面和查准率不能很好满足用户需求；另一方面，尽管政府网站中的相关信息被搜索引擎收录，但这些信息排名过于靠后，网民无法通过搜索引擎便捷地找到上述内容。综合以上两方面可以看出，相关政府网站尽管发布了大量相关信息，但由于信息检索功能不强、搜索引擎可见性不高等技术缺陷，依然不能很好地满足网民关于"基本养老金"话题的信息需求，上述信息的互联网影响力发挥大打折扣。建议在保证相关信息供给的基础上，改进站内检索技术，提高搜索引擎可见性，更好地满足用户的需求。

图 3－45　人社部网站"基本养老金"搜索结果

5. 结论

由以上分析可以看出：近几个月网民对"基本养老金"的关注热度波动不大，平均每日搜索频次约 100 次（仅百度搜索）。从内容方面来看，网民对"基本养老金"话题主要关注的是基本养老金的计算。相关政府网站尽管都投入大量资源建设的相关内容，从内容的丰富度上已经基本能够满足网民关于"基本养老金"话题的需求，但由于各种技术因素的限制，其互联网影响力，尤其是搜索引擎中的影响力依然有很大提升空间。

（十三） 城镇化

1. 背景介绍

城镇化是指农村人口转化为城镇人口的过程，是世界各国工业化进程中必然经历的历史阶段。城镇化作为一种历史过程，不仅是一个城镇数量与规模扩大的过程，也是一种城镇结构和功能转变的过程。这一历史过程包括四个方面：第一，城镇化是农村人口和劳动力向城镇转移的过程；第二，城镇化是第二、三产业向城镇聚集发展的过程；第三，城镇化是地域性质和景观转化的过程；第四，城镇化是包括城市文明、城市意识在内的城市生活方式的扩散和传播过程。概括起来表现为两个方面：一方面表现人的地理位置的转移和职业的改变以及由此引起的生产方式与生活方式的演变；另一方面则表现为城镇人口和城市数量的增加、城镇规模的扩大以及城镇经济社会、现代化和集约化程度的提高。

在中共第十五届四中全会通过的《关于制定国民经济和社会发展第十个五年计划的建议》中"城镇化"一词正式出现，这是近 50 年来中国首次在最高官方文件中使用"城镇化"。在"十一五"规划纲要中也明确了"要把城市群作为推进城镇化的主体形态"，"十二五"规划再次建议，以大城市为依托，以中小城市为重点，逐步形成辐射作用大的城市群，促进大中小城市和小城镇协调发展。2013 年 6 月的第十二届全国人大常委会第三次会议上，国家发改委作了《国务院关于城镇化建设工作情况的报告》，报告中称新一轮城镇化规划正在制定中，我国将全面放开小城镇和小城市落户限制，有序放开中等城市落户限制，逐步放宽大城市落户条件，合理设定特大城市落户条件，逐步把符合条件的农业转移人口转为城镇居民。这是我国第一次明确提出各类城市具体的城镇化路径。

2. 政府网站在"城镇化"话题上的影响力表现

自 2012 年年底以来，百度指数显示"城镇化"的网民搜索频次较往年有了显著的上升，成为典型的年度关键词，日均搜索人次由 200 人次/天上升到日均约 1000 人次（如图 3－46 所示）。

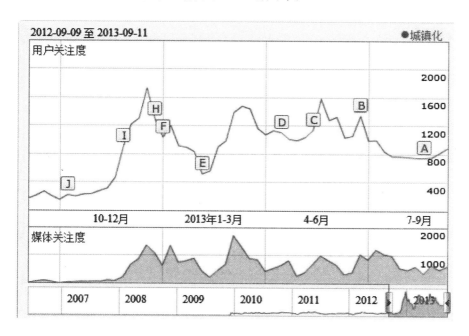

图 3－46 "城镇化"的百度指数

在群众广泛持续关注的政务业务词方面，我国政府网站的影响力表现如何？

通过百度分别查询有"城镇化"关键词的政府网站的被收录页数及全部被收录页数，我们可以得到表 3 - 21。

表 3 - 21　有"城镇化"的政府网站收录数和搜索引擎收录数

	关键词政府网站相关页收录数	关键词相关页收录数
最近一月	14200	242000
最近一年	30000	540000
统计以来	32900	573000

计算各时间段政府网站被收录页数同总收录页数的比值，我们可以得到图 3 - 47。

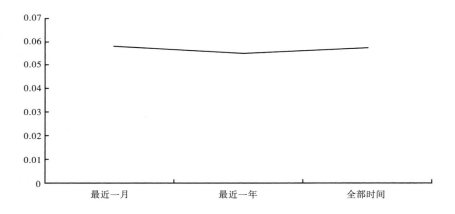

图 3 - 47　有"城镇化"的政府网站收录数占比

由表 3 - 21 及图 3 - 47 可知，最近的一年，尤其是最近的一月里有大量的"城镇化"相关网页发布且被搜索引擎收录，这表明了近一年来在该主题上有较高的媒体关注热度。政府网站的收录页数占比维持在一个相对稳定的比例，且最近一月还有一定的上升，这表明政府网站在提供该主题相关信息方面较为积极。

但与此同时，通过在百度上搜索"城镇化"关键词，我们发现政府网站在该主题信息上的实际影响力上并不尽如人意，以出现在搜索结果最前列的十个政府网站及其收录页面的收录时间为例，见表 3 - 22。

表 3 - 22　　"城镇化"搜索结果网页中的各地政府网站最早出现页数

	网站	搜索结果中最早出现页数	收录时间
1	吉林省政府网站	6	2011.8
2	重庆市政府网站	7	2012.9
3	湖南统计信息网	9	2013.7
4	河南省政府网站	10	2013.8
5	全国人大网	10	2013.6
6	四川省政府网站	11	2013.5
7	广东省政府网站	12	2013.7
8	中央人民政府网站	12	2012.9
9	国土资源部网站	13	2013.6
10	国家发改委网站	13	2012.5

由表 3 - 22 的统计结果可知，我国政府网站在"城镇化"关键词的搜索结果中出现名次均较为靠后，根据普通搜索用户的搜索习惯，极少会有用户查阅到这些页次并点选搜索结果，因此这些网站的相关信息即使被收录也很难对搜索用户产生直接影响。

再对城镇化相关热门词（如图 3 - 48 所示）进行搜索，在搜索结果的前 20 页都未能发现政府网站的"身影"，由此可以基本认定，在"城镇化"话题上，政府网站通过搜索引擎所产生的影响力较为有限。

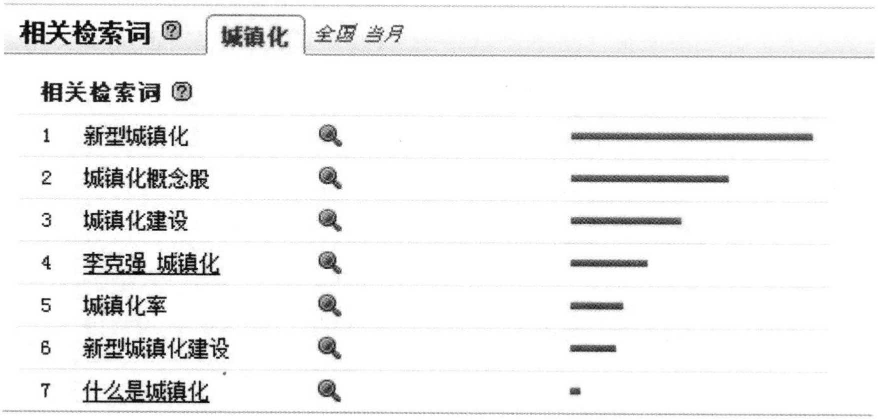

图 3 - 48　　"城镇化"相关搜索词

3. 我国政府网站"城镇化"影响力评估

基于上述分析，作为年度的关注热词，我国政府网站在"城镇化"话题上有相当程度的参与，从内容发布量到搜索引擎收录量，在最近的一年，尤其是最近的一月中都有着明显的增长，在所有收录量中的占比也有所提升。然而仅有"发声"还不够，当前各政府网站的相关页面绝大多数都不能进入搜索结果页的前三页，甚至进入前十页的都寥寥无几，这就使得我国政府网站的信息公开及舆论引导未能较好地发挥效用，在互联网上的影响不能够通过搜索引擎得到有效的扩展，因此影响力也就较为有限。

（十四） 地方债

1. 背景介绍

地方债又称地方政府性债务，是指地方机关事业单位及地方政府专门成立的基础设施性企业为提供基础性、公益性服务直接借入的债务和地方政府机关提供担保形成的债务，分为直接债务、担保债务和政策性挂账。

关于地方债务有两个信息来源，一个是审计署提供的数据，一个是国际组织的评估。2013 年，审计署第 24 号审计结果公告透露了 36 个地方政府本级政府性债务审计结果，如果加上政府负有担保责任的债务，2012年有 16 个地区债务率超过 100%。其中，有 9 个省会城市本级政府负有偿还责任的债务率超过 100%，最高的达 188.95%，如加上政府负有担保责任的债务，债务率最高的达 219.57%。不仅如此，14 个省会城市本级政府负有偿还责任的债务已逾期 181.70 亿元，其中 2 个省会城市本级逾期债务率超过 10%，最高的为 16.36%，引发出关于"16 个地方政府可能因资不抵债遇到破产问题的质疑"。审计署有关部门负责人曾坦言，目前我国存在地方政府债务规模增长较快，部分地区和行业债务风险凸显，债务偿还过度依赖土地收入，高速公路、政府还贷二级公路债务规模增长快、偿债压力大、借新还旧率高等问题。

2013 年 7 月底，审计署表示将根据国务院的要求组织全国审计机关对政府性债务进行审计。本次全国性审计工作将于 8 月 1 日起全面展开，全国审计机关将对中央、省、市、县、乡五级政府性债务进行彻底摸底和测评。

2. 政府网站关于"地方债"话题的影响力表现

根据前述关于"地方债"关键词的政府网站影响力基础数据，该关键词的百度收录页中政府网站占比达到 20.5%，但其返回结果前三页中政府网站结果数为 0，表明了在该主题上政府网站虽然贡献了可观的内容，但由于未能在搜索引擎上占据发挥其影响力的最有利位置，从而失去了直接影响大多数相关受众的机会。

（1）部委政府网站影响力分析

选取与"地方债"话题关系较大的两个部门：财政部及审计署的网站为例，在其网站上最近发布的关于地方债的相关信息如下图所示。

图 3 - 49　财政部及审计署网站的"地方债"信息

而在百度上搜索"地方债"，查看其返回结果（如图 3 - 50 所示）可以发现，这两个部委网站的相关页面虽然都未能直接进入搜索结果的前几页，但其页面对应的相关信息还是得到了其他网站及时和有效的引用，如返回结果中最前的两条新闻（参见图 3 - 50 标注）就分别援引了上述两条信息的内容，由此可以认为，这两大政府网站间接地发挥了影响力。

与此同时，通过对返回结果的进一步观察可发现，在该主题上有较大直接影响力的仍然是几大相关财经媒体，通过创建专题页，这些媒体占据了搜索返回结果页最主要的版面及位置，从而掌握了该话题最主要的话语

地方债

地方债 百度百科
地方政府性债务是指地方机关事业单位及地方政府专门成立的基础设施性企业为提供基础性、公益性服务直接借入的债务和地方政府机关提供担保形成的债...
定义 - 审计历程 - 发展分析
baike.baidu.com/ 2013-08-14

地方债的最新相关信息

财政部代理发行3年期地方债 中标利率为4.34% 新华网 援引财政部 2小时前
财政部代理发行3年期地方债 中标利率为4.34%—财政部公告显示，根据2013年地方政府债券发行安排，经与江西、贵州、北京、内蒙古、山西省(区、市)人民...

地方债风险总体可控 莫资机制待规范 新浪财经 援引审计署 2小时前
排查地方债要"细之又细" 中国网络电视台 2小时前
穆迪:中国地方债可控 不会导致经济危机 网易财经 3小时前
"地方债大审"显效 8月"政信合作"发行量锐减 金融界 7小时前

聚焦地方债刹高 专题频道 东方财富网
地方政府投融资平台的负债规模急剧膨胀,大规模的投融资带来巨额债务。"地方债"再次被推到舆论的风口浪尖上。
topic.eastmoney.com/dfzw2011/ 2012-2-14 - 百度快照

透视地方债-搜狐财经
【地方债发行遇冷】地方债恐有流标命运 安徽债首日惊现零成交分析:地方债缘何交易冷清 地方债面临着一级市场热情衰退、二级市场交易清淡的尴尬。地方债为何没能...
business.sohu.com/s2009/difangzh... 2013-7-30 - 百度快照

"中国地方债已经失控" - 新闻与分析 - FT中文网
2013年8月13日 - 信永中和会计师事务所董事长张克称,中国地方政府债务可能引发比美国楼市崩溃更大的金融危机。他表示已基本上不再为地方债务发行背书。
www.ftchinese.com/story/001049... 2013-8-13 - 百度快照

江苏成中国地方债代表 地方债阴云不散 财讯.COM
图文 2013年7月26日 - 江苏成中国地方债代表 地方债阴云不散,据投行估算,中国地方政府债务在整个国家经济产出中的占比可能在15%到36%之间,约为3万亿美元,接近20万亿人民币...
economy.caixun.com/cjld/20130726-CX0... 2013-7-26 - 百度快照

中国地方债正式启动 凤凰财经 凤凰财经
有消息传出,额度达2000亿元的地方债有望在2月底获批启动。如最终通过审议,财政部代发的地方政府债券将通过国债渠道发行,这将是新中国成立以来首度允许地方财政预算...
finance.ifeng.com/topic/difangfazh... 2013-2-26 - 百度快照

地方债的最新微博结果

财经中国 V : 【穆迪:中国地方债可控 不会导致经济危机】截至2012年底,中国36个地方政府债务总量为3.85万亿元,银行贷款占比高达78.07%,且债务余额比2010年增长了12.9%。随着财政收入和土地收益增长放缓,地方融资平台进入偿债高峰期,一些人士担心地方政府性债务是否会酿成美国式次贷危机。http://t.cn/z8c6G32
[查看图片] 🖼
18小时前 - 新浪微博   转发(7) | 评论(5)

永不言弃 V : #理财搜精选资讯#@江南愤青 @_永不言弃_ @相伟 【"地方债大审"显效 8月"政信合作"发行量锐减】"地方债大审"对信托业的影响立竿见影,上半年"政信合作"大干快上的态势,在8月戛然而止。记者据Wind资讯统计,8月以"政信合作"为主的基建信托发行量锐减,房地…http://t.cn/z8Vfbrm
35分钟前 - 新浪微博   转发(0) | 评论(0)

查看更多相关微博>>

关注地方债 -华尔街日报
中国政府要求进行资产重组的国有企业须得到债务持有人对重组计划的批准,其目的显而易见:试图缓解外界对中国地方政府债务可能违约的担忧。 地方债风险对小银行...
www.cn.wsj.com/gb/cnde...asp 2013-8-14 - 百度快照

中国地方债
图文 财经年会,2011,经济,金融... 国务院妥善处理地方债 研究建立举债融资机制 会议要求,妥善处理债务偿还和在建项目后续融资问题,同时要研究建立规范的地方政府举债融资 机制...
www.caijing.com.cn/2011/zgd... 2013-8-16 - 百度快照

图 3 – 50　"地方债"的搜索引擎结果首页

权。这些媒体虽然也会经常援引来自官方，例如政府网站的信息及数据，但仍会较多从自身立场出发，对信息和数据做出"个性化"的解读，甚至是曲解。更有一些返回结果是相关媒体基于非官方数据给出了相对负面的分析评论，例如图3-50中标灰的两条新闻。因此，在搜索引擎媒介上，关于地方债的话题，政府网站虽发挥了一定的数据源影响力，但在对话题的引导和信息解读上却无法与相关的媒体相比。

（2）地区政府网站的影响力比较

搜索"地方债"关键词时，在百度给出的相关常见搜索中，很多搜索词直接指向了具体城市及省份的地方债（如图3-51所示）。这里选取网民关注较多的地区：贵阳、武汉、山东、江苏来分析地区政府网站的话题影响力。

相关搜索	贵阳地方债剧增	贵阳地方债	武汉地方债	中国地方债	地方政府债
	地方债图片	什么是地方债	山东省地方债	地方债审计	山东地方债

图3-51 "地方债"相关搜索词

从上述各地政府门户网站在"地方债"关键词上的百度收录数来看，其返回结果如表3-23所示。

表3-23 各地政府网站"地方债"百度收录情况

网站	主题页面收录数	当年主题页面收录数	主题原创页面收录数
贵阳市政府网	14	5	2
武汉市政府网	1	0	1
山东省政府网	2	1	1
江苏省政府网	13	2	13

分析上述地方债话题重点被关注地区的政府网站的相关页面收录情况，可以发现不同地区政府网站的地方债相关页处在较低收录水平（仅为网站站内搜索返回结果数的1/5左右），且差异明显。同时被收录的主题页很多都是非本年度发布的信息，页面信息总体的时效性较差，且多为转载内容，仅有江苏政府网站的主题信息原创性较高。

再分别搜索"贵阳地方债"、"武汉地方债"、"山东地方债"、"江苏地方债"等更有针对性的关键词，搜索前三页中对应地区政府网站的返回结果中仅有贵阳审计局的一条返回结果，且为 2011 年相关性较差的信息。由此可见，上述对地方债信息的关注较突出地区的政府网站在本年度的地方债话题应对上还有较大的改进空间。

（3）"地方债"话题政府网站影响力总结

综上可知，在地方债话题上，相关部委政府网站发挥了正本清源的影响力，但多属于间接影响力，在对于数据的解读上和话题的引导上，相关部委政府网站仍缺乏足够的话题影响力。而造成这一情形的原因既有相关政府网站自身信息对外的可见性不够，也有我国互联网媒体对内容引用不规范；另外，缺少主动及时的话题应对及参与，缺少相关内容的有效组织也是我国政府网站影响力不够的主要原因。而从地方政府网站来看，在地方债话题的影响力上表现更加不足，既缺少及时的内容发布与响应，相关内容的原创性与时效性也较低，在互联网主要媒介上的可见性与曝光度也相对不足。

三 年度热点事件的政府网站互联网影响力

年度热点事件的选择主要依据搜索引擎的 2013 年度热点事件，重点新闻网站评选的年度热点事件（截至 2013 年 9 月）。通过开发网页数据自动采集软件，采集政府门户网站、主要新闻门户网站、微博以及搜索引擎实时榜单等来源的年度新闻信息及相关简讯，作为数据分析的基础。对这些信息统一加工过滤、自动分类，保存新闻的标题、出处、发布时间数据。利用关键词过滤、本文聚类、语义分析和数字统计等手段，识别出社会热点话题和敏感话题，并对其趋势变化进行追踪，从中选择了 15 个年度热点事件词。

（一）PM2.5

1. 背景介绍

PM，英文名为 Particulate matter，即颗粒物，PM2.5 表示每立方米空气中这种颗粒的含量，这个值越高，就代表空气污染越严重。在城市空气质量日报或周报中的可吸入颗粒物和总悬浮颗粒物是人们较为熟悉的两种大气污染物。可吸入颗粒物又称为 PM10，指直径等于或小于 10 微米，可以进入人的呼吸系统的颗粒物；总悬浮颗粒物也称为 PM100，即直径小于和等于 100 微米的颗粒物。

在中国大部分地区，特别是工业集中的华北地区，PM2.5 占到了整个空气悬浮颗粒物重量的一大半，PM2.5 这类细颗粒物对光的散射作用比较强，在不利的气象条件下更容易导致灰霾形成，对人体和大气都会产生不良影响，同时我国细颗粒物污染在全球范围内的横向对比也不容乐观。2011 年 10 月，国人开始关注 PM2.5 并由此引起政府部门的注意，同年 12 月 30 日新的《环境空气质量标准》出台，增设 PM2.5 检测项目。

环境保护部 2013 年 7 月 31 日发布的 2013 年 6 月份及上半年京津冀、长三角、珠三角和 74 个城市的空气质量状况显示，6 月份，74 个城市空气质量超标天数为 35.6%，京津冀空气质量仍最差，PM2.5 平均超标率最大日均值出现在北京，超标 2.8 倍。上半年，京津冀所有城市均未达到 PM2.5 年均值二级标准。上半年，邢台、邯郸、保定、唐山、济南、衡水、西安、郑州和廊坊的空气质量相对较差。

2. 政府网站对于"PM2.5"的互联网影响力

现在人们获取信息的渠道主要有搜索引擎、社交网络、导航网站等，政府网站是人们获取与"PM2.5"相关政务信息的重要来源之一。

（1）信息源的获取

在百度搜索引擎中键入"PM2.5"关键词，搜索结果显示前 3 页中来自政府网站的信息仅为 2 条，按照显示页数为 3 页，每页 10 条信息计算，有效比为 6.7%。

在新浪微博搜索中键入"PM2.5"关键词，结果输出前 3 页的政务微博数为 17 条，每页均有显示（综合显示，截至 2013 年 9 月 8 日 13 时），每页 20 条微博信息，有效比为 28.3%。

（2）信息源的展示

根据百度指数热词显示，关于"PM2.5"信息，受众比较关注的地方为北京、武汉和上海，与之相对应的权威部委网站为环保部和气象局。

分别进入气象局、环保部、北京气象局、北京环保局、上海气象局、上海环保局、武汉气象局、武汉环保局的官方网站，在首页寻找与 PM2.5 相关的信息，结果统计如表 3 - 24 所示。

表 3 – 24　政府网站 PM2.5 首页展示数

政府网站	部级政府网站		地方政府网站					
	气象局	环保部	北京 气象局	北京 环保局	武汉 气象局	武汉 环保局	上海 气象局	上海 环保局
PM2.5	0	2	0	0	0	2	0	1

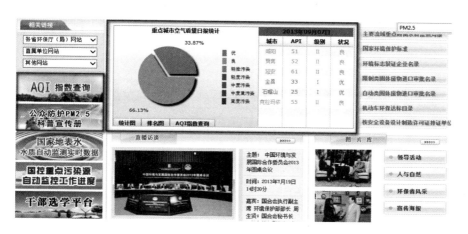

图 3 – 52　环保部首页关于"PM2.5"信息

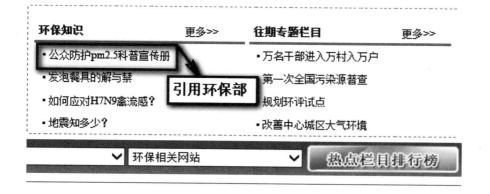

图 3 – 53　武汉环保局首页关于"PM2.5"信息

上述关于"PM2.5"信息的展示表明公众从政府网站首页中直接获取相关信息的方便程度相对比较低,气象局关于 PM2.5 的首页介绍为 0,武汉、上海环保局网站上 PM2.5 位置比较显眼,方便用户获取信息。

　　另外，部级网站的影响力比地方政府网站的强，这在一定程度上维护了其权威性，武汉环保局引用国家环保部的PM2.5科普宣传册就说明了这点，不仅普通网民获取的信息源于权威政府网站，而且地方政府网站的权威信息也更多地源于上级权威政府机构网站。

　　（3）信息源的利用

　　我们在环保部网站进行站内检索，结果显示如图3-54所示，用同样的方法分别进行其他网站的站内检索（若无站内检索或站内检索违法使用，用"-"符号表示）。

图3-54　样例-环保部"PM2.5"站内检索结果

　　利用"site：zhb.gov.cnPM2.5"进行百度搜索，结合上述站内检索，结果显示如表3-25所示。

表3-25　政府网站"PM2.5"影响力数据

政府网站	部级政府网站		地方政府网站					
	气象局	环保部	北京气象局	北京环保局	武汉气象局	武汉环保局	上海气象局	上海环保局
站内检索数	442	789	—	2125	0	29	0	—
百度site检索数	2860	8110	3	922	0	1160	6	552
有效比	15.5%	9.7%	缺失	200.3%	缺失	2.5%		缺失

　　从表3-25可以看出，气象局、环保部、武汉环保局网站的站内搜索信息数还不如百度搜索引擎对该网站的页面收录数，网站向用户推送信息的能力还有待大力加强。北京环保局的站内搜索结果有2125条信息，但

该网站被百度搜索引擎收录的页面数仅 922 条，网站对搜索引擎的可见性还有待进一步优化。

3. 总结

政府网站在权威信息发布中起着重要的作用，是民众和下级单位机构获取权威信息的主要来源，PM2.5 信息更多来源于专业性政府网站机构，这也充分说明专业网站在互联网中占据着一定的地位，是公众提升自身知识素养和获取信息的重要渠道。

政府网站信息的展示效果也影响着其互联网影响力，公众体验效果的好坏在一定程度上也影响着政府的权威性，这主要是因为公众体验可以通过口碑、社交媒体等快速及时传播出去，如果政府网站不注意及时引导疏通处理，会削弱其影响力和权威性。

政府网站、搜索引擎和社交网络的黏合在一定程度上也提升了自身的影响力，但就目前而言，政府网站影响力尚不足，有待发力，不断完善网站服务供给关键词排序索引构建、接口管理、内容管理和维护等。

（二）高温

1. 概念界定

世界气象组织建议高温热浪的标准为：日最高气温高于 32℃，且持续 3 天以上。中国气象学上把日最高气温达到或超过 35℃称为高温天气，如果连续几天最高气温都超过 35℃时，即可称作"高温热浪"天气。一般来说，高温通常有两种，一种是气温高而湿度小的干热性高温；另一种是气温高且湿度大的闷热性高温。

高温天气使人感到不适，工作效率降低，中暑、肠道疾病和心脑血管等病症的发病率提高。同时，高温天气对农业生产也有较大的影响。

2. 背景介绍

2013 年 7 月以来，高温天气覆盖我国江南、江淮、江汉及重庆等地的 19 个省（区、市）。据中央气象台监测显示，截至 2013 年 7 月 29 日，南方共有 43 个县市日最高气温超过 40℃。其中，浙江奉化（42.7℃）、新昌（42.0℃），重庆丰都（42.2℃）、万盛（42.1℃）最高气温都超过 42℃。上海、杭州气温也突破 40℃，刷新了有气象记录以来的历史极值。

2013年省会级城市高温排行榜（更新截至8月13日02时）				
城市	天数	今年以来最高（出现时间）	最长连续高温日数（出现时间）	最新连续高温日数（出现时间）
长沙	44天	（08月10、11日）	44天（0630-0812）	44天（06月30日-08月12日）
重庆	44天	41.3℃（08月07日）	9天（0707-15）	3天（08月09-11日）
杭州	41天	41.1℃（08月09日）	13天（0714-0801）	9天（08月04-12日）
台北	39天	39.3℃（8月8日）	8天（0701-08）	6天（08月07-12日）
上海	37天	39.9℃（08月06、08日）	12天（0720-0801）	10天（08月03-12日）
福州	36天	40.6℃（08月08日）	13天（0630-0712）	9天（08月03-11日）
南昌	32天	39.4℃（08月10日）	9天（0804-12）	9天（08月04-12日）
南京	30天	40.1℃（08月10日）	9天（0723-31）	8天（08月05-12日）
郑州	29天	39.7℃（07月30日）	8天（0704-11）	8天（08月04-11日）
武汉	29天	39.5℃（08月11日）	12天（0723-0803）	8天（08月05-12日）
合肥	27天	39.7℃（08月11日）	11天（0723-0802）	8天（08月05-12日）
西安	23天	39.3℃（06月27、28日）	5天（0627-0701）	1天（08月11日）
海口	18天	37.3℃（04月05日）	7天（0514-20）	4天（06月26-29日）
石家庄	12天	38.7℃（07月03日）	6天（0702-07）	1天（08月09日）
北京	9天	38.2℃（07月24日）	4天（0702-05）	1天（08月09日）
济南	9天	38.2℃（08月11日）	3天（0805-07）	1天（08月11日）
银川	8天	36.8℃（08月04日）	3天（0803-05）	1天（08月12日）
广州	7天	36.4℃（06月20日）	3天（0619-21）	1天（08月12日）
天津	6天	37.1℃（07月24日）	2天（0809-10）	2天（08月09-10日）
南宁	6天	35.8℃（06月21日）	2天（0620-21）	1天（08月11日）
太原	2天	35.5℃（06月21日）	1天（0512、0521）	1天（05月21日）
兰州	1天	35.5℃（06月28日）	1天（0628）	1天（06月28日）
乌鲁木齐	1天	36.1℃（08月02日）	1天（0802）	1天（08月02日）
成都	1天	35.1℃（07月26日）	1天（0726）	1天（07月26日）

图 3-55 2013 年省会级城市高温排行榜（更新截至 8 月 13 日 02 时）

注：该数据引自人民网（http://society.people.com.cn/n/2013/0813/c1008-22542757.html）。

在高温日数方面，2013 年 7 月以来，江南及重庆高温日数 17.9 天，为 1951 年以来同期次多（2003 年 18 天、1971 年 17.9 天），较常年同期偏多 7.8 天。

其中，湖南、上海高温日数分别为 18.9 天和 18.5 天，均为 1951 年以来同期最多；浙江高温日数 19.1 天，为 1951 年以来同期次多（2003 年 20.2 天）；重庆高温日数为 17.6 天，为 1951 年以来同期第三多（2006 年 19.3 天、2001 年 18.1 天）。

罕见的大面积持续高温天气"炙烤"着江南大地，也"质考"着政府部门的应对工作。而政府门户网站，作为政府信息发布和服务群众的主要窗口，是网民获取权威信息的重要渠道。及时准确地发布高温信息，可以有效地帮助广大民众做好高温天气的防范工作。

3. 网民关注情况

查看百度指数最近三年（2011 年 1 月～2013 年 9 月 8 日）网民以"高温"为关键词的搜索情况，结果显示，今年网民对高温的关注度远远高于往年，如图 3 - 56 所示。可见，罕见的持续高温天气也带来了持续增高的关注度。

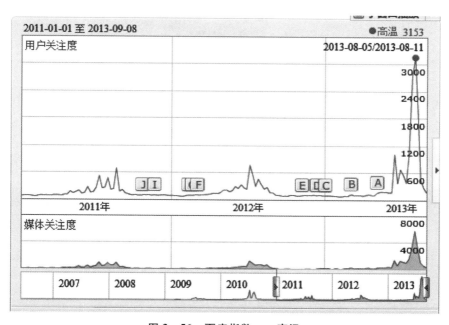

图 3 - 56　百度指数——高温

从城市分布来看，检索来源主要为以下十个城市：上海、北京、苏州、杭州、广州、南京、重庆、宁波、济南、深圳。

4. 政府网站"高温"话题信息发布情况

选取图 3 - 55 "高温排行榜"中的前九城市的政府网站为例进行分析，即分别统计长沙、重庆、杭州、上海、福州、南昌、南京、郑州、武汉等九个城市的政府门户网站有关"高温"的信息被百度和谷歌收录的情况。结果发现，各政府网站在搜索引擎上的表现差异较大，对搜索引擎的可见性还有待进一步优化。

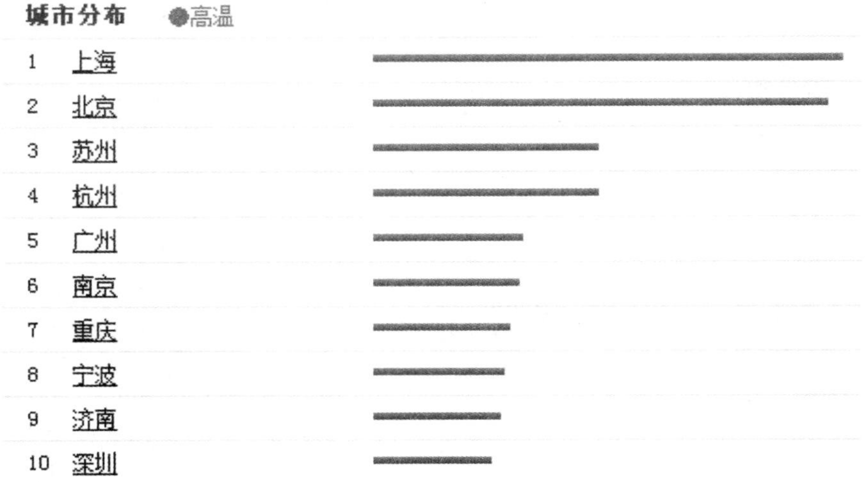

城市分布 ●高温

1	上海	
2	北京	
3	苏州	
4	杭州	
5	广州	
6	南京	
7	重庆	
8	宁波	
9	济南	
10	深圳	

图 3 - 57　搜索来源城市分布

表 3 - 26　"高温"话题的搜索引擎搜索结果

城市	政府网站域名地址	百度搜索结果	谷歌搜索结果
长沙	www.changsha.gov.cn	636	28
重庆	www.cq.gov.cn	1700	254
杭州	www.hz.zj.gov.cn	0	46
上海	www.shanghai.gov.cn	3680	184
福州	www.fuzhou.gov.cn	603	43
南昌	www.nc.gov.cn	49	18
南京	www.nanjing.gov.cn	174	22
郑州	www.zhengzhou.gov.cn	11	6
武汉	www.wuhan.gov.cn	8	2

5. 结论

当高温来袭，居民对天气情况以及如何降温普遍关注时，政府网站作为政府部门在互联网上的代表，理应发布并传递准确的天气信息，普及降温防暑的基本知识。但当前，政府网站在这一主题下的声音较为微弱，在互联网上的影响力还有待提升。

（三）南海

1. 背景介绍

南海是位于西太平洋的一个边缘海，连接太平洋和印度洋，面积大约350多万平方公里。中国对南海诸岛的主权是在长期历史发展过程中形成的。70年代以来，有关国家对南沙群岛主权和相关海域管辖权提出争议，并侵占我国岛屿，形成所谓的南海问题。

2013年南海的争端持续升温，首先是越南5月27日声称中国海监船对其在南海的油气勘探活动进行干扰，从6月13日开始在南海相关海域进行实弹演习，并宣布颁发新征兵令；紧接着菲律宾总统办公室则计划将南海更名为"西菲律宾海"，同时宣布菲律宾将联合美国举行军事演习。美国先后与周边国家举行军演，声称在南海有国家利益，南海呈现紧张局势。我国政府一贯主张与相关争议国以和平协商的方式解决争端，反对外部势力介入。解决好南海问题，关系到我国的主权和领土完整，同时也有利于亚太地区乃至世界的和平与稳定。

我国民众在南海问题中，义愤填膺，积极参与，在相关论坛和政府网站中均纷纷表达自己的看法和意见，认为在解决国家领土问题上，坚决不能退让，要维护国家利益和领土完整。

2. 政府网站关于"南海"话题的影响力表现

百度指数显示，南海主题在历年均得到媒体和用户的广泛关注，每月关注度在800人次左右，这说明南海问题不是2013年才热起来的，是历年都受关注的话题。

（1）权威政府网站对"南海"话题的影响力

政府"百词"数据显示，该关键词在百度收录页面中政府网站所占比例达24.4%，其返回结果前三页中政府网站数为3，有效比为10%，表明在该主题中，政府网站的贡献比较大，但直接贡献值较小。同时也说明搜索引擎在与政府网站结合的过程中，粘合度尚不理想，政府网站影响

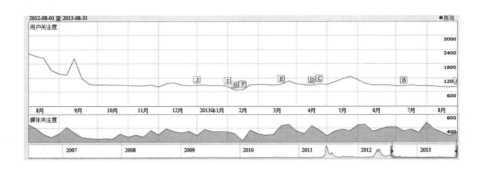

图 3 - 58 "南海"话题百度指数

力预期效果未达到。

跟南海主题关系最为密切的两个权威政府网站分别为外交部网站和国防部网站。

站内检索的结果如图 3 - 59、图 3 - 60 所示。

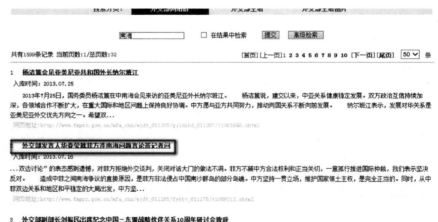

图 3 - 59 "南海"话题外交部检索结果

根据检索结果，我们通过简单的分析不难发现，每条信息的发布跟图3 - 58百度指数热度图有相关的联系，一般在相关重大新闻或消息发布时，会有一个比较显著的关注热潮，这说明政府网站在信息发布中的互联

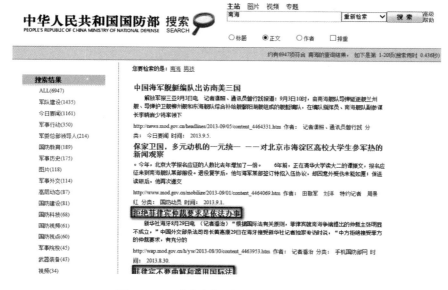

图 3 - 60　"南海"话题国防部检索结果

网影响力是比较显著的。

站内检索结果与百度 site 检索结果对比见表 3 - 27。

表 3 - 27　部级政府网站"南海"话题检索结果

	外交部网站	国防部网站
站内检索数	1599	6947
百度 site 检索数	15400	89200
比值(%)	10.4	7.8

结合上述数据和政府"百词"数据，可以发现百度对权威政府网站的数据收集是比较全面的。

（2）媒体与权威政府网站对"南海"话题影响力的比较

在国家利益话题尤其是国家领土等重大话题上，新闻媒体在重大政策发布和信息公布方面有着天然的优势，这从相关网页中即可发现。

我们在百度主页搜索"南海"，返回结果如图 3 - 61 所示，打开其中的凤凰网链接，发现新闻媒体所传播的信息多是来自政府网站的权威信息，如图 3 - 62 所示。

图 3 - 61　　"南海"话题百度检索结果

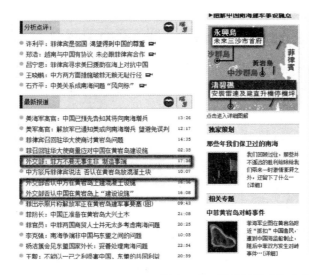

图 3 - 62　　凤凰卫视南海专题

上述结果显示，政府网站代表国家利益进行权威信息发布，媒体在传播相关信息时更倾向于选择政府权威信息，政府网站借助于新闻媒体的传播能够更好地达到舆论引导的作用。

3. 总结与评估

对于政治性比较强的话题，政府网站在信息发布传播中的绝对主导地位是毋庸置疑的。其最先影响的对象是媒体，媒体在塑造政府形象、宣传政府网站信息上的作用十分明显。民众在信息获取过程中也深受政府网站的影响，这点主要表现为对权威信息的认可和对政府部门工作的支持。

主要不足是，用户使用搜索引擎检索的结果并不令人满意，权威政府网站排名往往较为靠后，削弱了政府网站的影响力，虽然首页显示的部分信息是间接来自政府网站的权威信息，但是由于援引网站有时不会注明信息来源，这给用户带来一定的困扰，一定程度上干扰了政府网站影响力的发挥。同时，政府网站内容的发布应当更加及时，建立一个良好的信息发布平台。

（四）房姐

1. 背景介绍

2013 年 1 月 17 日，陕西省神木县农村商业银行副行长龚爱爱被曝光房产达 12 套，价值 10 多亿元，并拥有多重户籍。在"房姐"被曝光的数小时内，媒体及网友迅速围观。此事引起举国关注，龚爱爱也被网友戏称为"房姐"。截至 2013 年 1 月 26 日，"房姐"被曝光的 4 个户口中 3 个违法办理的户口已被撤销。其不同户口名下的 12 套房屋中，北京 8 套，总面积超过 2000 平方米；陕西西安 2 套，总面积约 400 平方米；陕西神木 2 套，总面积约 620 平方米。其名下企业在陕西西安、北京各有 1 家，在陕西神木县有 2 家。2013 年 1 月 25 日、26 日，最高检察院、公安部等相继挂牌督办此事。

2. "房姐"事件的舆论反应

房姐事件一经爆出，便引发了网友的广泛讨论，百度指数显示该话题在 1 月份出现后，便飞速上升，在 2 月份房姐淡出人们视线后，该话题讨论数明显下降。

房姐事件引发了网友关于房地产、官员腐败、户籍制度等方方面面的大讨论，有网友称"房姐现象"的出现并非偶然，此前倒台的贪官被曝光拥有数十套房产的也非少数，这些案例至少说明，在许多人为了能在城市里买一套房而背负上数十年房贷的时候，早有人利用手中掌握的资源、权力、地位和金钱，大肆进行房产吞并——"房妹"、"房媳"利用的是父亲或公公手中的权力，"房姐"利用的是手中的金钱。

网友关注的问题主要集中在三个方面：其一，龚爱爱所拥有的巨额财产是如何得来的，有没有利用自己在银行工作的职务之便，行一己之私？她在银行工作期间，尤其是在担任兴城支行行长、县农商行副行长期间，有没有利用职务、身份的优势与便利，利用贷款"绿色通道"进行非法放贷，或是入"干股"煤矿、参与炒矿、投资房地产？其二，户籍民警等工作人员的问题。公众更想知道，当下社会如何才能从根本上防止"多户口现象"出现？"仅仅抓几个工作人员就能解决问题吗？"其三，也是最根本的问题——找到"房姐现象"产生的社会土壤。"房姐"为什么能够致富？对于银行，这个金融资源的垄断者，是不是缺少必要的监督？煤矿这种公共资源，应不应该让少数人占有，并最终让财富向少数人集聚？公共资源的公平利用机制应当如何建立？社会财富应该如何分配才更加公平？在公平分配社会财富之后，又应如何防止房产等社会资源成为少部分人的"垄断资源"、"私家后花园"？

3. 政府网站对"房姐"信息的发布

面对网友的众多疑问，我们对政府网站信息进行了调查，政府网站对此事件的反应存在一些不足。如公安部网站被百度收录的房姐信息只有两条，且都是 2013 年 1 月份的，是关于户口登记管理和成立专案组的信息，除此之外并无其他信息，这些内容并不能解答网友们的困惑。最高检察院网站被百度收录的相关信息也只有 5 条，陕西检察网的相关信息也仅有 5 条，且仅是该事件的一些简单、过时报道。

在百度搜索"房姐"，共得到 5900000 条搜索结果，在百度搜索"site：gov. cn"，共得到 10900 条搜索结果，占前者的比例为 0.18％，说

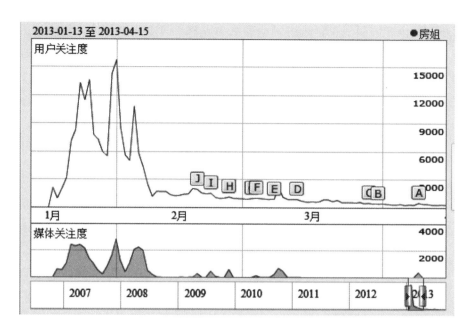

图 3 - 63　"房姐"百度指数

明百度搜索得到的关于房姐的信息只有 0.18% 来自政府网站，且在搜索结果的前三页均没有发现来自政府网站的信息，政府网站对该话题反应滞后，事件响应内容更新不足是一个很重要的原因。

| site:www.mps.gov.cn 房姐 | 百度一下 |

公安部部署深化户口登记管理清理整治
2013年1月30日 - 公安部有关负责人表示,针对"房姐"事件暴露出的一些户籍管理历史遗留问题,在前期开展专项清理整治并取得一定成效的基础上,公安部已部署各地公安机关...
www.mps.gov.cn/n16/n1237/n1342/n8037... 2013-1-30 - 百度快照

公安部成立工作组开展陕西神木龚爱爱违法违规落户问题事件核查和...
2013年1月24日 - 针对近日媒体报道陕西神木县"房姐"龚爱爱违法违规办理多个户口问题,公安部决定成立工作组,协调指导事件调查督办工作,要求尽快查清情况,依法严肃追究...
www.mps.gov.cn/n16/n1252/n1657/n2062... 2013-1-24 - 百度快照

图 3 - 64　公安部网站被百度收录的"房姐"信息

4. 总结

由以上分析可知，在房姐话题上，政府网站缺乏及时有效的应对，在对于话题内容的引导上，政府网站影响力不够。而造成这一情形的原因既有相关政府网站信息对广大搜索引擎用户的可见性不够，更有政府网站缺少对公众热点话题的密切关注，缺乏主动及时的网站内容组织和正面引导。

图 3 – 65　最高检察院网站被百度收录的房姐信息

图 3 – 66　陕西检察网站内搜索"房姐"结果

（五）漂浮死猪

1. 背景介绍

漂浮死猪事件是指从 2013 年 3 月份起，上海黄浦江松江段水域打捞起数千头高度腐烂的死猪的水污染事件。截至 2013 年 3 月 20 日，据不完全统计，上海市共打捞漂浮死猪 10395 头。

事件经媒体报道后，上海市为了化解危机，采取了一系列措施。上海市绿化市容部门加紧完成黄浦江上游漂浮死猪打捞工作，组织保洁作业力量向上游水域推进，同时对省界水域浙江一侧水面、浅滩等处已发现的漂浮死猪及时进行跨界打捞，防止其向上海市水域流动，打捞的死猪全部运至上海市动物无害化处理中心焚烧处理。上海市环保部门和水务部门持续对相关水厂取水口和出厂水进行跟踪监测，确保出厂水水质安全。上海市疾控中心和上海市动物疾控中心最新检测结果显示，上述水厂进水原水和出厂水中加测的 6 种病毒及 5 种细菌均为阴性，水质稳定。上海市工商部门连续 6 天开展流通环节生猪产品专项检查，未发现销售不合格生猪产品的情况。

农业部表示高度关注，并迅速派出调查组赴浙江、上海实地了解情况，督导、协调处置工作。国家首席兽医师于康震 14 日带领农业部督导组赴浙江，督促指导地方科学开展处置工作。

漂浮死猪事件在互联网上引起了高度关注。上海有网友称，我们不要免费"猪肉汤"，网民希望官方尽快处理此事，并就此事件的前因后果给予民众答复。

事件发生后，上海市政府逐日向媒体详细通报相关信息，力求公开透明，并在其网站上不断更新最新事件动态，以确保政府的应对措施和事件进展能第一时间被网民注意到。同时，农业部也及时在其网站上发布相关信息，确保公众的知情权，消除网民恐慌心理。

农业部和上海市政府网站对事件作出了积极回应，为进一步分析其网站有关"漂浮死猪"事件页面被搜索引擎收录情况，以"site：URL 漂浮死猪"为搜索条件，在百度上检索，结果如表 3 - 28 所示。

表 3-28　农业部和上海市网站"漂浮死猪"相关页面百度收录情况

相关部门/政府	网站	URL	百度收录数
农业部	农业部政务网	www. moa. gov. cn	238
	农业信息网	www. agri. gov. cn	17
上海市	上海市政府网站	www. shanghai. gov. cn	266
	上海水务局	www. shanghaiwater. gov. cn	16

可以看出，农业部和上海市网站上发布的相关信息被搜索引擎收录情况良好，可见性较高，确保了由官方发出的权威信息能被公众获取。

从回应的具体内容看，农业部和上海市政府网站发布的信息针对性强，正视网民的重大关切，如是否会导致水污染，是否影响上海市供水，是否会滋生传染病等，切中要害，有效地缓解了公众担忧（如图 3-67、图 3-68 所示）。

黄浦江漂浮死猪或来自浙江江苏等地 松江水质未见异常
2013年3月11日 - 黄浦江漂浮死猪或来自浙江江苏等地 松江水质未见异常_上海_中华人民共和国农业部
www.moa.gov.cn/fwllm/qgxxlb/sh/20130... 2013-3-11 - 百度快照

采取果断措施,处置黄浦江松江段水域漂浮死猪
2013年3月9日 - 采取果断措施,处置黄浦江松江段水域漂浮死猪_上海_中华人民共和国农业部... 松江区发现黄浦江松江段水域漂浮死猪情况后,松江区政府和市有关部门高度重视,3...
www.moa.gov.cn/fwllm/qgxxlb/sh/20130... 2013-3-9 - 百度快照

对黄浦江松江段水域漂浮死猪采样的检测情况
黄浦江松江段水域漂浮死猪事件发生后,上海市动物疫病预防控制中心于会同松江区动物疫控中心,现场采集了死猪的心、肝、脾、肺、肾、淋巴结、扁桃体等内脏样品共5套。...
www.moa.gov.cn/fwllm/qgxxlb/sh/20130... 2013-5-8 - 百度快照

黄浦江漂浮死猪组织样品均未检出砷
2013年3月20日 - 本网讯 日前,上海市兽医饲料检测所采集了30份从黄浦江及上游水域打捞的漂浮死猪的组织样品进行砷检测,所有样品均未检出砷。"砒霜"属于无机砷,是一种...
www.moa.gov.cn/zwllm/zwdt/201303/t20... 2013-3-20 - 百度快照

国家首席兽医师于康震表示:黄浦江及上游漂浮死猪已得到有效处置
2013年3月16日 - 本网讯 黄浦江及其上游水域出现大量漂浮死猪事情发生后,农业部及时派出两批督导组赴浙江、上海实地调查了解情况,督导、协调处置工作。3月16日,国家首席...
www.moa.gov.cn/zwllm/zwdt/201303/t20... 2013-3-16 - 百度快照

图 3-67　农业部网站"漂浮死猪"相关信息

市委市政府高度重视浦江上游水域漂浮死猪事件处置进展

2013年3月14日 - 市委、市政府领导高度重视黄浦江上游水域漂浮死猪事件的处置进展情况,要求各相关部门和地区全力以赴做好下一阶段工作,确保水质安全。截至3月13日15时,...

www.shanghai.gov.cn/shanghai/node231... 2013-3-14 - 百度快照

黄浦江上游漂浮死猪处置工作已显现阶段性成效

2013年3月18日 - 黄浦江上游漂浮死猪处置工作已显现阶段性成效。连日来,本市各相关部门和地区全力进行打捞和无害化处置工作,确保本市相关区域水质安全。 据市政府新闻发言...

www.shanghai.gov.cn/shanghai/node231... 2013-3-18 - 百度快照

嘉定河道发现4头漂浮死猪 均未佩戴耳标暂无法确认来源

2013年4月10日 - 4月8日上午,有市民举报嘉定娄塘菜场东面横沥河上漂浮2头死猪,嘉定区农委执法大队会同嘉定工业区兽医站、河道保洁社人员到现场,执法人员将死猪打捞上岸...

www.shanghai.gov.cn/shanghai/node231... 2013-4-10 - 百度快照

国家首席兽医师于康震表示黄浦江漂浮死猪事件已得到有效处置

2013年3月17日 - 黄浦江及其上游水域出现大量漂浮死猪事件发生后,农业部立即派出两批督导组赴浙江、上海调查了解情况,督导、协调处置工作。近几天,国家首席兽医师于康震...

www.shanghai.gov.cn/shanghai/node231... 2013-3-17 - 百度快照

本市连日加紧开展黄浦江上游漂浮死猪打捞处置和检测监督工作

2013年3月16日 - 本市各相关部门和地区连日来加紧开展黄浦江上游漂浮死猪打捞、无害化处置、水质检测和市场肉制品监督检查工作。市政府新闻发言人徐威3月15日表示,上海...

www.shanghai.gov.cn/shanghai/node231... 2013-3-16 - 百度快照

黄浦江漂浮死猪组织样品未检出砷 未发现销售不合格生猪产品

2013年3月21日 - 农业部20日发布消息称,上海市兽医饲料检测所目前采集了30份从黄浦江及上游水域打捞的漂浮死猪的组织样品进行砷检测,所有样品均未检出砷。 农业部有关...

www.shanghai.gov.cn/shanghai/node231... 2013-3-21 - 百度快照

图 3 - 68 上海市政府网站"漂浮死猪"相关消息

但是漂浮死猪基本被打捞后,相关部门缺乏后续的跟进。如针对网民对生态环境保护的反思,对政府处置方式的反思,政府网站缺乏相应的回应,陷入"静默"状态。

3. 政府网站关于"漂浮死猪"事件的媒体影响力

虽然在百度上直接搜索"漂浮死猪",其返回结果前几页中,政府网站相关页面未能直接出现,但是其页面信息还是被其他网站及时引用,特别是被新闻媒体网站引用。以新浪新闻为例,分析漂浮死猪事件中政府网站相关信息的影响力。

以"site：news. sina. com. cn 漂浮死猪"为搜索词，在百度检索，其返回结果如图 3 - 69 所示。

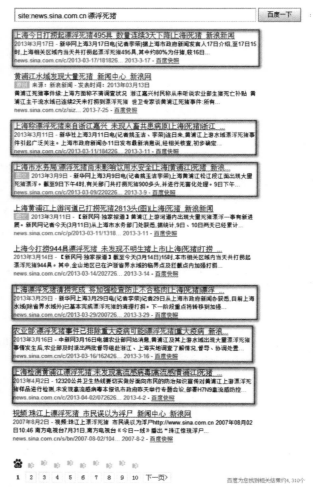

图 3 - 69　新浪新闻关于"漂浮死猪"的搜索结果页

返回结果首页中，有 5 条新闻来源于上海市政府，在上海市政府网站中也有相应信息，1 条新闻直接来自农业部网站。由此可以认为，两大网站发挥了其影响力，掌握了最主要的话语权。

5. 结论

在"漂浮死猪"事件中，行业主管网站和地方政府网站及时更新信息，公开事件进展，而且网站相关网页搜索引擎收录情况良好，可见性较高，有利于权威信息的传递。但是政府网站对于网民关注的后续内容缺乏持续的回应。

（六）新交规

1. 史上最严"新交规"

2013 新年伊始，对于有车一族最为劲爆的消息莫过于新交规的颁布。公安部 2013 年新交通法规于 1 月 1 日起执行，新交规无论是驾照申领、考试内容、换证还是交通处罚扣分，都有所变化，相比以往都更严格，被称为史上最严"新交规"。

根据新规，从 1 月 1 日起，机动车遮挡、污损号牌等违法行为的记分值，将由原先的 6 分提高到 12 分。而驾驶员一旦被记满 12 分，驾驶证将被扣留，必须重新参加安全学习和理论考试后才能领回。可见新交规对于遮挡号牌这种此前相对常见的违规行为将"零容忍"。而闯红灯等违反道路交通信号灯通行的违法行为记分也由 3 分提高到 6 分。

此外，新规还规定，从现在开始，未取得校车驾驶资格驾驶校车的驾驶人将被一次记满 12 分，驾驶机动车未按规定避让校车的一次将被记 6 分。大中型客货车、危险品运输车在高速公路、城市快速路行驶超速 20% 以上，或者在其他道路行驶超速 50% 以上，驾驶营运客车、校车超员 20% 以上，驾驶员将被记满 12 分。

在驾驶证申领方面，新规明确了三年内有吸毒行为或者解除强制隔离戒毒措施未满三年的，不得申请驾驶证；驾驶人吸毒后驾驶机动车或者正在依法执行戒毒措施的，要注销驾驶证。另外，驾驶人在实习期内驾驶机动车上高速公路时，必须由持相应或者更高车型驾驶证 3 年以上的驾驶人陪同。

2. 网友三派议"新规"

"史上最严交规"实施首日，各地都出现车辆驾驶人员因交通违法而被重罚的消息，引海量网友关注，有人对新交规保障出行安全充满期待，有人则怕改不了自己的坏习惯而紧张不已。热议主要分为三个派别：拥护派、紧张派、挑刺派。

拥护派网友：非常支持新规，毕竟是为驾驶人或坐车人的安全考虑，当你看到较多车祸现场时，才感到安全的重要性。有人说闯黄灯罚款太过分，我觉得没什么，这样才能改掉一些人养了几十年的坏毛病，这样会少很多交通事故。

紧张派网友：为了避免遇见黄灯急刹车，今天闭关不出门；今天看到好几辆婚车的"囍"字都没有遮挡号牌，而是贴在上面或者下面了，看来大家的守法意识还是在提高的。

挑刺派网友：黄灯本来就是红灯的预警，提醒后车减速观察。如果对"闯黄灯"也做同等处罚，那么黄灯就失去了存在的意义。也有人认为，黄灯亮便罚，不仅容易造成追尾，还会大大降低路口车速，带来更严重的堵塞。由于对车辆的管理更加严格，而相应的对行人闯红灯并没有有效的处罚，会更加滋长行人闯红灯的行为。

3. 政府网站的影响力分析

（1）相关政府部门针对舆论的响应

从有关新闻报道的信息看，相关政府部门对网友的热议十分关注，并做出了积极的响应。针对网友热议的"闯黄灯扣分"，公安部于新规实施一周之后，做出了"闯黄灯暂不处罚"的决定，这充分体现了政府部门对网友建议的重视，并能做出积极的响应。

（2）相关政府网站"新交规"话题表现

新交规实施之后，网上有各种解读，其中也存在着不少误读，比如传言行驶途中接打手机记3分，罚100元。对此，新交规的规定：驾驶机动车有拨打、接听手持电话等妨碍安全驾驶行为的，记2分。而政府网站，作为权威信息的发布窗口，及时地发布相关的信息，能有效地遏制谣言的传播，引导广大民众正确认识新交规，安全驾驶，文明出行。

分别登录两个与交规相关的直接管理部门公安部和公安部交通管理局，查找2012年12月修订发布的《道路交通安全法和实施细则》原文，结果如图 3 - 70 所示。从返回结果看，公安部并未发布有关新交规的具体内容，而相关的两部法律的更新时间分别是 2011 年 4 月 25 日和 2003 年 10 月 1 日。由此可以看出，在相关部门作出积极响应的同时，政府网站内容的更新并没有跟上，这是相关部门网站有待加强的方面。建议能够及时更新政策信息，与政府工作规则变更保持一致。

同样的问题也存在于公安部交通管理局。在其网站内查询新交规原文，返回的结果同样不理想：相关的法规点开后，为 2009 年的过时信息。（见图 3 - 70、图 3 - 71）

4. 结论

任何一项新的公共政策的出台，都会引起公众或多或少的热议。面对新交规出台后网络舆论的争议，我国相关政府部门均进行了积极的应对，但在政府网站上的内容更新不够及时。这表明，政府部门在公共行政的过程中对政府网站的地位与作用并不够重视，这有可能直接导致政府网站在网络舆论中的"失声"状态，难以发挥政府网站在社会事件中的互联网影响力。

（七）最难就业季

1. 背景介绍

2013 年夏天迎来了高校毕业生"就业季"。有人称这是"最难就业季"。国务院办公厅为此印发《关于做好 2013 年全国普通高等学校毕业生就业工作的通知》。教育部 5 月 21 日下发通知，要求教育系统全力做好 2013 年高校毕业生就业工作。

2013 年在网络上被戏称为"史上最难就业季"，其原因一是创下历史新高的毕业生规模——教育部新近公布的数字称：2013 年全国高校毕业生达 699 万人，比 2012 年增加 19 万人，刷新纪录；二是计划招聘岗位数的下降——据 2 月初对近 500 家用人单位的统计，2013 年岗位数同比平均降幅约为 15%，北京毕业生签约率总体不足三成，上海不足三成，广东不足五成；三是观望者多，与毕业生的期望值有一定差距，导致他们观

中华人民共和国公安部
The Ministry of Public Security of the People's Republic of China

公 民	企 业	外国人	公
办事服务	警民互动	公安工作	队

位置：公安部网站 > 政务公开 > 法律法规 > 公安法律

公安法律

·中华人民共和国行政强制法	2011-07-07
·中华人民共和国道路交通安全法	2011-04-25
·中华人民共和国刑法修正案（八）（主席令第41号）	2011-02-28
高等学校消防安全管理规定	2009-12-03
·《中华人民共和国消防法》（2008年10月28日修订）	2008-10-30
·中华人民共和国禁毒法	2007-12-29
全国人民代表大会常务委员会关于修改《中华人民共和国道路交通安全法》的决定	2007-12-29
关于办理与盗窃、抢劫、诈骗、抢夺机动车相关刑事案件具体应用法律若干问题的解释	2007-05-11
·中华人民共和国反洗钱法(主席令第56号)	2006-10-01
·中华人民共和国护照法（中华人民共和国主席令第50号）	2006-04-01
·中华人民共和国治安管理处罚法(主席令第38号)	2005-08-01
·中华人民共和国道路交通安全法（主席令第8号）	2003-10-01
·中华人民共和国行政许可法(主席令第7号)	2003-08-01
·中华人民共和国居民身份证法(主席令第4号)	2003-06-01
·中华人民共和国行政复议法(主席令第16号)	1999-04-01
·中华人民共和国消防法	1998-04-01
·中华人民共和国枪支管理法(主席令第72号)	1996-10-01
·中华人民共和国枪支管理法（主席令第72号）	1996-07-05
·中华人民共和国人民警察法（主席令第40号）	1995-02-28
·中华人民共和国人民警察警衔条例	1992-07-01

下一页 尾页 1 ▽

网站地图 | 联系我们 | 旧站回顾

Copyright©2005 中华人民共和国公安部 All Rights Reserved 建议使用1024*768分辨率浏览
京ICP备05070602号
地址：北京市东长安街14号 邮编：100741

图3-70 道路交通安全法的公安部网站返回结果

望心态浓厚；除此之外，还有经济增长率降低的因素。严峻的就业形势像雾霾一样，成为人们无法回避的话题。

图 3 – 71　"新交规"话题的公安部交通管理局政策法规返回结果

图 3 – 72　"新交规"话题相关的公安部令第 111 号

针对"最难就业季"，教育部新闻发言人续梅表示，2013年将努力不降低高校毕业生最终就业率。

2. 政府网站关于"最难就业季"的搜索引擎影响力

从百度指数可以看出，从2013年5月28日开始，百度搜索引擎上关于"最难就业季"的搜索人次大幅上升。对于那些即将毕业但还未找到合适工作的毕业生来讲，及时获取相关政府机构的权威信息，特别是就业帮扶政策和可靠就业信息，无疑至关重要。

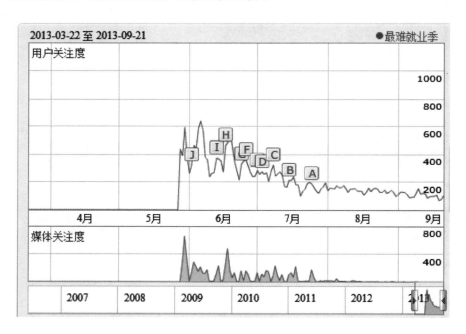

图 3 - 73　"最难就业季"的百度指数

作为全国高校就业指导机构，教育部网站针对网民需求，及时提供了大量关于"最难就业季"的相关信息。课题组在教育部网站上搜索"最难就业季"，网站共返回8578条搜索结果，如图3 - 73所示。

然而，在百度搜索引擎上搜索"最难就业季"时，搜索结果多数来源于新闻网站，教育部网站对于此话题的相关报道在前10页的搜索

图 3 - 74　教育部门户网站搜索"最难就业季"的结果

结果中均未出现，如图 3 - 75 所示。政府网站提供了丰富信息，但由于没有很好地利用搜索引擎这个平台，从而大大降低了相关信息被广大网民查找、浏览的可能性，网站在指导就业方面的政策宣传和公共服务作用被无形削弱。

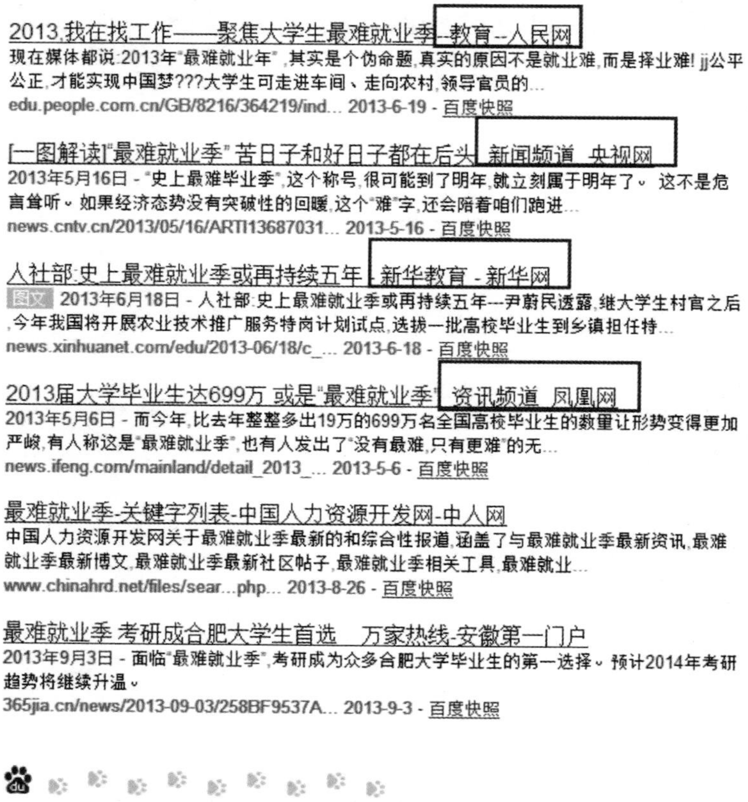

2013.我在找工作——聚焦大学生最难就业季 - 教育--人民网
现在媒体都说2013年"最难就业年"，其实是个伪命题，真实的原因不是就业难，而是择业难！jj公平公正，才能实现中国梦???大学生可走进车间、走向农村，领导官员的...
edu.people.com.cn/GB/8216/364219/ind... 2013-6-19 - 百度快照

[一图解读]"最难就业季"苦日子和好日子都在后头 - 新闻频道 央视网
2013年5月16日 - "史上最难毕业季"，这个称号，很可能到了明年，就立刻属于明年了。 这不是危言耸听。如果经济态势没有突破性的回暖，这个"难"字，还会陪着咱们跑进...
news.cntv.cn/2013/05/16/ARTI13687031... 2013-5-16 - 百度快照

人社部:史上最难就业季或再持续五年 - 新华教育 - 新华网
图文 2013年6月18日 - 人社部:史上最难就业季或再持续五年--尹蔚民透露,继大学生村官之后,今年我国将开展农业技术推广服务特岗计划试点,选拔一批高校毕业生到乡镇担任特...
news.xinhuanet.com/edu/2013-06/18/c... 2013-6-18 - 百度快照

2013届大学毕业生达699万 或是"最难就业季" - 资讯频道 凤凰网
2013年5月6日 - 而今年，比去年整整多出19万的699万名全国高校毕业生的数量让形势变得更加严峻,有人称这是"最难就业季",也有人发出了"没有最难,只有更难"的无...
news.ifeng.com/mainland/detail_2013_... 2013-5-6 - 百度快照

最难就业季-关键字列表-中国人力资源开发网-中人网
中国人力资源开发网关于最难就业季最新的和综合性报道,涵盖了与最难就业季最新资讯,最难就业季最新博文,最难就业季最新社区帖子,最难就业季相关工具,最难就业
www.chinahrd.net/files/sear...php... 2013-8-26 - 百度快照

最难就业季 考研成合肥大学生首选 万家热线-安徽第一门户
2013年9月3日 - 面临"最难就业季",考研成为众多合肥大学毕业生的第一选择。预计2014年考研趋势将继续升温。
365jia.cn/news/2013-09-03/258BF9537A... 2013-9-3 - 百度快照

图 3 - 75 "最难就业季"百度搜索结果

3. 总结

"最难毕业季"是 2013 年高校毕业生普遍关注的焦点，尽管教育部网站有效针对用户需求提供了丰富的信息内容，但由于并未充分认识到网民普遍使用搜索引擎的趋势，未充分利用好搜索引擎这个信息传播的重要渠道，以致政府网站信息对广大互联网用户来说不易见甚至不可见，从而影响了网站服务的有效推送和网站信息互联网影响力的充分发挥。当前，政府网站应充分融入互联网，借助多种传播手段和媒介，扩大网站信息的传播范围和传播力度。

（八）出租车涨价

1. 背景介绍

国际原油价格持续飙升，出租车行业叫苦不迭，带来的最直接影响是出租车司机的收入骤然减少，于是有关部门将出租车涨价提上了议事日程。比较有代表性的案例是北京出租车涨价，从已经公开的资料显示，北京约有 6.6 万辆出租车，目前的打车价格为"13 + 1 + 2.3"，即 3 公里以内起步价从以前的 10 元涨到 13 元，燃油附加费每运次 1 元，每公里租价由 2 元涨至 2.3 元，其中，高峰期每 5 分钟加收 2 公里租价。

涨价前后，民众对于此事件特别关注，纷纷在论坛、报刊、社交媒体上表达自己的意见和看法，形成又一次的舆论高潮。针对涨价风波，出现的主要是听证会、涨价原因动机等相关问题。在出租车涨价风波中，舆论氛围倾向性较强，得到了社会媒体、政府网站的关注。

2. 政府网站对舆论的影响力

百度指数显示，2013 年中，出租车涨价这个话题在全国范围内都是网民关注的热点，其中最引人关注的是北京出租车涨价。下面以北京出租车涨价为议题，分析政府网站在该议题方面的互联网影响力。

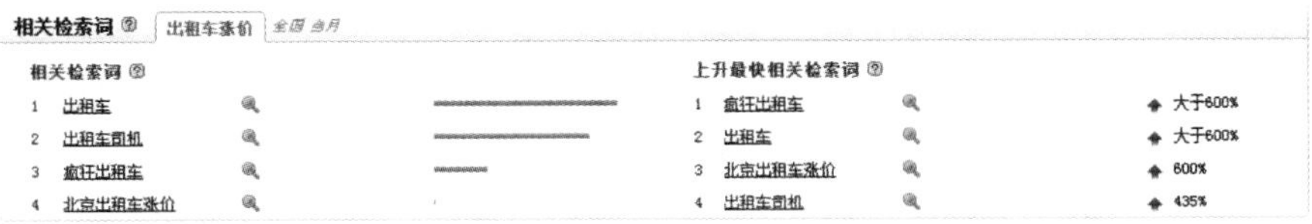

图 3 - 76　"出租车涨价"的百度指数相关关键词

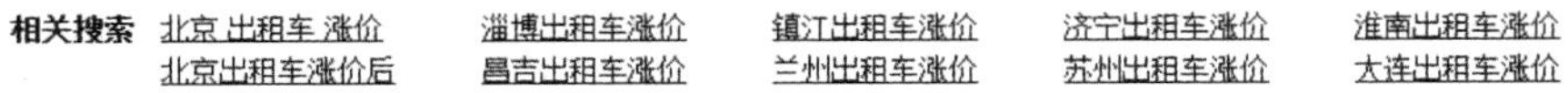

图 3 - 77　"出租车涨价"百度相关搜索词

（1）信息来源

在百度搜索中使用"site：gov. cn 出租车涨价"关键字进行搜索，共返回 133 条有效结果，即来自政府网站的信息只有 133 条，而百度收录的关于"出租车涨价"的信息共有 5800000 条，政府网站信息在所有搜索结果中所占比例不到万分之一，搜索结果前三页中更是没有来自政府网站的信息。

同样的，我们在谷歌搜索中进行关键词搜索，返回结果显示，与政府网站相关的有效网页条数为 4，谷歌对"出租车涨价"的总收录数为 6760000 条，来自政府网站的信息占总搜索结果数的比例更是少得可怜，搜索结果前三页仍没有来自政府网站的信息。

进一步分析上述搜索结果后发现，在"出租车涨价"事件中，搜索结果中绝大多数信息来自重点新闻网站，如央视网 cntv、凤凰网 ifeng、中国日报网等，新闻媒体网站上相关信息被搜索引擎收录的比例较高，而政府网站信息被收录的比例较低。

（2）政府网站信息源对"出租车涨价"主题的影响力

围绕北京出租车涨价这个主题，课题组首先确定与此事件相关的政府机构及其官方网站：北京交通委（www. bjjtw. gov. cn）、运输局（www. bjysj. gov. cn）和北京发改委（www. bjpc. gov. cn）。其次，分别在上述三个网站中以"出租车涨价"为关键词进行站内检索，最后使用"site：bjjtw. gov. cn 出租车涨价"、"site：bjysj. gov. cn 出租车涨价"、"site：bjpc. gov. cn 出租车涨价"进行百度检索。相关结果统计如表 3 - 29 所示。

表 3 - 29　"出租车涨价"的政府网站搜索和百度检索结果

网站	站内检索数	百度 site 检索数	站内数/百度 site 数比
北京交通委	0	3	0
北交委运输局	缺失	4	缺失
北京发改委	3	22	13.6%

单从比值来看，北京发改委网站对"出租车涨价"这个词的互联网影响力较为理想。从绝对数量来看，据统计，2013 年 9 月 18 号"北京出租车涨价"的百度搜索结果页面数为 5890000，三个官方政府网站的影响力就显得微乎其微。

　　以同样的方式在新浪微博进行检索,截至 2013 年 9 月 10 日 16 时,共检索到相关条数为 764806,选择其中的前三页进行观察,共找出与"出租车涨价"相关的微博官方微博数为 0,与"出租车涨价"相关的权威机构微博数为 3。我们对其中的内容进行分析,发现新浪微博中"出租车涨价"事件的部分信息来源是政府部门,但都是经过媒体传送相关资讯的,从这点来看,政府机构对该主题事件有一定影响力,但政府网站对其影响力较小。

RBC新闻2013**V**:【单班出租车变相涨价?】出租车司机打进新闻热线65159063反映,所在公司规定,如果司机选择单班车,公司只能提供旧车,还要加收一万元费用,但如果司机选择双班车,公司可以提供新车,不额外收费。出租公司为什么要对单班车司机加收这笔钱?这种收费是否合理?今天18:10分左右《新闻2013》请听报道!

9月6日16:45　来自专业版微博　　　　　　👍 | 转发 | 收藏 | 评论

图 3-78　"出租车涨价"相关微博 1

京江晚报**V**:【镇江市区出租车要涨价了】昨天下午,备受关注的镇江市区出租车运价调整听证会在市物价局举行,对两套调整方案进行了听证,不管是哪个方案,市民一次打车起码多付一元。详见本报今日A1版http://t.cn/z8VtWTd镇江全媒体中心

9月3日08:53　来自新浪微博　　　　　　👍 | 转发(14) | 收藏 | 评论(2)

图 3-79　"出租车涨价"相关微博 2

镇江民生频道**V**:【讨论话题】天然气价格上涨,出租车运营成本增加。市物价部门召开出租车运价调整听证会,提出了两种涨价方案。若通过,市区打车费可能会增加1到2元。对这件事您怎么看?欢迎发表看法。

9月3日17:46　来自新浪微博　　　　　　👍 | 转发(17) | 收藏 | 评论(38)

🔥 热门微博

图 3-80　"出租车涨价"相关微博 3

如果进一步研究，我们可以发现，相关政府网站在舆论导向中影响力不足，部分网友甚至出现言论偏激、措辞严厉的情感激动倾向，细探究竟，政府网站信息发布不及时、与民众沟通不畅、回应不充分，估计是主要原因。事件的不公开、不透明、不及时，使得政府网站在整个事件中的舆论引导能力较弱，无法引导民众合理有序地表达意见和看法，不利于就此类事件作良性沟通。

3. 总结与评估

上述分析表明，公众对于影响其自身利益的话题是非常关注的，但是政府网站在此类信息发布的及时性和权威性方面还存在不足，互联网影响力偏低，给社会主话语场造成一定的困扰，容易发生诸如谣言、言论偏激等现象，不利于部门社会形象的树立，同时也不利于自身工作的顺利开展。

改变上述影响力不足的方法有很多，主要是提高网站信息发布速度和回应速度，建立相对完善的关键词索引词表，使信息容易被搜索引擎检索到，从而在互联网中树立起相对的权威，给公众一个通畅的沟通交流环境，这样有助于更好地解决社会矛盾，促进社会和谐发展。

（九）斯诺登

1. 背景介绍

2013 年 6 月，前中情局（CIA）职员爱德华·斯诺登将两份绝密资料交给英国《卫报》和美国《华盛顿邮报》，并告之何时发表。按照设定的计划，6 月 5 日，英国《卫报》先扔出了第一颗舆论炸弹：美国国家安全局有一项代号为"棱镜"的秘密项目，要求电信巨头威瑞森公司必须每天上交数百万用户的通话记录。6 月 6 日，美国《华盛顿邮报》披露，过去 6 年间，美国国家安全局和联邦调查局通过进入微软、谷歌、苹果、雅虎等九大网络巨头的服务器，监控美国公民的电子邮件、聊天记录、视频及照片等秘密资料。美国舆论随之哗然。

这项代号为"棱镜"（PRISM）的高度机密行动此前从未对外公开。美国国家安全局与联邦调查局参与了该项目。与政府机构合作的九家互联网公司分别是：微软、雅虎、谷歌、Facebook、PalTalk、美国在线、Skype、YouTube、苹果。《华盛顿邮报》获得的文件显示，美国总统的日常简报内容部分来源于此项目，该项目被称作是获得相关信息的最全面方式。"棱镜"计划于6月7日得到了美国总统奥巴马的公开承认，奥巴马强调这一项目不针对美国公民或在美国的人，目的在于反恐和保障美国人安全，而且经过国会授权，并置于美国外国情报监视法庭的监管之下。

随着斯诺登的爆料，"棱镜门"事件持续发酵了一个多月，美国大规模监控公民隐私，欧盟机构和欧盟成员、全球38个驻美使馆、中国等均遭美国大规模监控。

在世界上的万事万物正以极高的速度被转化为数据形式存在的大背景下，斯诺登事件的发生无疑使人们开始更加注重个人隐私的保护，但以"棱镜"为代表的新一代情报收集系统是无国界的，大数据背景下的国家安全问题凸显。

2. 政府网站关于"斯诺登"事件的影响力表现

"斯诺登"这一搜索热词的百度收录页面总数约45600000个，其中，来自政府网站的页面有11400000个，占比25%。但在百度搜索返回结果的前三页，无一条信息来自政府网站，可见在"斯诺登"这一主题上，政府网站虽然贡献了可观的内容，但由于未能在搜索引擎上占据发挥其影响力的最有利位置，从而失去了直接影响大多数相关受众的较好机会。

斯诺登在揭秘美国政府的监控项目时，指出美国政府曾入侵中国香港及内地的计算机，目标包括香港中文大学、公职官员、企业及学生电脑等。这让中国网民震惊，对这一爆料是否属实以及政府该如何应对等问题争议不断。在以"site：gov. cn 斯诺登"为搜索词进行搜索时，发现中国机构编制网、国防部网站、中国驻法兰克福总领事馆、广东省情信息库、中国普法网、鹤壁市政务论坛等多家政府网站均刊登了对斯诺登事件的报道，但由于政府网站在搜索引擎上的可见性较低，上述内容无法及时准确地回应网民争议。

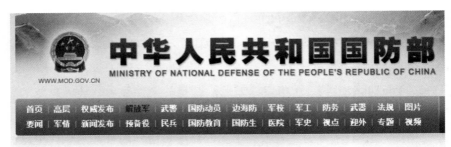

图 3 – 81 国防部网站关于斯诺登事件的报道

斯诺登事件为我国信息安全敲响了警钟，中国政府如何应对美国的网络入侵，保障国家安全，一直是社会公众最为关注的一点。但政府网站关于这一点的报道未能出现在搜索结果的靠前位置，网站信息在搜索引擎上不易见甚至不可见，使得政府网站在这一主题上的互联网影响力难以得到有效发挥。

（十）留守儿童

1. 事件背景

近年来，随着我国城市化、工业化进程的加快，以及农村青壮年人口外出就业数量不断增加，在中国广大农村中产生了一个特殊未成年群体：农村留守儿童。留守儿童，是指其父母一方或双方在外打工而被留在家乡，并需要其他亲人照顾，年龄在十六岁以下的儿童。孩童时期是人的身体发育、性格养成、知识积累的关键时期，缺乏父母关爱和呵护的留守儿童，由于没有得到正确的教育和引导，极易在心理、生理、人生观、价值观等方面产生很多偏差问题。甚至越来越多的留守儿童走上了犯罪的道路。

全国妇联于 2013 年 5 月发布《我国农村留守儿童、城乡流动儿童状况研究报告》，报告显示，我国农村留守儿童数量达 6102.55 万，总体规模扩大。报告指出，留守儿童在各地之间分布很不均衡，主要集中在四川、河南、安徽、广东、湖南等劳务输出大省。四川、河南的农村留守儿童规模大，占全国农村留守儿童比例最高，分别达到 11.34% 和 10.73%。安徽、广东、湖南的农村留守儿童规模占全国的百分比也很高，分别为 7.26% 、7.18% 和 7.13%。以上五个省份留守儿童在全国留守儿童总量中占到 43.64%。另外，从农村儿童中留守儿童所占比例来看，重庆、四川、安徽、江苏、江西和湖南的比例已超过 50%，湖北、广西、广东、贵州的比例超过 40%。

2. 社会主要关注的留守儿童问题

以"留守儿童问题"为检索词在百度中进行检索，在相关检索的词条中可以看到，网民主要关注留守儿童教育问题、留守儿童心理问题、留守儿童安全问题。

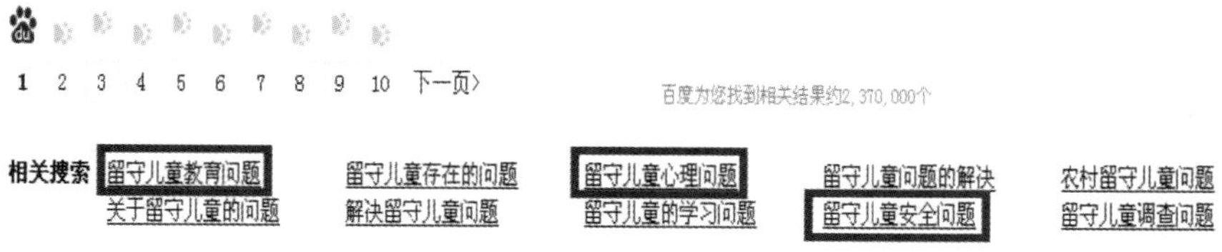

图 3-82　"留守儿童问题"相关检索词

3. 政府网站关于"留守儿童"话题搜索引擎影响力表现

（1）搜索结果

以"留守儿童 site：gov.cn"为检索词，分别在百度、谷歌、360 搜索当中检索，返回结果的前十条及其内容如表 3-30 所示。由此表可见，留守儿童问题已引起各级政府的重视，在关注和关爱留守儿童方面做了不少工作。但信息内容多集中在相关活动的新闻性报道上，政府相关政策、实施方案等内容的信息较少。

表 3-30 百度返回"留守儿童问题"结果前十名政府网站及具体内容

序号	百度搜索	具体内容
1	大学生村官博客	留守儿童的概念、现状、存在的问题
2	安徽省利辛县教育网	暑期留守儿童活动报道
3	安徽省利辛县教育网	暑期留守儿童活动报道
4	安徽省仙林村门户网站	关爱留守儿童倡议书
5	广东省新乐教育网	关爱留守儿童工作实施方案
6	甘肃崆峒政府网	关于崆峒区留守儿童问题的调查与思考
7	安徽省李门楼村先锋网	留守儿童调研数据分析
8	安徽省袁新庄村先锋网	关爱留守儿童工作计划
9	安徽省农网资讯	留守儿童免费体检的通知和报道
10	安徽六安市政府网站	关于留守儿童问题的调研报告

表 3-31 谷歌返回"留守儿童问题"结果前十名政府网站及具体内容

序号	Google 搜索	具体内容
1	铜陵政府网	关爱留守儿童活动报道
2	蚌埠市人民政府公众信息网	留守儿童活动报道
3	中国政府网	关爱留守儿童活动报道
4	中国政府网	关爱留守儿童楷模报道
5	修水县委县政府门户网站	留守儿童关爱活动详情
6	四川省志愿服务网	关爱留守儿童活动报道
7	中国政府网	暑假留守儿童活动报道
8	灌南在线	关爱留守儿童活动报道
9	广南县人民政府	关爱留守儿童创新机制报道
10	甘肃省人口和计划生育委员会	为儿童建立健康档案活动报道

表 3 – 32 360 返回"留守儿童问题"结果前十名政府网站及具体内容

序号	360 搜索	具体内容
1	安徽袁庄新村	关爱留守儿童工作计划
2	广东新乐教育网	关爱留守儿童工作实施方案
3	中国汨罗网	计生协会关爱留守儿童活动报道
4	咸安政务网	关爱留守儿童活动报道
5	巧家县委政府门户网站	关爱留守儿童的有效措施
6	天心区公众信息网	关爱留守儿童实施方案
7	曲靖市人民政府	关爱留守儿童的三项措施
8	淳报网	关爱留守儿童活动启动仪式
9	郴州妇女网	关爱留守儿童慰问活动的报道
10	广西隆林网	领导慰问留守儿童的报道

（2）部分省份"留守儿童"话题信息发布情况

以留守儿童比例较高的几个省份的政府网站为例进行分析。课题组分别统计四川、河南、安徽、广东、湖南等 5 个省份的省级政府门户网站发布的关于"留守儿童"的信息总量，以此反映政府门户网站对社会热点话题的响应能力。信息总量均以 5 个政府门户网站站内搜索"留守儿童"的返回结果为准，具体见表 3 – 33。

表 3 – 33 部分政府网站"留守儿童"的相关信息总量统计

省份	网址	返回条数
河南	www. henan. gov. cn	896
湖南	www. hunan. gov. cn	566
四川	www. sc. gov. cn	200
广东	www. gd. gov. cn	85
安徽	www. ah. gov. cn	21

4. 结论

留守儿童问题是当前中国面临的一个突出的社会问题，作为政府部门在互联网上提供公共服务的窗口和平台，政府网站及时发布留守儿童救助政策和相关帮扶方案是回应当前社会关切的重要手段。各地政府网站应充分重视网民关注热点，及时有效组织网站内容和服务，并将信息和服务有效推送给广大网民，提升网站服务能力和互联网影响力。

（十一）禽流感

1. 背景介绍

2013年3月31日，国家卫生和计划生育委员会通报，上海市和安徽省发现3例人感染H7N9禽流感病例，其中两人抢救无效死亡，一人正在积极抢救。之后陆续传出各地有人感染禽流感而死亡的消息。据悉，这也是全球首次发现的新亚型流感病毒，目前国内外都没有预防H7N9禽流感病毒的疫苗。

自此，刚刚淡出人们视线的禽流感又再次引起人们的关注。面对H7N9禽流感疫情，公众普遍担忧焦虑。随着受感染案例和新闻报道的减少，禽流感在4月份之后逐渐淡出人们的视线，但并不排除有网民对禽流感持续关注。

2. 关于禽流感话题的舆论反应

从百度指数来看，3月底在百度搜索"禽流感"的用户飞速上升。从微博、论坛等社区网民的发言来看，网民普遍表现出忧虑、恐慌和不安，如图3-84所示。从关注的内容来看，网民对禽流感的相关新闻报道和预防知识表现出强烈的需求，主要有：禽流感的症状、禽流感预防措施、禽流感的最新病例、禽流感研究的最新进展等信息。

3. 政府网站有关禽流感话题的互联网影响力

（1）相关机构反应及时有效

疫情发生后，上海市政府第一时间通过微博做出了反应，制定了相应的应急措施，上海在4月2日启动了上海流感流行应急预案三级响应，并举办新闻发布会，由相关部门负责人介绍上海H7N9禽流感疫情防控工

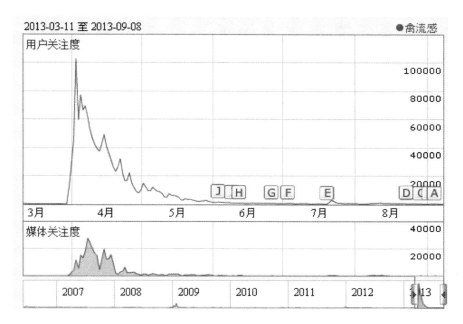

图 3 – 83　"禽流感"百度指数

最佳损友cl：感冒好几天了，又来禽流感了，真有点怕

4月2日23:58　来自新浪微博G3版　　　　　　👍｜转发｜收藏｜评论(2)

shibazilj：禽流感，江苏，上海，安徽的朋友们要照顾好自己哟

4月2日23:59　来自新浪微博手机版　　　　　👍｜转发(3)｜收藏｜评论(3)

涂炭眼：话说禽流感来了，我们，，，，何去何从

4月2日23:58　来自Android客户端　　　　　　👍｜转发｜收藏｜评论(2)

图 8 – 84　"禽流感"相关的微博内容

作，如图 3 – 85 所示。国家卫计委也及时在网站上设置了禽流感专栏，截至 2013 年 9 月 18 日该专题发布 268 条信息，站内搜索有 1028 条信息。上海市农委的网站也提供了有关"禽流感"的相关报道，站内搜索"禽流感"时共查询到 1350 条相关信息。

瑶瑶_囡囡：😮 //@珠海第一资讯：【江苏省发现4例人感染H7N9禽流感病例】截至目前，全国已确诊7例，其中上海2例已死亡，安徽一例病危。专家提醒，面对人感染H7N9禽流感疫情，莫惊慌、要警惕。避免接触和食用病（死）禽、畜。一旦出现高热、呼吸困难者，应及时就医。

@珠海第一资讯：【上海今天启动流感流行应急预案III级响应】上海市政府决定，从4月2日起启动上海市流感流行应急预案III级响应。今天17:15，上海市政府新闻办将举行新闻发布会，由市卫生委、市疾控中心、市农委等部门负责人介绍上海H7N9禽流感疫情防控工作情况，并回答记者提问。（上海发布）

4月2日16:11 来自新浪微博　　　　　　　　　　　　　　转发(6) | 评论

图 3 – 85　禽流感相关政务微博

图 3 – 86　国家卫计委禽流感专题页面

（2）政府网站相关资源在互联网上呈现不可见状态

尽管政府在第一时间就疫情发布了信息，做出了回应，但这些信息在互联网上却总体处于不可见状态。例如，在百度搜索"site：www. shagri. gov. cn 禽流感"，只返回4条检索结果，并且均是2011年及以前的旧闻，政府最新的新闻资讯、政策举措均未被搜索引擎有效收录，当网民在搜索引擎中搜索禽流感的相关信息时，无法及时得到来自政府网站的权威信息。

上海市农业委员会
WWW.SHAGRI.GOV.CN
网络导航 | 加入收藏
主办单位:上海市农业委员会
中国上海门户网站 / 繁體版 / SHANGHAI AGRICULTURE / 上海农业网
首页 Home
政府信息公开 Open Government
网上办事 E-government
区县动态 Update
沪郊概览 Basic Facts
为民服务 Service
保健饮食 Health Diet
关键字:
热门搜索:
在结果中筛选
政府信息公开
最新动态
政务新闻
为民服务
结果排序
按相关度排序
按时间排序
搜索范围
检索结果：共有1350条纪录，共135页，第1页
1."流感"过后 家禽业亟待康复
2.鸡蛋价格重回五元时代
3.市农委切实抓好突发公共事件应急处置和畜牧兽医工作

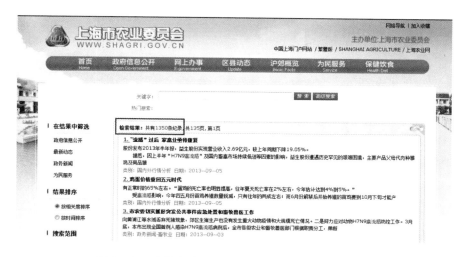

图 3－87　上海市农委网站站内检索“禽流感”结果

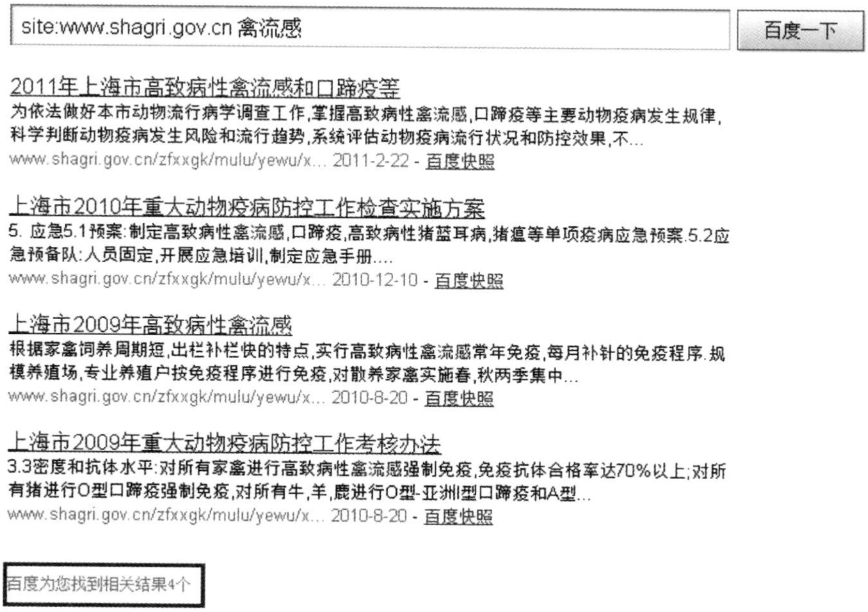

site:www.shagri.gov.cn 禽流感
百度一下
2011年上海市高致病性禽流感和口蹄疫等
为依法做好本市动物流行病学调查工作,掌握高致病性禽流感,口蹄疫等主要动物疫病发生规律,科学判断动物疫病发生风险和流行趋势,系统评估动物疫病流行状况和防控效果,不...
www.shagri.gov.cn/zfxxgk/mulu/yewu/x... 2011-2-22 - 百度快照
上海市2010年重大动物疫病防控工作检查实施方案
5. 应急5.1预案:制定高致病性禽流感,口蹄疫,高致病性猪蓝耳病,猪瘟等单项疫病应急预案.5.2应急预备队:人员固定,开展应急培训,制定应急手册....
www.shagri.gov.cn/zfxxgk/mulu/yewu/x... 2010-12-10 - 百度快照
上海市2009年高致病性禽流感
根据家禽饲养周期短,出栏补栏快的特点,实行高致病性禽流感常年免疫,每月补针的免疫程序.规模养殖场,专业养殖户按免疫程序进行免疫,对散养家禽实施春,秋两季集中...
www.shagri.gov.cn/zfxxgk/mulu/yewu/x... 2010-8-20 - 百度快照
上海市2009年重大动物疫病防控工作考核办法
3.3密度和抗体水平:对所有家禽进行高致病性禽流感强制免疫,免疫抗体合格率达70%以上;对所有猪进行O型口蹄疫强制免疫,对所有牛,羊,鹿进行O型-亚洲I型口蹄疫和A型...
www.shagri.gov.cn/zfxxgk/mulu/yewu/x... 2010-8-20 - 百度快照
百度为您找到相关结果4个

图 3－88　上海市农委网站“禽流感”相关页面被百度收录情况

（十二）小时代

1. 背景介绍

2013 年 6 月 27 日，内地著名青年作家郭敬明首部执导的影片作品《小时代》公映，上映 3 天票房即突破 2 亿元，"小时代"一时成为互联网热词。然而，电影公映后，各方评论呈两极化发展，一方面，各路评论人、学者对于影片的质量和价值观提出质疑，而另一方面郭敬明和影片主演的粉丝们坚持维护偶像的利益，随即一场关于《小时代》好坏的论战在微博等社交媒体上展开。通过对各类微博言论的整理，发现本次力挺影片《小时代》的网民基本上以郭敬明的个人粉丝为主，参与论战的绝大多数粉丝为 85 后甚至 00 后人群，其中 90 后群体成为本次维护《小时代》的主力军。

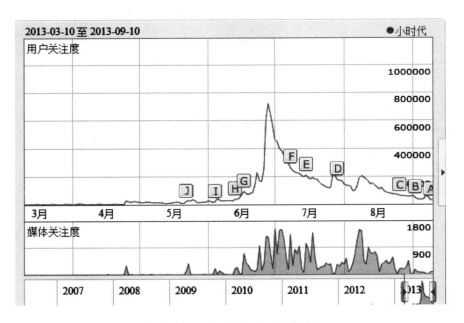

图 3-89　"小时代"百度指数

2. 关于"小时代"话题的舆论反应

从百度指数可以看出,自《小时代》上映前几天开始,便有大量的网民搜索"小时代",小时代一时成为网民热搜的话题。从新浪微博指数来看,7月2日,"小时代"的热议度达到高峰,相关微博数高达1240483条。从网友微博讨论来看,反对者炮轰该片为华丽而低俗的商业烂片,支持者则称该片赞美青春,赞美友谊,俊男美女极为养眼,也有部分网友对此持中立态度。

图 3 - 90 "小时代"微博指数

会抓人的猫:刚看完电影小时代,觉得此部作品结构不够紧凑,包含的内容不够丰富,但是四位女主角的友谊让人羡慕,特别在这真实的世界里弥足珍贵啊!感谢我身边的朋友,感谢你们!友谊万岁!😎😁⚙

7月9日23:56 来自iPhone客户端   👍 | 转发 | 收藏 | 评论

图 3 - 91 "小时代"相关微博

3. 政府网站与"小时代(电影)"

在百度上输入"site:gov.cn 小时代"查询政府网站关于"小时代"

的相关信息，共得到 24800 条检索结果，说明政府网站及时参与了热点话题的讨论。从网站发布的信息内容来看，既有适合于年轻人的影视资讯、电影相关评论和观后感，也有电影引发的关于社会价值观的讨论，且大部分信息为原创内容。

图 3 - 92　"小时代"搜索引擎结果页的相关政府网站内容

4. 结论

政府网站对于"小时代"这类网民关注的热点话题积极反应，提供了丰富多彩的信息内容，不仅满足了影迷们的需求，而且为政府网站自身带来大量的流量，拉近网民与政府网站之间的距离，尤其改进了年轻人对政府网站的认识，对于政府网站走进网民日常生活有积极促进作用。

（十三）延迟退休

1. 背景介绍

延迟退休，也称延迟退休年龄，简称延退，是指国家结合国外有些国家在讨论或者已经决定要提高退休的年龄来综合考虑中国人口结构变化的情况、就业的情况，并逐步提高退休年龄或延迟退休的制度。

早在 2008 年 11 月，人力资源和社会保障部社会保障研究所负责人就称，相关部门正在酝酿条件成熟时延长退休年龄，有可能女职工从 2010 年开始，男职工从 2015 年开始，采取"小步渐进"方式，每 3 年延迟 1 岁，逐步将退休年龄提高到 65 岁。在 2030 年前，职工退休年龄将延迟到 65 岁。2013 年 6 月，出于就业压力等多重原因，人力资源和社会保障部暂时搁置延迟退休的思路，仅仅从研究着手，进行学术探讨。

2013 年 8 月，清华大学提出的养老体制改革方案中关于"延迟到 65 岁领取养老金"的规定，再次引发了关于延迟退休问题的新一轮争论。

关于是否应该推迟退休年龄，在网络上引起了网民的热烈讨论，不同人群、不同岗位对退休年龄的期望不一，权益诉求也不尽相同。赞同者认为延迟退休年龄已是一种必然趋势，是应对养老金缺口的可行方案，是维护代际公平的必然选择，能避免人力资源浪费，应适时提出"弹性退休"的政策建议。反对者则指出延迟退休不利于社会公平，有可能造成利益集团的不公分配，尤其不利于低收入者，而且会加剧年轻人的就业压力，不应用延迟退休来填补养老金支付缺口。

2. 网民关注热度

百度指数显示，近 6 个月以来，延迟退休一直是网民的关注热点，并几度出现网民访问高峰。特别是 2013 年 8 月清华大学提出的养老体制改革方案，引起广大网民的高度关注，平均每天约 400 人次在百度上搜索"延迟退休"，8 月 15 日更是高达 919 次，如图 3 - 93 所示。

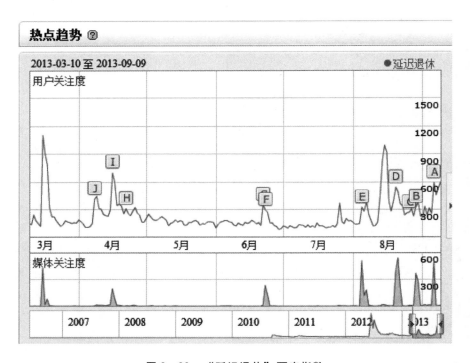

图 3 - 93　"延迟退休"百度指数

同时，与"延迟退休"相关的搜索关键词，如延迟退休搁置、延迟退休年龄、关于延迟退休年龄、延迟退休最新消息等也成为网民的热点搜索词，部分上升幅度均超过 600％。

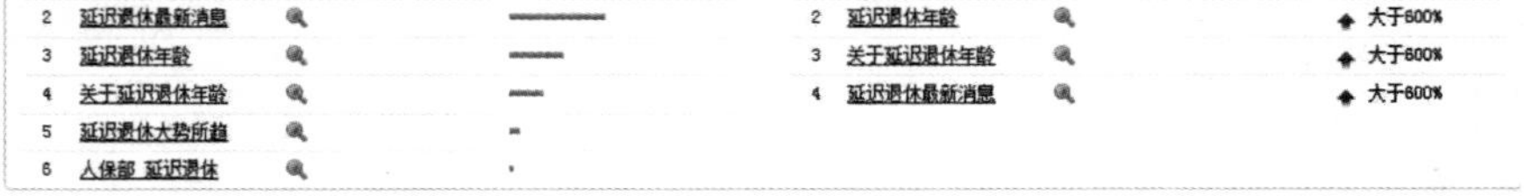

图 3 - 94　"延迟退休"相关搜索词

3. 政府网站关于“延迟退休”话题的影响力

（1）舆论反应

百度指数显示，关注度较高的“延迟退休”相关新闻中，有反对延迟退休倾向或持暂时不应该推行态度的新闻报道占据多数，共6个，明确支持的仅有1个（见图3－95）。另据《劳动报》报道，相关民调结果显示，超过九成的公众明确反对延迟退休。[①] 由此可见，目前主流的舆论意见并不支持延迟退休。

相关新闻 ⓘ　延迟退休　更多>>

A	人民日报四问延迟退休:养老金是...	中国新闻网	2013-09-06	>>101条相关
B	调查称超六成受访者主张对官员应...	中国新闻网	2013-08-29	>>48条相关
C	2030年:延迟退休还是四天工作制	新浪	2013-08-26	>>7条相关
D	延迟退休或影响青年人就业	人民网财经...	2013-08-20	>>339条相关
E	社保改革报告发布:延迟退休影响...	腾讯	2013-08-05	>>442条相关
F	最难就业逼停延迟退休	和讯网	2013-06-23	>>185条相关
G	就业压力陡增 人社部搁置延迟退...	新浪财经	2013-06-22	>>90条相关
H	延迟退休大势所趋	凤凰网	2013-04-22	>>4条相关
I	[S]延迟退休正在调研 两年内或征...	网易财经	2013-04-16	>>88条相关
J	别轻易喊出“延迟退休”	和讯网	2013-04-08	>>5条相关

图3－95　延迟退休相关新闻

（2）政府网站回应力度

截至2013年9月10日，“延迟退休”相关网页百度收录数为4270000个。以“site：gov.cn 延迟退休”为检索词，在百度、谷歌和360这三大主流搜索引擎上查看搜索结果。其中百度检索结果约为28300条，谷歌约为34100条，360搜索约为157000条。政府网站信息百度收录占比仅为0.66%，而且百度搜索结果前三页均未出现来自政府网站的信息，这说明面

① http：//news.163.com/13/0906/08/983019AR00014AEE.html#sns_ weibo。

对当前网上对延迟退休大范围、大规模的讨论，一方面政府网站主动回应的内容相对较少，另一方面现有回应内容的可见性不高，没能在搜索引擎中占据发挥影响力的有利位置，削弱了对大多数网民的正面引导作用。

以"site：gov.cn 延迟退休"为检索词，在百度、谷歌、360 搜索引擎返回结果中，排名前十位的政府网站如表 3–34 所示。

表 3–34　"延迟退休"的三大主要搜索引擎搜索结果排名

序号	百度	谷歌	360
1	合肥门户网站 （www.hefei.gov.cn）	乡城政府门户网站 （www.xcx.gov.cn）	城市中国网 （www.town.gov.cn）
2	温州政府门户网站 （www.wenzhou.gov.cn）	全国老龄工作委员会办公室 （www.cncaprc.gov.cn）	株洲新闻网 （www.zznews.gov.cn）
3	陕西人大 （www.sxrd.gov.cn）	建始网 （www.hbjs.gov.cn）	榆林新闻网 （www.xyl.gov.cn）
4	桐城门户网站 （www.tongcheng.gov.cn）	五峰县人社局 （www.wfhrss.gov.cn）	丽水政府门户网站 （www.lishui.gov.cn）
5	全国老龄工作委员会办公室 （www.cncaprc.gov.cn）	五峰县人社局 （www.wfhrss.gov.cn）	固镇县网站 （www.guzhen.gov.cn）
6	榆林新闻网 （www.xyl.gov.cn）	中共湖南省委老干部局 （www.hnlgbj.gov.cn）	大同党建网 （www.dtdj.gov.cn）
7	安徽省政府门户网站 （www.ah.gov.cn）	全国老龄工作委员会办公室 （www.cncaprc.gov.cn）	宁波市劳动和社会保障网 （www.zjnb.lss.gov.cn）
8	全国老龄工作委员会办公室 （www.cncaprc.gov.cn）	新疆党建网 （www.xjkunlun.cn）	中国政府网 （www.gov.cn）
9	颍上县政府门户网站 （www.ahys.gov.cn）	建始网 （www.hbjs.gov.cn）	河津宣传网 （www.hjxc.gov.cn）
10	中国中小企业哈尔滨网 （www.smehrb.gov.cn）	曲靖市公安政务网 （www.qjsgaj.gov.cn）	上海市门户网站 （www.shanghai.gov.cn）

为进一步分析中央部委网站"延迟退休"话题相关页面收录情况，课题组选取了与话题相关的人社部、中国社科网网站，以"site：URL 延迟退休"为搜索词，在百度上检索，结果如下。

表 3 – 35 人社部、中国社科网网站"延迟退休"相关页面百度收录情况

部门	URL	百度收录数	谷歌收录数	360 收录数
人社部	www. mohrss. gov. cn	10	24	337
中国社科网	www. cssn. cn	243	508	982

从表 3 – 35 中可见,人社部收录情况明显差于社科院。这主要是由于在关于是否延迟退休的争论中,人社部作为养老体制改革官方主管部门,在目前还没有正式决定实现延迟退休制度的情况下,不便于过多地发布相关信息,从人社部网站站内搜索结果可以看出,2013 年关于延迟退休的相关信息只有 1条。而中国社科院(中国社科网的主办机构)则可以利用自身作为学术机构的优势,从学术角度讨论延迟退休利弊,其提供的信息更多,收录情况也较好。

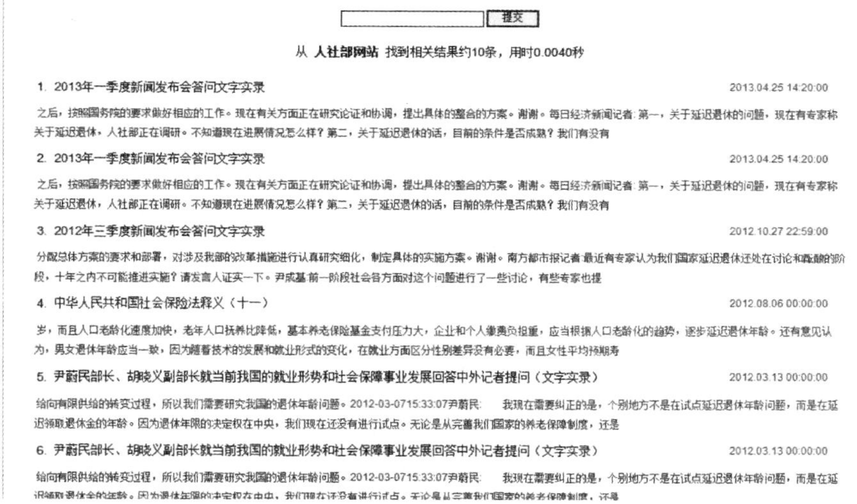

图 3 – 96 人力资源和社会保障部"延迟退休"的相关搜索结果

(十四)网络谣言

1. 背景介绍

2013 年 8 月 20 日是公安部启动打击网络谣言专项行动的日子,在公

安部的统一部署下，各地迅速成立了专项行动领导小组，公安厅（局）负责指挥行动，宣传部门负责引导舆论。《人民日报》等官方媒体纷纷撰写相关评论文章如"编造传播谣言须依法惩处"来进行舆论引导。8月26日，河南省委宣传部组织召开了净化网络空间座谈会，河南省委宣传部部长赵素萍对省公安厅官员和相关媒体主管强调"要敢抓敢管，敢于亮剑"。一场以打击网络谣言为主的网络"严打"行动在全国范围内启动。从2013年8月20日到8月31日，部分网民因"制造传播谣言"而遭处理。其中，湖北刑事拘留5人，行政拘留90人。最先被拘留的是微博"大V"，如网络推手"秦火火"、《新快报》记者刘虎，还有非"大V"的普通网民，如发布"狼牙山五壮士是土八路"的男子张某等。

但是，一些地方在严打行动中的偏差也引起有关部门的注意，舆论宣传风向渐变。新华社在8月29日播发《打谣言，更应打"官谣"》。9月4日，《人民日报》发表评论称，对谣言盛行、谬种流布当然要依法亮剑，但也不能因噎废食；遏制网络活力，同样有违中央精神和时代潮流。9月初后，在有关部门要求之下，地方上公布网络谣言处置结果更加谨慎。

2. "网络谣言"事件舆论反应

（1）新闻媒体紧跟政策，积极发挥舆论引导作用

由新浪微博指数和百度指数可以看出，"网络谣言"话题从8月20日开始被网民广泛关注，发布微博数和搜索人次均出现迅速上升，表明公安部启动的打击网络谣言专项行动引起了广泛的舆论反响。

在百度搜索"网络谣言"，发现返回搜索结果中占据主要位置的多是来自新闻媒体的报道，内容与政府观点保持一致，均是依据政府政策进行舆论引导，积极宣传网络谣言的危害性和打击网络谣言的必要性，图3－97、图3－98显示的是各新闻媒体的报道情况。

（2）网民对此呈现出"怀疑、讽刺、调侃"的态度

作为崇尚互联网言论自由的网民，在政府打击网络谣言行动中，却不少持有"怀疑、讽刺、调侃"的态度。更有网友将造谣者指向政府机构和媒体，如9月8日由于失误，新华社发文称伊斯坦布尔获得2020年夏

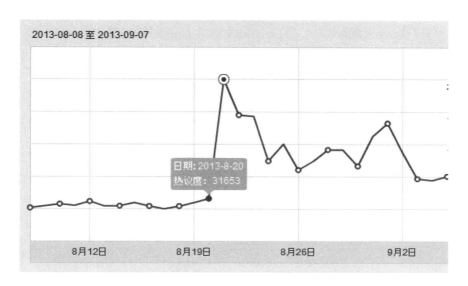

图 3 – 97　新浪微博"网络谣言"话题热议趋势

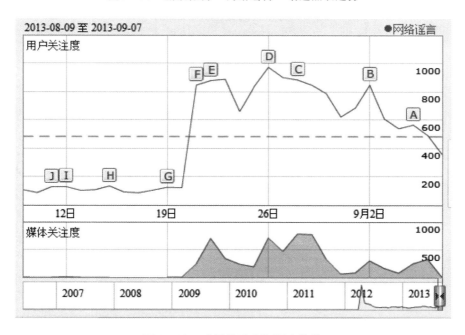

图 3 – 98　"网络谣言"百度指数

季奥运会主办权，立马被网友反攻为造谣者。面对各地因为网络误传被刑
拘的事件，有"大 V"在网上建言："别把净网行动变成抓人大赛"，"禁

图 3-99　"网络谣言"百度搜索结果首页

谣运动需要平衡"，并直指地方政府利用打击"网络谣言"来惩治一切反对声音。

邓斌-四毛从军记V：忍了几天，一定要说：如果反腐不到位，新闻监督不到位，权力制约不到位，官员产生缺少正常机制，你们又这么大张旗鼓的抓捕所谓大V的网络谣言，你们这么做，我只能说你们是别有用心，是想将中国逼进欧洲中世纪的黑暗之中。

今天11:20 来自新浪微博 👍 | 转发(1) | 收藏 | 评论(1)

程立澜V：打击网络谣言！😲 //@吴铭：噗！//@陈子明2013：@陈晓阳改革：转发微博

图3-100 "网络谣言"相关微博内容

3. 政府网站对该话题的反应

在百度搜索"网络谣言"，共得到2370000条返回结果，在百度搜索"site：gov. cn 网络谣言"，共得到来自各类政府网站共计1460000条返回结果，政府网站信息占比为61.60%，但搜索结果前三页中均没有来自政府网站的信息，表明在该主题上政府网站虽然被搜索引擎收录了可观的内容，但由于未能在搜索引擎上占据发挥其影响力的最有利位置，从而大大降低了直接影响相关受众的效果。

随着网民对该活动产生质疑，官方舆论宣传风向渐变。新华社9月2日发表评论称，打击网络谣言，初衷是好的，但不能把自己不喜欢听到的声音，都扣上谣言的帽子。要警惕一些地方在执行中滥用、跑偏。广东政法委和广东高院在微博上解释讨论"子产不毁乡校"。9月4日，《人民日报》发表评论《把握好互联网这个最大"变量"》，称遏制网络活力，同样有违中央精神和时代潮流。但这些声音主要来源于官方新闻媒体，公安部的政府网站上关于网络谣言的信息也多以严厉打击网络造谣者、清理网络谣言为主，并没有针对网民的后期舆论反响做出相应的舆论调整。

图 3－101　国家公安部网站关于"网络谣言"相关内容

4. 总结

打击"网络谣言"行动引起网民的广泛关注和讨论，尽管各大媒体纷纷与政府保持一致，进行积极的舆论引导，但是当网民对行动中的不当处置产生质疑时，主流媒体带头做出了反应，正确调整了舆论引导方向。但政府网站在该事件的互联网舆论引导方面，力度还不够，面对网民质疑，也缺乏相应的积极响应，政府网站对该事件的互联网正向舆论影响力有待提升。

（十五）婴儿奶粉

1. 背景介绍

婴儿奶粉是婴儿最重要的食物之一，关乎宝宝的健康和茁壮成长，是母乳的一个替代品，在宝宝的生长过程中发挥着重要的作用，因此婴儿奶粉的质量成为妈妈们关注的重点。各种劣质奶粉事件曝光后，引发了强烈的社会舆论，不少妈妈论坛和亲子论坛围绕"毒奶粉"主题展开激烈讨论，如何给宝宝选择优质、合适的奶粉成为许多妈妈和新生儿家庭的必修课，婴儿奶粉的质量问题也成为社会热议的重点话题，受到了国内外众多媒体的广泛关注。

2. 信息有效公开给消费者一颗定心丸

当前，网民获取信息的主要来源有专业论坛、政府网站以及相关新闻资讯。对于妈妈们来说，婴儿奶粉关系到自己宝宝的健康成长和未来，因而她们对奶粉的质量异常关注。从百度相关搜索中可以看出，网民关注焦点集中于最好奶粉推荐、奶粉质量排行榜等信息。

相关搜索

图 3 - 102　妈妈们的关注热点

政府负有市场监管与公共服务职责，针对网民需求，通过政府网站及时发布权威测评报告，揭露问题奶粉名单，是提升政府网站公共服务水平、发挥网站互联网影响力的重要途径。

3. 案例分析——美素奶粉事件

百度指数显示，每天约有 300 人次在百度上搜索"婴儿奶粉"。

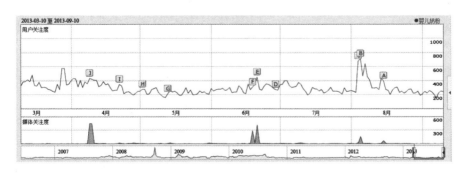

图 3 - 103　"婴儿奶粉"百度指数

2013 年 3 到 4 月份，中央政府门户网站发布了一则新闻《美素问题奶粉案件基本查清：玺乐丽儿公司停业整顿》，美素奶粉〔代理商为玺乐丽儿（苏州）公司〕事件的曝光源于 2013 年 3 月央视的《每周质量报告》，事件一经曝光便引起众多网民关注，百度指数中显示关注人群以30～39 岁的人为主。

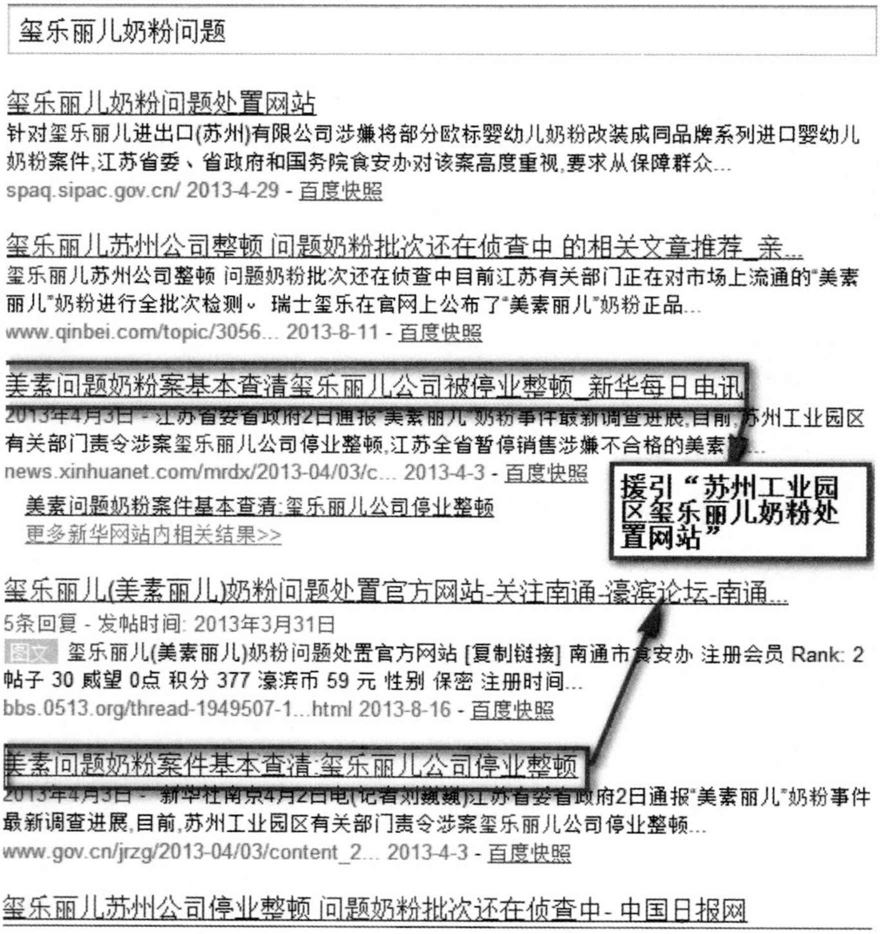

玺乐丽儿奶粉问题

玺乐丽儿奶粉问题处置网站
针对玺乐丽儿进出口(苏州)有限公司涉嫌将部分欧标婴幼儿奶粉改装成同品牌系列进口婴幼儿奶粉案件，江苏省委、省政府和国务院食安办对该案高度重视，要求从保障群众...
spaq.sipac.gov.cn/ 2013-4-29 - 百度快照

玺乐丽儿苏州公司整顿 问题奶粉批次还在侦查中 的相关文章推荐_亲...
玺乐丽儿苏州公司整顿 问题奶粉批次还在侦查中目前江苏有关部门正在对市场上流通的"美素丽儿"奶粉进行全批次检测。 瑞士玺乐在官网上公布了"美素丽儿"奶粉正品...
www.qinbei.com/topic/3056... 2013-8-11 - 百度快照

美素问题奶粉案基本查清玺乐丽儿公司被停业整顿_新华每日电讯
2013年4月3日 - 江苏省委省政府2日通报 美素丽儿 奶粉事件最新调查进展,目前,苏州工业园区有关部门责令涉案玺乐丽儿公司停业整顿,江苏全省暂停销售涉嫌不合格的美素...
news.xinhuanet.com/mrdx/2013-04/03/c... 2013-4-3 - 百度快照

> 援引"苏州工业园区玺乐丽儿奶粉处置网站"

美素问题奶粉案件基本查清: 玺乐丽儿公司停业整顿
更多新华网站内相关结果>>

玺乐丽儿(美素丽儿)奶粉问题处置官方网站-关注南通-濠滨论坛-南通...
5条回复 - 发帖时间: 2013年3月31日
[图文] 玺乐丽儿(美素丽儿)奶粉问题处置官方网站 [复制链接] 南通市食安办 注册会员 Rank: 2 帖子 30 威望 0点 积分 377 濠滨币 59 元 性别 保密 注册时间...
bbs.0513.org/thread-1949507-1...html 2013-8-16 - 百度快照

美素问题奶粉案件基本查清:玺乐丽儿公司停业整顿
2013年4月3日 - 新华社南京4月2日电(记者刘巍巍)江苏省委省政府2日通报"美素丽儿"奶粉事件最新调查进展,目前,苏州工业园区有关部门责令涉案玺乐丽儿公司停业整顿...
www.gov.cn/jrzg/2013-04/03/content_2... 2013-4-3 - 百度快照

玺乐丽儿苏州公司停业整顿 问题奶粉批次还在侦查中-中国日报网

图 3 - 104　玺乐丽儿奶粉事件百度搜索结果

美素奶粉事件的主要发生地在苏州，事发后，苏州相关政府机构网站对此事件做出了积极响应和处理。苏州工业园区食品安全委员会办公室为

此事专门建立了"玺乐丽儿奶粉问题处置网站"（网址为：http：//
spaq. sipac. gov. cn/），及时对事件进展予以客观报道。此外该政府网站还
提供了事件负责机构的联系方式（包括电话、邮箱等）、政府公告、有关
问题、相关法律法规四大块内容，分别针对公众需求进行有效回应。回应
内容有理有据，有问有答，不矫揉造作，不推搡扯皮，使民众在心里产生
良好的信赖，推动事件有条不紊发展，避免产生不良的社会影响。

同时，我们通过对百度搜索首页链接的分析发现，前五条中有 2 条是
援引自官方网站，有 2 条是间接引用了官方网站中的内容。这表明，政府
网站在突发事件应对和舆论引导中发挥了积极作用，及时传达了政府的权
威信息，化解了社会矛盾，维护了社会稳定。

4. 总结

苏州工业园区食品安全委员会办公室通过政府网站有效处理民生类重
大社会事件方面的主要经验，可以概括为：首先，及时开设一个网站，专
题发布权威信息，化解社会矛盾，树立政府网站在民众中的权威；其次，
网站内容针对性强，直接回应网民关注焦点，同时提供实时交流，可有效
化解官民矛盾，实现良好的信息交流互动，树立政府网站的良好形象，树
立务实的工作作风；最后，政府网站发展成为重大媒体获取信息的主要来
源，合理引导社会舆论，维护了政府机构的良好形象，政府网站及时发布
的信息也从侧面加强了政府网站的地位，凸显了政府网站的核心价值：权
威信息发布，抵制社会谣言，维护社会稳定，促进和谐发展。

第四部分
提升政府网站互联网影响力的建议

解决政府网站互联网影响力不足问题的关键是要进一步加强组织领导和统筹协调，积极运用新技术、新方法，充分发挥政府网上信息资源在互联网正面信息引导和工作难点问题应对中的重要作用，坚持政府网上信息正面回应引导与监控防堵相结合，强化主动应对，开展政府网站互联网影响力提升工作，实施国家主导的"中国政府网站互联网影响力提升工程"，将部门分散应对变为多部门协同治理，加强国家在互联网信息传播领域的主导权和控制力，为我国互联网正能量信息传播体系建设提供有力导引。

一　建立工作机制

提升政府网站信息资源互联网影响力、利用政府网上信息资源引导互联网舆论、回应社会热点难点问题是一项系统工程，涉及多个相关职能部门，需要建立跨部门协调工作机制，同时实现中央和地方上下联动。中央层面，建议成立负责政府网站互联网影响力提升工程的专项工作组。建议专项工作组由国务院办公厅政府信息公开主管部门牵头，中办、全国人大办公厅、全国政协办公厅、最高法办公厅、最高检办公厅、中宣部、新闻办、国家发改委、财政部、工信部等相关部门作为成员单位共同参与。国务院办公厅政府信息公开主管部门负责该项工作的总体统筹协调，制定工作规划，建立相应培训与监督考核机制，组织出台政府网站面向搜索引擎、社会化媒体、移动用户群体、海外用户群体等的可见性优化相关标准规范；中办、全国人大办公厅、全国政协办公厅、最高法办公厅、最高检办公厅分别负责组织全国各级党委、人大、政协、法院、检察院及相关单位官方网站的互联网影响力提升工作。新闻办、国家发改委、财政部、工信部等职能部门从互联网管理、项目建设运维资金、技术支撑等方面提供保障。

各省参照中央建立相应工作机制，重点做好省级政府门户网站和部门网站的互联网影响力提升工作，并负责统筹协调省内各部门、各地市建立推进机制，自上而下确保相关工作得到很好落实。

二 启动重点工程

当前，为充分利用政府网上资源引导互联网舆论，形成互联网"正能量"传播引导力，建议尽快实施由国家主导的"中国政府网站互联网影响力提升工程"。该工程包括如下两项内容。

一是重要政策、重大事件和社会热点难点问题的互联网正面引导工程。工程内容包括：围绕重大工程项目及重大决策的落地实施，以及社会关注面广的阶段性的热点难点问题，开展覆盖政府网站、新闻网站以及互联网全网的大数据分析与决策支持研究，研究提出解释、澄清、说明和修订方案及具体信息内容。面向搜索引擎、微博、博客、论坛等互联网信息传播主渠道，广泛采集网民关注的重大工程项目、重大决策规划与实施、各地经济社会民生服务和管理过程中产生的各类话题信息，采用大数据分析技术，及时感知并预警与政府工作相关的热点话题或重要网络舆情事件，帮助各级领导对重大工程项目或重大决策实施中可能发生的互联网稳定性风险进行评估，提高政府部门主动、及时应对和消除公众质疑与误解的响应应对能力。针对政府网站上重大政策和突发事件信息开展可见性优化工作，根据网民需求补充完善热点话题相关信息，确保网民通过搜索引擎、社会化媒体等渠道查找相关政策信息时，相关政府网站的权威官方信息出现在网民第一视野之中。

目前，成都市政府门户网站整合其在腾讯和新浪建设的官方微博，探索出一套政府网站和政务微博有机结合的重大事件舆论引导和主动应对机制。一方面，在成都市政府门户网站上增加了政务微博入口，有效提高政务微博的点击率；另一方面，政务微博在发布相关信息时，首选转载来自本网站的信息，并且在微博内容中提供了超链接地址，从而有效提高了成都市政府门户网站在微博用户中的影响力。雅安地震发生后，成都市政府门户网站微博上发布了大量信息，吸引了很多网友关注转贴，并且为网站带来了大量用户访问流量。如成都市政府门户网站官方腾讯微博报道的《护送伤员我市已开辟3条"生命通道"》发布5天后，吸引了1.6万用户访问，为成都市政府门户网站带来了数千次页面访问流量。

成都市政府门户网站 ✓：【护送伤员 我市已开辟3条"生命通道"】为保障伤员第一时间得到救治，21日凌晨，一条连接凤凰山机场和中心城区包括陆军总医院、川大华西医院、省医院在内的医院新"生命通道"正式开启，这也是继成雅高速一线、成温邛高速一线后的第三条生命通道。详见：http://url.cn/DcCBv4（据成都日报）

📍4月22日 11:01 阅读(1.6万)　　　　转播 ｜ 评论 ｜ 更多▾

图 4 – 1　成都市政府门户网站官方腾讯微博截图

　　二是各级政府部门网上公共服务可见性提升工程。目前各级政府网站上都发布大量信息公开、行政服务和便民服务事项，但由于主动推送、主动服务的意识不强，大量政府网上办事服务内容网民都无法通过搜索引擎、社会化媒体、移动终端等信息传播渠道便捷地找到，影响了政府网站服务功能的充分发挥。为此，建议针对当前政府网站信息服务内容可见性不高的问题，组织开展中央和省市主要政府网站服务可见性提升专项工程。工程内容包括：各级政务网站开展服务信息梳理工作，做到服务信息要素完整、更新及时、表达准确；定向开展网站服务信息可见性优化的培训工作，面向各级网站管理人员开展可见性优化培训，确保在技术上符合搜索引擎收录规则；统一实施政府网站信息服务宣传展示，按照相关性和行政层级的原则，当网民在搜索引擎输入某条政府网上服务信息时，优先出现对应地区或对应部门政府网站的有关信息，其他政府网站与此相关的信息按照原创性、行政层级等因素综合排序。工程预期目标是：当网民查找政府网上公共服务信息时，确保来自政府网站的信息占据搜索引擎的前三页；搜索结果第一页以政府网站上的官方、权威、可信的服务信息为主；网民通过新浪微博、腾讯微博、百度百科、百度知道等主要社会化媒体工具查找政府网上公共服务相关信息时，政府网站推送的权威官方消息能够出现在搜索结果前列。

目前，中央编办、农业部、交通部、国税总局、国家林业局、首都之窗、江西省政府门户网站等多家部委和省级政府门户网站均开展了针对搜索引擎的可见性优化工作。以农业部为例，针对农业部互联网门户网站信息资源规模庞大，但搜索引擎可见性不佳，网站信息难以被用户准确便捷找到的问题，2012 年农业部针对其政务版（www. moa. ogv. cn）和服务版（www. agri. gov. cn）两个互联网门户网站开展搜索引擎可见性优化工作。经过一年时间的努力，取得了良好效果，其中政务版网站主流搜索引擎收录量提升 3.2 倍，服务版网站提升了 4.5 倍，通过搜索引擎带来的用户访问流量出现了一倍以上的提升，全站信息资源的利用率明显提高，中国农业信息网在国际网站排名工具 Alexa 中的整体排名上升了数万名，网站互联网影响力"倍增"的目标基本实现。

在工程实施方面，有关主管部门要总体协调该工程建设，制定工程建设规划，组织出台政府网站可见性优化标准规范，建立培训和监督考核机制，协调搜索引擎服务提供商、微博等社会化媒体服务提供商、门户网站建设技术提供商和网站主管部门做好配合工作，共同提高政府网站信息在互联网主渠道上的影响力。各地区和部门按照中央统一部署，组织开展本地区、本行业系统的政务网站信息可见性优化工作。

三　建设分析平台

依托国家电子政务外网平台，建设全国政府网站服务运行与互联网影响力提升监测分析云平台。从全球范围来看，随着大数据、云计算和智能挖掘等新一代信息技术商业模式不断成熟，西方发达国家政府网站建设越来越向智慧化、精准化、主动化的方向发展。这种全球政府网上公共服务发展趋势的背后，有着深刻的技术变革背景，那就是近几年来政府网上公共服务分析工具的技术创新，开始朝向基于云模式采集用户访问数据、应用大数据分析平台开展用户体验和需求挖掘的模式转变。近年来，欧美发达国家基于先进的网站智能分析工具，及时发现用户需求热点，精准推送网站服务的做法已经非常普遍，并且取得了良好的效果。

与欧美国家相比，我国各级政府网站在服务运行情况分析、用户行为挖掘、需求分析等技术上落后发达国家政府网站 5 年以上，目前依然主要采用 20 世纪 90 年代起用的日志分析技术。这种监测方式不但用户行为分析的指标范围和数量非常有限，而且无法做到精准分析和量化管理，难以起到有效的决策支撑作用。这种情况长期存在，使得政府网站管理者普遍缺少对用户需求和行为的清晰认知，政府网站所提供的内容及服务不能很好体现用户导向原则。

目前，国家信息中心已经在国家电子政务外网平台上建设了一个政府网站实时监测与决策支持云平台，政府网站数已经接近 1000 家，经过近两年的实际运行已经较为成熟。建议充分利用现有工作基础，建立全国政府网站互联网影响力实时监测与决策支持平台，为重点网站可见性监测和领导科学决策提供数据支持。该平台监测范围包括：中央和地方各级党委、人大、政府、政协、法院和检察院的门户网站，重点党报党刊的网站，以及国家主要新闻媒体网站。平台以政务网站智能分析系统为依托，基于国家电子政务外网云平台，实时、动态、直观展现网站可见性最近情况，及时发布舆情预警信息，并基于变化趋势提出应对措施和建议。

四　推进创新发展

　　加强政府网站面向搜索引擎、社会化媒体、移动用户群体等提升互联网影响力的核心技术攻关工作。采取积极措施，组织和动员各方面力量，密切跟踪世界先进技术的发展，广泛调研国内外网站可见性技术现状，研究分析我国政府网站可见性的需求和发展趋势，聚集国家和地方资源，发挥产学研用资源优势，加大技术攻关和研发力度，加强搜索引擎技术、社会化媒体可见性优化技术、移动搜索可见性优化技术、可见性监控和预警技术等关键技术的研发，提高自主创新能力，促进技术转化，加快产业化进程。要加强对政府主导搜索引擎技术的研究，注意研究新技术、新业务对网站可见性的影响等问题。

　　加强政府网站以提升互联网影响力为导向的服务创新工作。制订出台政府网站搜索引擎可见性优化技术标准、政府网站互链接机制标准规范、社会化媒体分享与信息推送技术标准规范等系列服务规范文件。逐步形成政府网站与政务微博、微信等渠道的整合传播机制，面向社会化知识平台（如百度知道、百度百科、维基百科等）的政府信息正面解答机制，全国政府网站互联网影响力与用户体验分析定期报告机制等三大机制，从制度层面保障政府网站互联网影响力有序提升，逐步增强政府网站在互联网中的舆论引导、服务推送和正面形象宣传能力。

　　在具体做法上，可以积极引入电子商务领域搜索引擎营销、精准营销分析等手段，进一步提高政府网站权威信息对于互联网舆论和用户行为的影响力，宣传政府重要政策。例如，近年来西方国家政府为提升重要政策的宣传力，会付费购买比较重要的搜索关键词，并在付费位置刊登政府网站的官方指导信息。如美国联邦司法部药品管理局下设的药物转移管制网站（www. deadiversion. usdoj. gov）曾专门在谷歌上购买了药物维柯丁（Vicodin）的关键词。用户在谷歌检索"Vicodin"时，在谷歌搜索结果的付费位置上就会显示联邦司法部药品管理局的提示："在线购买药品可能涉及犯罪"（Purchasing Drugs Online May Be A Crime）。

图4－2 美国联邦政府购买的付费关键词

为保障以上工作的有序开展，建议依托国家现有机构和研究力量，成立一个专业的政府互联网治理创新研究机构，加强对互联网的基础性、战略性研究。围绕制订政府网站中长期发展战略规划，组织开展包括顶层设计、服务体系、可见性优化、绩效评估、移动门户等在内的重点专项研究。通过调研、交流、考察等多种形式，跟踪美国、英国、澳大利亚等发达国家互联网信息有序传播和政府网站可见性研究动态，充分借鉴吸收有关研究成果。注重创新研究方法，积极采用新技术、新手段，真正从用户角度建设网站、提供优质服务。

五　加强基础工作

　　强化网站监测与绩效评估工作，构造全新的政府网站监测与评估体系，这套体系应以更客观、更实时、更加突出用户体验和互联网影响力为核心特点。更加客观是要以网民的真实访问数据作为评估的核心依据；更加实时是要能够随时反映网站运行中存在的问题，以便及时、有针对性地应对；更加突出用户体验是要真正从用户角度出发分析网站用户的访问行为特征，挖掘用户需求，找出网站服务的短板，并且基于用户需求适时向政务部门提出更为实际、有效的服务需求。同时，应当将网站绩效评估纳入各级政府部门绩效考核工作中，建立高效、严格的监督考核机制，确保政务部门与网站建设部门高效协同。

　　开展全国性的网站工作者培训。其目的有两个：一是切实转变网站工作者的网站建设思路。应当让他们充分认识到政府网站在互联网正面引导中的主力军作用，将网站定位从被动的政府信息"宣传栏"转变为主动的政策宣传和舆论引导的"宣讲台"，从各个政务部门信息的"收发室"转变为政府网上的"办公厅"；二是培训政府网站工作者采用新技术、新方法改善现有网站的服务，同时积极学习商业领域和国外政府网站的成功经验。

　　建立和完善合作机制，形成多方合力。加强政府网站与百度、360综合搜索、搜狗等商业搜索引擎，新浪微博、腾讯微博等重要社交媒体服务提供商的战略合作，及时了解搜索引擎、社会化媒体、移动信息服务等技术的最新进展，结合互联网新技术的变化，及时调整政府网站技术性能，提高政府网站信息的可见性。政府网站建站公司应当充分借鉴商业网站建站技术发展的最新趋势，不断推动政府网站技术创新工作，促进政府网站的技术架构不断贴近搜索引擎、社会化媒体、移动通信服务等最新发展需求。

图书在版编目（CIP）数据

中国政府网站互联网影响力评估报告. 2013/杜平主编.
—北京：社会科学文献出版社，2013.10
（信息化与政府管理创新丛书）
ISBN 978 – 7 – 5097 – 5135 – 0

Ⅰ. ①中…　Ⅱ. ①杜…　Ⅲ. ①国家行政机关 – 互联网络 –
网站 – 评估 – 中国 – 2013　Ⅳ. ①TP393. 409. 2

中国版本图书馆 CIP 数据核字 （2013） 第 234903 号

·信息化与政府管理创新丛书·

中国政府网站互联网影响力评估报告（2013）

总　主　编／杜　平
执行主编／于施洋

出　版　人／谢寿光
出　版　者／社会科学文献出版社
地　　　址／北京市西城区北三环中路甲 29 号院 3 号楼华龙大厦
邮政编码／100029

责任部门／皮书出版中心 （010） 59367127　　　　责任编辑／桂　芳
电子信箱／pishubu@ ssap. cn　　　　　　　　　　责任校对／伍勤灿
项目统筹／桂　芳　　　　　　　　　　　　　　　责任印制／岳　阳
经　　　销／社会科学文献出版社市场营销中心 （010） 59367081　　59367089
读者服务／读者服务中心 （010） 59367028

印　　　装／三河市东方印刷有限公司
开　　　本／787mm × 1092mm　1/16　　　　　　印　　张／19. 5
版　　　次／2013 年 10 月第 1 版　　　　　　　　字　　数／305 千字
印　　　次／2013 年 10 月第 1 次印刷
书　　　号／ISBN 978 – 7 – 5097 – 5135 – 0
定　　　价／98. 00 元